中国通信学会普及与教育工作委员会推荐教材

21世纪高职高专电子信息类规划教材

21 Shiji Gaozhi Gaozhuan Dianzi Xinxilei Guihua Jiaocai

3G基站系统运行与维护

胡国安 主编

江志军 李崇鞅 副主编

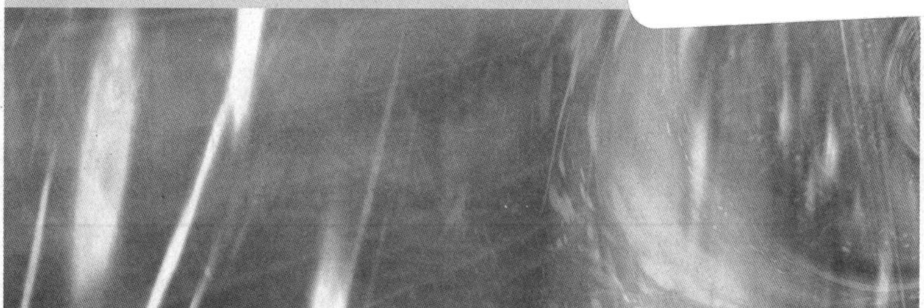

人 民 邮 电 出 版 社

北 京

图书在版编目（CIP）数据

3G基站系统运行与维护 / 胡国安主编. -- 北京 :
人民邮电出版社，2012.4（2016.7 重印）
21世纪高职高专电子信息类规划教材
ISBN 978-7-115-27502-8

Ⅰ. ①3… Ⅱ. ①胡… Ⅲ. ①码分多址移动通信－通
信设备－高等职业教育－教材 Ⅳ. ①TN929.533

中国版本图书馆CIP数据核字(2012)第021607号

内 容 提 要

本书全面、系统地讲解了 cdma2000、TD-SCDMA、WCDMA 3 种 3G 制式的基站系统硬件设备、规划、开通、调测和故障排除。全书共分为 3 大篇，共 12 个项目。第一篇为 cdma2000 基站系统运行与维护，包括 cdma2000 基站系统硬件、cdma2000 网络预规划、cdma2000 设备开通与调测和 cdma2000 故障排除；第二篇为 TD-SCDMA 基站系统运行与维护，包括 TD-SCDMA 基站系统硬件、TD-SCDMA 网络预规划、TD-SCDMA 设备开通与调测和 TD-SCDMA 故障排除；第三篇为 WCDMA 基站系统运行与维护，包括 WCDMA 基站系统硬件、WCDMA 网络预规划、WCDMA 设备开通与调测和 WCDMA 故障排除。

本书以 cdma2000、TD-SCDMA、WCDMA 仿真软件为基础，模拟企业现实的开通、调测与故障排除场景，具有较强的实用性。本书既可作为高职高专院校通信类、电子信息类等相关专业的教材，也可作为相关专业技术人员的参考书。

21 世纪高职高专电子信息类规划教材

3G 基站系统运行与维护

◆ 主　　编　胡国安
　副 主 编　江志军　李崇鞅
　责任编辑　董　楠

◆ 人民邮电出版社出版发行　　北京市丰台区成寿寺路 11 号
　邮编　100164　　电子邮件　315@ptpress.com.cn
　网址　http://www.ptpress.com.cn
　大厂聚鑫印刷有限责任公司印刷

◆ 开本：787×1092　1/16
　印张：16.25　　　　　　2012 年 4 月第 1 版
　字数：416 千字　　　　　2016 年 7 月河北第 4 次印刷

ISBN 978-7-115-27502-8

定价：32.00 元

读者服务热线：(010)81055256　印装质量热线：(010)81055316
反盗版热线：(010)81055315

前言

随着3G市场的进一步扩大，一个庞大的3G产业集群正在形成，当前社会对3G网络通信人才的需求量巨大并且十分急迫。在通信类、计算机类、电子信息类、信息技术类等相关专业开设3G移动通信网络课程、培养3G通信网络技术人才是未来一段时间职业院校人才培养的重点之一。

结合我国通信行业发展规划及3G通信技术业务发展趋势，为进一步促进校企合作，推动工学结合人才培养模式的改革与创新，引导高职院校在通信产业升级背景下的教学改革与专业调整方向，2009年至2011年，国家教育部、人力资源和社会保障部、工业和信息化部等十多个单位联合主办了“3G基站建设维护及数据网组建”、“3G基站建设维护及网络优化”、“三网融合与网络优化”全国职业院校技能竞赛，长沙通信职业技术学院有20人获得国家级奖励。在总结教学经验、企业培训与实践的基础上，我们组织部分骨干教师和多位通信企业在职专家编写了本书，以满足教学和培训之需。

本书共包括cdma2000/TD-SCDMA/WCDMA基站系统运行与维护3大篇，每篇包括4个项目。各篇的第1个项目讲述了基站系统构成、RNC和Node B硬件结构及相关基础知识；第2个项目讲述了无线网络预规划及案例分析和实践；第3个项目讲述了设备开通与调测，详细介绍了各制式RNC和Node B的数据配置与调测；第4个项目讲述故障排除，详细总结了实践过程中硬件和软件的故障分析、定位与排除。

在本书编写过程中，为了更贴近企业、更符合岗位需求，企业专家直接参与编写与审核。本书坚持“以就业为导向，以能力培养为本位”的改革方向，打破传统学科教材编写思路，基于工作过程，根据岗位任务需要合理划分工作任务，采用“理论够用、突出岗位技能、重视实践操作”的编写理念，较好地体现了面向应用型人才培养的高职高专教育特色。本书可作为本科、高职通信类、电子信息类等相关专业教材，亦可作为运营商、基站代维公司等企业中从事基站建设、基站维护、网络优化人员的参考书。全书的授课时间建议为90～120个课时，亦可只选择其中一种或两种制式进行讲解。

全书由胡国安主编，第一篇（cdma2000基站系统运行与维护，包括项目一～四）由胡国安、李崇鞅编写，第二篇（TD-SCDMA基站系统运行与维护，包括项目五～八）由胡国安编写，第三篇（WCDMA基站系统运行与维护，包括项目九～十二）由胡国安、江志军编写，全书由胡国安统稿。

在本书编写过程中，得到了中兴、华为、迅方、湖南移动、湖南电信等企业和众多企业专家的大力支持，同时得到了学院领导、同事的帮助和参赛学生的协助，在此一并表示感谢。

由于编者水平和时间的限制，书中错误和不当之处在所难免，敬请广大读者批评指正。

编　者

2012年1月

目录

第一篇　cdma2000 基站系统运行与维护

第二篇　TD-SCDMA 基站系统运行与维护

第三篇　WCDMA 基站系统运行与维护

第一篇

cdma2000 基站系统运行与维护

项目一

掌握 cdma2000 基站系统硬件

【项目描述】在进行 BTS（Base Transceiver Station，基站收发台）开通之前，我们必须对 cdma2000 系统的硬件结构、逻辑结构进行详细的了解，熟悉各功能单板的功能，并灵活运用各功能组成部分进行系统信号流分析。本项目通过认识硬件、熟悉逻辑功能、思考分析系统信号流，培养学习者的动手技能和分析能力。

任务 1.1 掌握 cdma2000 系统结构

1.1.1 cdma2000 1X 系统结构

cdma2000 1X 系统结构如图 1-1 所示，在该系统当中，核心网包含电路域和分组域。

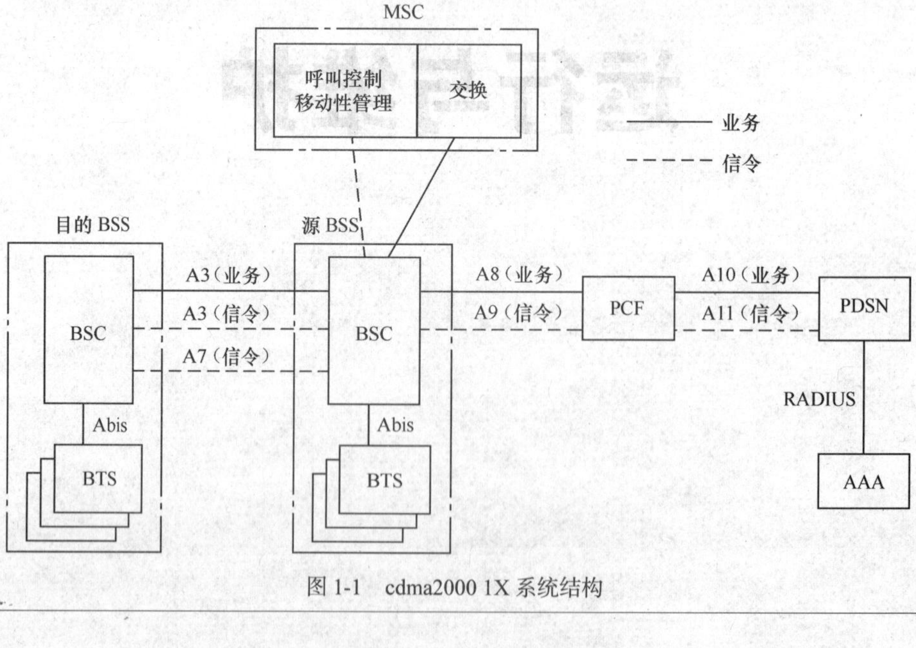

图 1-1　cdma2000 1X 系统结构

其中电路域的 MSC（Mobile-services Switching Center，移动业务交换中心）完成语音业务的处理，分组域的 PDSN（Packet Data Serving Node，分组数据服务节点）完成低速数据业务的处理。

1.1.2　cdma2000 1X EV–DO 系统结构

cdma2000 1X EV-DO 系统结构如图 1-2 所示，在该系统当中，核心网仅包含分组域。分组域的 PDSN 完成高速数据业务的处理。与 cdma2000 1X 系统不同的是，在 cdma2000 1X EV-DO 系统中，用户接入网络时的身份认证将不通过 HLR（Home Location Register，归属位置寄存器）进行，而是通过 AN-AAA（Access Network-Authentication Accounting Authorization Server，接入网鉴权、授权与计账服务器）对用户进行身份认证。

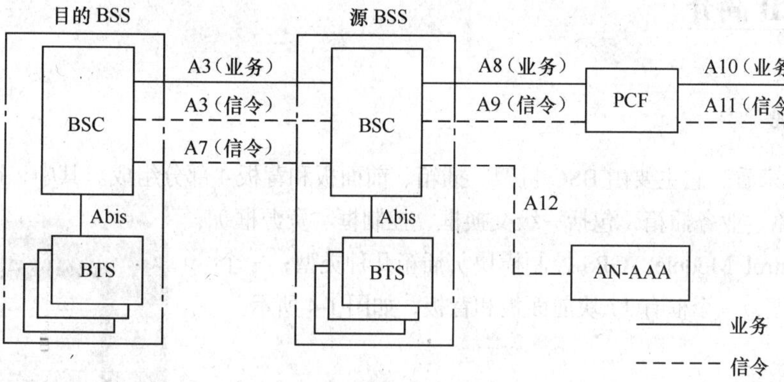

图 1-2　cdma2000 1X EV-DO 系统结构

1.1.3　cdma2000 基站系统

cdma2000 基站系统由 BSC（ZXC10 BSCB）和 BTS（ZXC10 CBTS I2）组成，如图 1-3 所示。

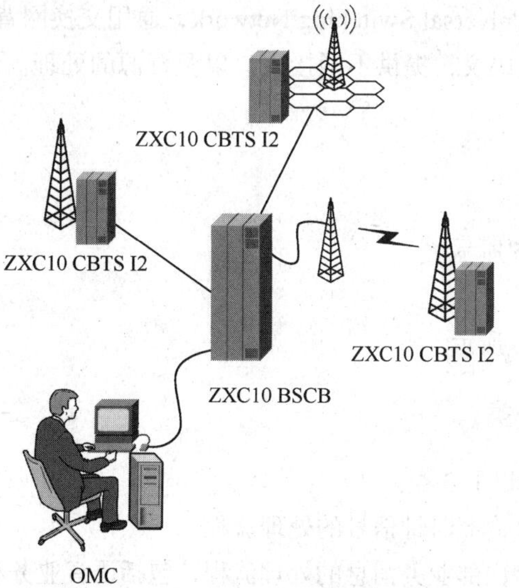

图 1-3　cdma2000 基站系统图

BSC（Base Station Controller，基站控制器）处于 BTS 和 MSC 之间，其主要功能是进行无线信道管理，实施呼叫和通信链路的建立和拆除，并对本控制区内移动台的越区切换进行控制等。

BTS 处于 BSC 和 MS（Mobile Station，移动台）之间，由 BSC 控制，服务于某个小区或多个逻辑扇区的无线收发设备。在前向链路中，基站通过 Abis 接口接收来自 BSC 的数据，对数据进行编码和调制，再把基带信号变为射频信号，经过功率放大器、射频前端和天线发射出去。在反向链路中，基站通过天馈和射频前端接收来自移动台的无线信号，经过低噪声放大和下变频处理，再对信号进行解码和解调，通过 Abis 接口发送到 BSC 去。

任务 1.2 掌握 ZXC10 BSCB 硬件结构

1.2.1 BSCB 简介

1. BSCB 外观

从 BSC 的外观来看，它主要由 BSC 机架、插箱、前面板和背板 4 部分组成。其中，插箱包含配电插箱、风扇插箱、业务插箱（包括一级交换框、控制框、资源框）和 GCM（GPS Control Module，GPS 控制模块）插箱几种类型；一个 BSC 机架包含 4 个框；一个框有 17 块前面板和背板，如图 1-4 所示。

图 1-4 ZXC10 BSCB 的外观

2. BSCB 子系统

BSCB（B 型号 BSC）分为 3 个子系统，分别为 BPSN、BCTC 和 BUSN。其中，一级交换子系统 BPSN（Backplane of Packet Switch Network，分组交换网背板）是 BSC 媒体流的处理中心；控制子系统 BCTC（Backplane of Control Center 控制中心背板）是 BSC 的控制中心，负责整个系统的信令处理以及时钟信号的产生；资源管理子系统 BUSN（Backplane of Universal Switching Network，通用交换网背板）用来处理相关的底层协议，提供不同接入口以及资源的处理。

3. BSCB 单板组成

（1）前面板

BSCB 前面板如图 1-5 所示。

（2）后背板

BSCB 后背板如图 1-6 所示。

4. BSC 信号流的分类

BSC 信号流主要分为以下 3 类。

（1）时钟流，即 BSC 内部时钟信号的处理流程。

（2）媒体流，即 BSC 内部业务消息的处理流程，包括语音业务和数据业务。

（3）控制流，即 BSC 内部信令消息的处理流程。

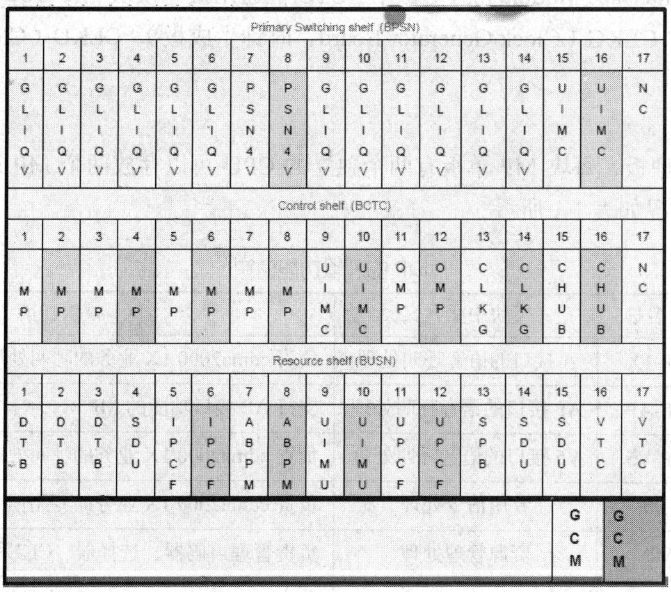

Primary Switching shelf（BPSN）
1 2 3 4 5 6 7 8 9 10 11 12 13 14 15 16 17
GLIQV GLIQV GLIQV GLIQV GLIQV GLIQV PSN4V PSN4V GLIQV GLIQV GLIQV GLIQV GLIQV GLIQV UIMC UIMC NC
Control shelf（BCTC）
1 2 3 4 5 6 7 8 9 10 11 12 13 14 15 16 17
MP MP MP MP MP MP MP MP UIMC UIMC OMP OMP CLKG CLKG CHUB CHUB NC
Resource shelf (BUSN)
1 2 3 4 5 6 7 8 9 10 11 12 13 14 15 16 17
DTB DTB DTB SDU IPCF IPCF ABPM ABPM UIMU UIMU UPCF UPCF SPB SDU SDU VTC VTC
GCM GCM

图 1-5　BSCB 前面板

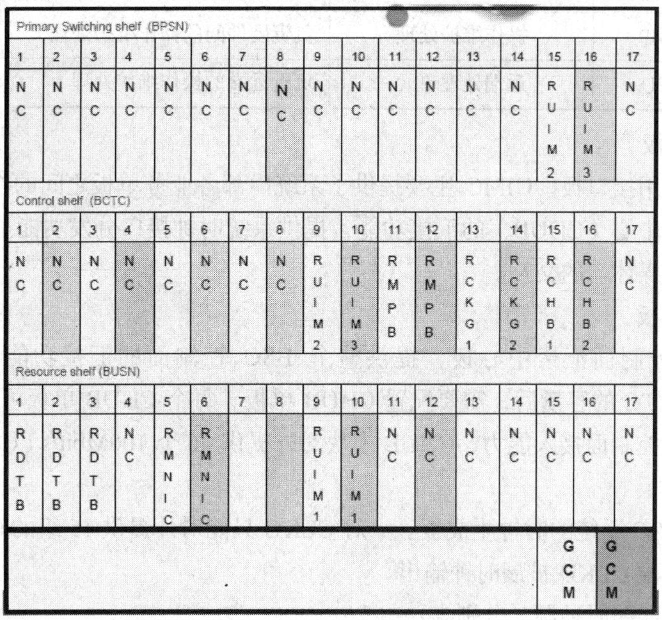

图 1-6　BSCB 后背板

1.2.2　BSCB 单板

1．控制框

控制子系统是 BSC 的控制中心，负责整个系统的信令处理以及时钟信号的产生。控制框包括：MP（Main Processors，主处理板）、OMP（Operation & Maintenance Processor，操作维护处理器）、

UIMC（Universal Interface Module for BCTC，BCTC 框通用接口模块）、CHUB（Control HUB，控制面汇聚中心板）、CLKG（Clock Generator Board，时钟生成板）、CLKD（Clock Driver，时钟分发驱动器）等单板。

（1）MP 单板

MP 板即主处理板，每块 MP 单板有两个独立的 CPU 可以存放两个 MP 逻辑功能模块，MP 的逻辑功能模块情况如表 1-1 所示。

表 1–1　　MP 的逻辑功能模块

所属类型	模块名称	模块中文含义	模块功能
1X	CMP-1X	A 接口的语音呼叫处理	负责 cdma2000 1X 业务的呼叫处理和切换处理
	CMP-AP	AP 接口的语音呼叫处理	支持 AP 接口功能的 MP
	CMP-V5	V5 接口的语音呼叫处理	负责 cdma2000 1X 业务的呼叫处理和切换处理
	DSMP	专用信令处理	负责 cdma2000 1X 业务的专用信令处理和切换处理
	RMP	资源管理处理	负责管理声码器、选择器、CIC 和 DSMP 资源
DO	DOSMP	数据处理模块	负责 cdma2000 1X EV-DO 数据业务的呼叫及业务处理
	SPCF	PCF 信令处理	PCF 信令处理模块，数据业务开通需要配置
1X 和 DO	OMP	操作维护处理	负责硬件间的操作维护处理
	RPU	远端处理单元	负责远端的操作维护处理

（2）UIMC 单板

UIMC 板即通用接口板，UIMC 主要提供子系统内部各业务单板之间的控制面以太网交换功能、与控制面汇聚中心（CHUB）的汇接功能，提供系统时钟接口分发功能。UIMC 仅进行控制流的交互，不进行媒体流的交互。

（3）CHUB 单板

CHUB 板即控制面汇聚中心板，提供整个 BSC 控制面的汇接功能。当系统配置大于 2 × BUSN + 1 × BCTC 的容量后，需要配置 CHUB 单板。每个 CHUB 单板可以提供 21 个 BUSN 或 BPSN 子系统的控制面接入能力，CHUB 模块对外提供 46 个 100Mbit/s 以太网接口。

（4）CLKG 单板

CLKG 板为 BSC 系统的时钟生成板。一对 CLKG 只能对外提供 15 组的时钟输出，当超过这个限制时；则要增配 CLKD 扩展时钟输出。

CLKG 单板有四路时钟源，分别为：

① 从 GCM 获取 PP2S/16chips 时钟。

② 从 DTB 获取 8kHz 时钟（来源于 MSC）。

③ 从 GCM 获取 8kHz 时钟。

④ 从时钟综合大楼获取 2MHz 时钟。

2．资源框

资源子系统用来处理相关的底层协议，提供不同接入接口以及资源的处理。资源框包括：UIMU（Universal Interface Module for BUSN，BUSN 框通用接口模块）、DTB（Digital Trunk Board，数字中继板）、SDTB（Sonet Digital Trunk Board，光数字中继板）、ABPM（Abis processing，Abis 接口处理模块）、SDU（Service Data Unit，业务数据单元）、SPB（Signaling Process Board，信令处理板）、VTC（Voice Transcoder Card，语音码型转换单元）、IPCF（PCF Interface Module，PCF 接口模块）、UPCF（User Plane of PCF，分组控制功能用户面处理单元）、IPI（IP Bearer Interface，IP 承载接口板）、SIPI（SIGTRAN IP Bearer Interface，SIGTRAN IP 承载接口板）等单板。

（1）UIMU 单板

UIMU 板即通用接口模块，UIMU 是 BUSN 的交换中心，实现媒体流和控制流的交互，从 CLKG 获取时钟并分布到框中的其他单板，它提供 2 个 FE 端口用于控制流交互，2 个 GE 端口用于媒体流交互。

（2）DTB 单板

DTB 板即数字中继板，一个 DTB 可以提供 32 条 E1，提供与 BTS 和 MSC 的连接，并为 CLKG 提供 8kHz 时钟参考。

（3）ABPM 单板

ABPM 即 Abis 接口处理板，ABPM 用于 Abis 接口的协议处理，提供低速链路完成 IP 业务承载的相关 IP 压缩协议处理。

（4）SDU 单板

SDU 即业务数据单元，SDU 用来处理无线语音和数字协议信号，选择和分离语音和数字业务。可提供 480 路选择器单元（SE）。

（5）SPB 单板

SPB 即信令处理板，SPB 主要完成窄带信令处理，可处理多路 7 号信令的 MTP-2（消息传递部分级别 2）以下层协议处理。

（6）VTC 单板

VTC 即语音码型转换板，VTC 实现语音编解码功能，可提供 480 路编解码单元，支持 QCELP8K、QCELP13K 和 EVRC 的功能。VTC 模块包括两种类型：VTCD 和 VTCA。VTCD 是基于 DSP 的码型变换板；VTCA 是基于 ASIC 的码型变换板。

（7）IPCF 单板

IPCF 即 PCF 接口板，IPCF 实现 PCF 对外分组网络的接口，接收外部网络来的 IP 数据，进行数据的区分，分发到内部对应的功能模块上。IPCF 可以为 PCF 对外提供 4 个 FE 端口，用来连接 PDSN 和 AN-AAA。

（8）UPCF 单板

UPCF 即 PCF 用户处理板，UPCF 提供 PCF 用户协议处理、PCF 的数据缓存、排序以及一些特殊协议处理的支持。

（9）IPI 单板

IPI 即承载接口板，IPI 用于实现 BSC 与 MGW（媒体网关）的 A2p 接口功能。

（10）SIPI 单板

SIPS 即 SIGTRAN IP 承载接口板，SIPI 用于实现 BSC 与 MSCe（移动交换中心仿真）的 A1p 接口功能。

3．交换框

一级交换子系统作为 BSC 媒体流的处理中心，当系统容量较小时（没有超过 2×BSUN 的配置），则无需配置一级分组交换子系统。一级交换框包括：PSN（Packet Switch Network，分组交换网板）、GLI（GE Line Interface Board，GE 链路接口板）和 UIMC 单板。

（1）PSN 单板

PSN 即 IP 分组交换板，PSN 完成各线卡间的分组数据交换，它是一个自路由的 Crossbar 交换系统，与线接口板上的队列一起配合完成交换功能。其双向各 40Gbit/s 用户数据交换能力，采用 1+1 负荷分担，可以人工倒换和软件倒换。根据不同的交换容量，PSN 可分为 PSN1V、PSN4V、PSN8V，PSN 可以平滑升级到 PSN8V，实现最大 80GB 交换容量。

（2）GLI 单板

GLI 即 GE 链路接口板，GLI 提供 4 个 GE 端口，每个 GE 的光口 1+1 备份，相邻 GLI 的 GE 口之间提供 GE 端口备份；其次，还提供 1×100Mbit/s 以太网作为主备通信通道和 1×100Mbit/s 以太网作为控制流通道。

4．GCM 框

GCM 即 GPS（Global Position System，全球定位系统）控制模块，是 CDMA 系统中产生同步定时基准信号和频率基准信号的模块。GCM 的基本功能是接收 GPS 卫星系统的信号，提取并产生 1PPS 信号和相应的导航电文，并以该 1PPS 信号为基准锁相产生 CDMA 系统所需的 PP2S、19.6608MHz、30MHz 信号和相应的 TOD 消息。

1.2.3 BSCB 信号处理流程

1．控制流信号处理流程

控制流信号在各单板中处理的流程如图 1-7 所示。资源框各单板的控制流先到本框接口板（UIMU），在本框能完成交换的控制流就在 UIMU 上完成，需要和其他资源框、控制框交换的通过内部线缆连接到控制框的 CHUB；控制框内各 MP 板的控制流先到本框的 UIMC，UIMC 通过内部千兆口和 CHUB 互连。控制流交换在 UIMC 和 CHUB 上实现。

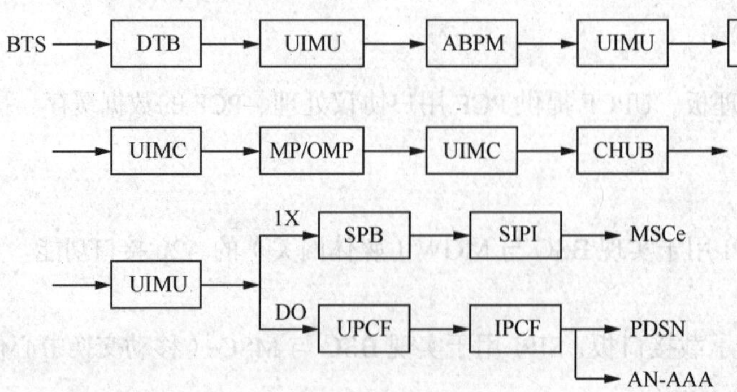

图 1-7 控制流信号处理流程

2．媒体流信号处理流程

媒体流信号在各单板中处理的流程如图 1-8 所示。资源框各单板的媒体流先到本框接口板（UIMU），在本框能完成交换的媒体流在 UIMU 上完成，需要和其他资源框交换的通过外部光纤连接到一级交换框的 GLI，在一级交换框 PSN 单板实现媒体流的交换。

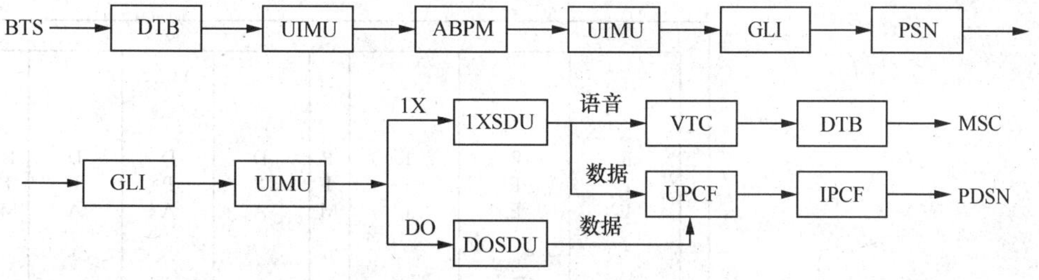

图 1-8　媒体流信号处理流程

3．时钟流信号处理流程

时钟流信号在各单板中处理的流程如图 1-9 所示。BSC 各资源框和交换框需要系统时钟，系统的信号时钟分发通过 CLKG 的后插板连接线缆至各资源框的 UIMU 板以及交换框的 UIMC 板，进而通过 UIMU 或 UIMC 分发至本框的各单板。如果机框 BUSN、BCTC、BPSN 总数超过 15 个，则除了 CLKG 外，还需要配置 CLKD 进行时钟扩展，提供给其他机架的单板系统时钟。

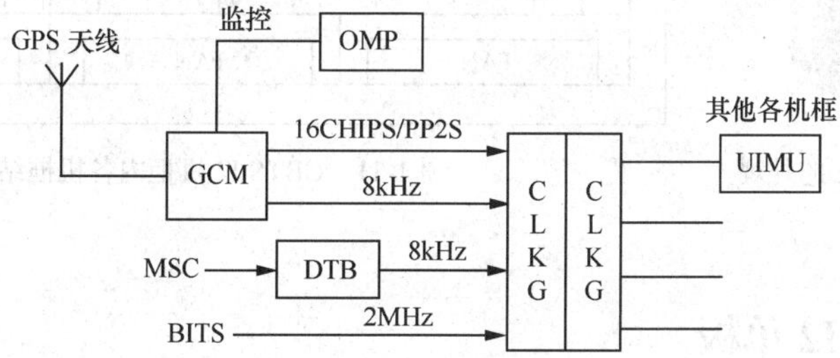

图 1-9　时钟流信号处理流程

任务 1.3　掌握 ZXC10 CBTS I2 硬件结构

1.3.1　CBTS I2 简介

1．CBTS I2 外观

ZXC10 CBTS I2（CBTS 代表紧凑型基站）的外观如图 1-10 所示，外观尺寸为 H × W × D = 850mm × 600mm × 600 mm，属于紧凑型基站。

2．CBTS I2 子系统

CBTS I2 分为 3 个子系统，分别为 BDS（Baseband Digital Subsysten，基带数字子系统）、RFS（Radio Frequenc Subsystem 射频子系统）和 PWS（Power Subsystem，电源子系统）。其中，BDS

负责基带信号的处理；RFS 负责射频信号的处理；PWS 为 CBTS I2 提供-48V 直流电源，为可选部分。

3．CBTS I2 单板组成

CBTS I2 机柜内各机框单板组成结构如图 1-11 所示。

图 1-10　ZXC10 CBTS I2 的外观

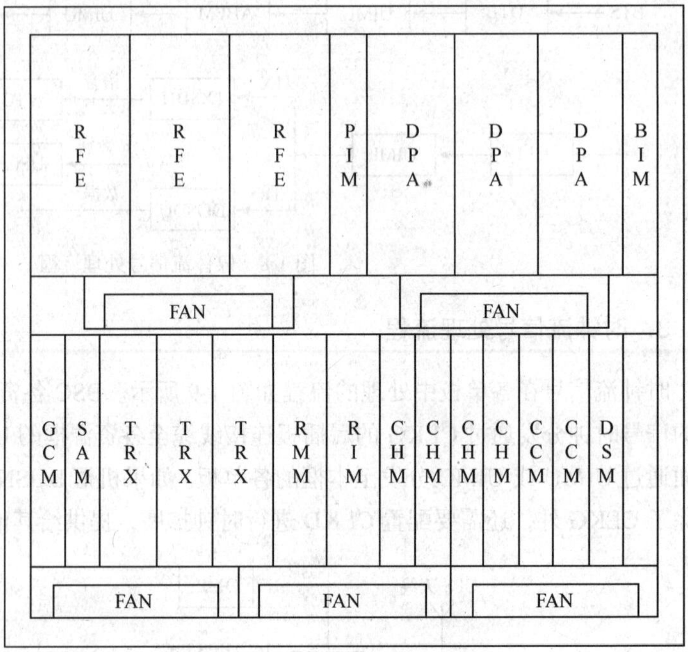

图 1-11　CBTS I2 机柜内各机框结构图

1.3.2　CBTS I2 单板

1．基带数字子系统

（1）CCM

CCM（Communication Control Module，通信控制板）是整个 BTS 的信令处理、资源管理以及操作维护的核心，负责 BTS 内数据、信令的路由。CCM 也是信令传送证实的集中点，BTS 内各单板之间、BTS 与 BSC 单板之间的信令传送都由 CCM 转发。CCM 主要提供两大功能：构建 BTS 通信平台和集中 BTS 所有控制。

CCM 有两种型号：CCM_6、CCM_0，两种型号 CCM 功能说明如表 1-2 所示。

表 1–2　CCM 功能说明

型　号	功 能 说 明
CCM_6	支持 12 载扇 DO 业务以及 24 载扇的 1X 业务
CCM_0	扩展机柜配置时主机柜配置 CCM_0，扩展机柜内配置 CCM_6

（2）DSM

DSM（Data Service Module，数据服务板），实现 Abis 接口的中继功能、Abis 接口数据传递和信令处理功能。DSM 根据需要对外可提供 4 路、8 路 E1/T1，也可提供以太网接入 BSC。

DSM 可灵活配置用来与上游 BSC 连接以及与下游 BTS 连接的 E1/T1；同时 DSM 可以接传输网，支持 SDH 光传输网络。

DSM 单板目前有 DSMA、DSMB 和 DSMC 3 种，3 种 DSM 的功能说明如表 1-3 所示。

表 1-3　DSM 的功能说明

型　号	功能说明
DSMA	不支持主备功能，内置传输、并柜功能，提供 T1、E1 连接
DSMB	支持主备功能，内置传输、并柜功能，提供 T1、E1 连接
DSMC	支持 Abis 口以太网连接，对外提供 1 条到 BSC 的百兆以太网（FE）接口

（3）CHM

CHM（Channel Processing Module，信道处理板），是系统的业务处理板，位于 BDS 和 TRX 插箱，单机柜满配置是 4 块 CHM 板。CHM 主要完成基带的前向调制与反向解调，实现 CDMA 的多项关键技术，如分集技术、RAKE 接收、更软切换和功率控制等。

CHM 单板目前有 CHM0、CHM1、CHM2、CHM3 四种型号，四种 CHM 的功能说明如表 1-4 所示。根据系统设计 BDS 和 TRX 机框支持 CHM 的混插，同时支持多种业务。一个 CHM 支持一载三扇的业务数据处理。

表 1-4　CHM 单板说明

型　号	功能说明
CHM0	支持 cdma2000 1X 的业务
CHM1	支持 cdma2000 1X EV-DO 业务，前向数据业务速率从 38.4 kbit/s 到 2.4576 Mbit/s，反向数据业务速率从 9.6 kbit/s 到 153.6 kbit/s
CHM2	支持 cdma2000 1X EV-DO Release A 业务，前向数据业务速率最大可达 3.1Mbit/s，反向数据业务速率可达 1.8 Mbit/s
CHM3	支持 cdma2000-1X 业务，前反向数据业务速率最高可达到 307.2kbps，单块基本配置的 CHM3 可提供前向 285 个 CE，反向 256 个 CE，通过扩展子卡可提供前向 570 个 CE，反向 512 个 CE。单块 CHM3 可支持 24 载扇业务和智能天线

（4）RIM

RIM（RF Interface Module，射频接口板）是基带系统与射频系统的接口。前向链路上的 RIM 将 CHM 送来的前向基带数据分扇区求和，将求和数据、HDLC 信令、GCM 送来的 PP2S 复用后送给 RMM；反向链路上的 RIM 通过接收 RMM 送来的反向基带数据和 HDLC 信令，根据 CCM 送来的信令进行选择，并将选择后的基带数据和 RAB 数据广播送给 CHM 板处理，将 HDLC 数据送给 CCM 板处理。RIM 有 3 种型号：RIM1、RIM3、RIM5，3 种型号的 RIM 功能说明如表 1-5 所示。

表 1–5 RIM 功能说明

型　号	功 能 说 明
RIM1	提供 12 载扇射频信号处理能力，一般用于单机柜配置或需要扩展 BDS 双机柜配置时主/扩展机柜配置，与 RMM7 成对配置
RIM3	提供 24 载扇射频信号处理能力，需要扩展 RFS 多机柜或射频拉远配置时主机柜配置，基本配置的 RIM3 可连接一个远端 RFS，通过扩展 OIB 子卡最多可接入 6 个远端 RFS
RIM5	提供 24 载扇射频信号处理能力，需要扩展 RFS 多机柜或射频拉远配置时主机柜配置，基本配置的 RIM5 可连接 1 个本地 RFS 和 6 个远端 RFS，并且可配置为支持 CPRI 光接口

（5）GCM

GCM（GPS Control Module，GPS 控制板）是 CDMA 系统中产生同步定时基准信号和频率基准信号的单板。GCM 接收 GPS 卫星系统的信号，提取并产生 1PPS 信号和相应的导航电文，并以该 1PPS 信号为基准锁相产生 CDMA 系统所需要的 PP2S、16CHIP、30MHz 信号和相应的 TOD 消息。GCM 具有与 GPS/GLONASS 双星接收单板的接口功能，在接收不到 GPS 信号时也能通过 GLONASS 信号产生时钟。

GCM 有两种型号：GCM-3、GCM-4，两种型号的 GCM 功能说明如表 1-6 所示。

表 1–6 GCM 功能说明

型　号	功 能 说 明
GCM_3	用于单机柜配置
GCM_4	用于并柜或射频拉远配置时主机柜配置

（6）SAM

SAM（Site Alarm Module，现场告警板）位于 BDS 插箱中，主要功能是完成 SAM 机柜内的环境监控，以及机房的环境监控。SAM 有 3 种型号：SAM3、SAM4、SAM5，3 种型号的 SAM 功能说明如表 1-7 所示。

表 1–7 SAM 功能说明

型　号	功 能 说 明
SAM3	用在单机柜配置（不包括机柜外监控和扩展监控接入）
SAM4	扩展机柜配置时主机柜使用
SAM5	扩展机柜配置时从机柜使用（完成本机柜监控信号转接到主机柜的 SAM4，是一个无源模块）

当系统配置有扩展机柜时，有以下两种机柜的监控板配置方案。

① 主柜配置 SAM4+扩展柜配置 SAM5+并柜电缆；

② 主柜配置 SAM3+扩展柜配置 SAM3。

（7）BIM

BIM（BDS Interface Module，BDS 接口板）为可拔插的无源单板，完成系统各接口的保护功能及接入转换，提供 BDS 级联接口、测试接口、勤务电话接口、与 BSC 连接的 E1/T1/FE 接口以及模式设置等功能。

BIM 有 3 种型号单板：BIM7_C、BIM7_D、BIM-E，它们各自的功能说明如表 1-8 所示。BIM7_C、BIM7_D 用于不采用 CBM 的配置模式，BIM7_E 用于采用 CBM 的配置模式。

表 1-8　　BIM7 功能说明

型　号	功 能 说 明
BIM7_C	跳线设置： 1. Abis 口基本 E1 链路接口处理 2. 测试网口（信令流与媒体流） 3. Abis 口以太网接口处理
BIM7_D	在 BIM7_C 的功能上添加： 1. BDS 扩展级联（信令流与媒体流） 2. Abis 扩展 E1 链路接口处理 3. 勤务电话接口处理
BIM-E	是采用 CBM 配置模式时，为 CBTS I2 统一提供 E1/T1 及 IP 接入接口的单板

（8）CBM

CBM（Compact BDS Module，紧凑型 BDS 板）是 CBTS I2 的一种基带配置方案，在一块单板上实现了基带的所有功能，集中了 CHM/CCM/DSM/GCM/RIM/RMM 功能，并结合射频框部分单板功能。

2．射频子系统

（1）RMM

RMM（RF Management Module，射频管理板）作为射频系统的主控板，主要完成三大功能。

① 对 RFS 的集中控制，包括 RFS 的所有单元模块，如 TRX、PA、PIM；

② 完成“基带-射频接口”的前反向链路处理；

③ 系统时钟、射频基准时钟的处理与分发。

RMM 有 3 种型号：RMM5、RMM6、RMM7，3 种型号的 RMM 功能说明如表 1-9 所示。

表 1-9　　RMM 功能说明

型　号	功 能 说 明
RMM5	用于近端射频子系统，支持 24 载扇的基带数据的前反向处理，与 RIM3 成对配置
RMM6	用于射频拉远子系统或扩展机柜射频子系统，支持 24 载扇的基带数据的前反向处理，与 RIM3 成对配置
RMM7	用于近端射频子系统，支持 12 载扇的基带数据的前反向处理，与 RIM1 成对配置

（2）TRX

TRX（Transceiver，收发信机板）位于 BTS 的射频子系统中，是射频子系统的核心单板，也是关系基站无线性能的关键单板。1 块 TRX 可以支持 4 载扇配置。

TRX 有两种类型：削峰 TRX（TRXB）和预失真 TRX(TRXC)。两种型号的 TRX 功能说明如表 1-10 所示。

表 1-10　　TRX 功能说明

型　号	功 能 说 明
削峰 TRX	具备削峰功能，最大支持 4 载波应用，推荐用于 1～2 载波配置
预失真 TRX	具备削峰和预失真功能，最大支持 4 载波应用，推荐用于超过 2 载波配置

（3）PIM

PIM（Power Amplifier Interface Module，功放接口板），单板位于 PA/RFE 框，主要实现对 DPA 与 RFE 进行监控，并将相关信息上报到 RMM。

（4）DPA

DPA（Digital Predistortion Power Amplifier，数字预失真功放板）将来自 TRX 的前向发射信号进行功率放大，使信号以合适的功率经射频前端滤波处理后，由天线向小区内辐射。支持 800MHz、1900MHz、450MHz 三个频段。DPA 采用了功率回退技术，是用于基带预失真系统的功率放大器。

（5）RFE

RFE（Radio Frequency End，射频前端板）主要实现射频前端功能及反向主分集的低噪声放大功能，RFE 有两种类型：RFE_A 和 RFE_B。两种型号的 RFE 功能说明如表 1-11 所示。

表 1-11　　RFE 功能说明

型　号	功 能 说 明
RFE_A	4 载波及其以下应用
RFE_B	4 载波以上应用

3．采用 CBM 板的配置

这种方式实现的 BDS 只有 CBM 一种单板，是 CBTS 的控制中心、通信平台，实现 Abis 接口通信、CDMA 基带调制解调、与射频的接口等功能。

这种方式实现的 BDS 能实现 2 载 3 扇的 CDMA 1X 业务，通过扩展可以配置一个 CSM6700 子卡或 CSM6800 子卡，实现 4 载 3 扇的 CDMA 1X 业务或 2 载 3 扇的 CDMA 1X 业务+1 载 3 扇的 DO 业务。

CBTS I2 在应用场合使用何种配置模式，需要根据实际网络情况选择配置，两种配置模式下都使用相同的机框，方便相互更换。采用 CBM 板配置的 BDS 和 TRX 机框的槽位配置，如图 1-12 所示。

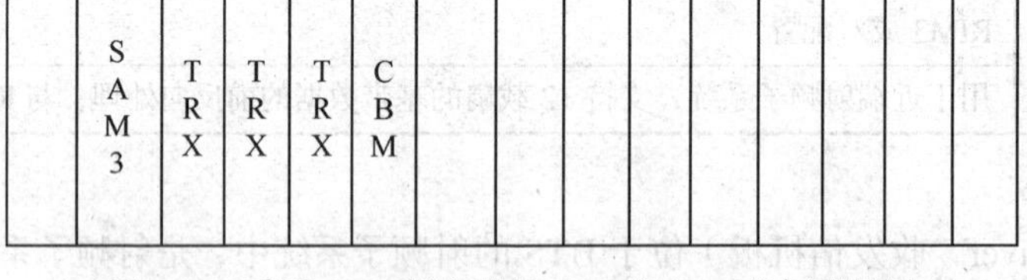

图 1-12　采用 CBM 板配置的 BDS 和 TRX 机框配置图

4．不采用 CBM 板的配置

不采用 CBM 板实现的 BDS 由 CCM、DSM、GCM、RIM、RMM 和 CHM 共同组成，完成 CBTS 的控制、CDMA 信号的调制解调、Abis 口通信、射频的管理和接口等功能。这种方式实现的 BDS 最大提供 12 载扇 DO 业务或 24 载扇 1X 业务的基带处理能力。

不采用 CBM 板配置的 BDS 和 TRX 机框在物理上由 4 块 CHM、2 块 CCM、1 块 RIM、1 块 GCM 和 3 块 TRX、1 块 RMM、1 块 SAM、1 块 DSM 组成。不采用 CBM 板配置的 BDS 和 TRX

机框的满配置槽位，如图 1-13 所示。

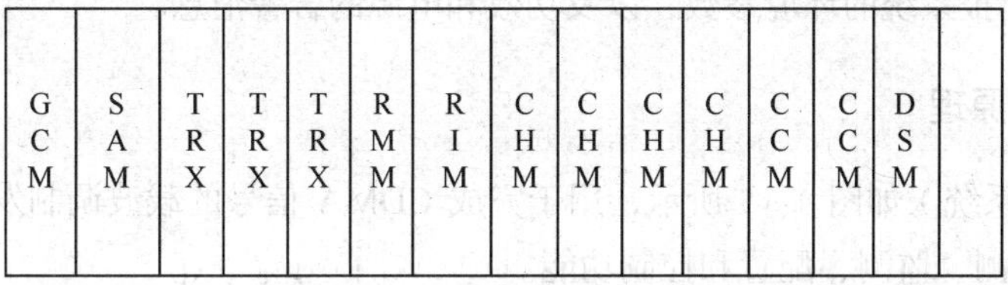

图 1-13　不采用 CBM 板配置的 BDS 和 TRX 机框配置图

1.3.3　CBTS I2 信号处理流程

1．BDS 工作原理

BDS（基带数字子系统）如图 1-14 所示，是 BTS 中最能体现 CDMA 特征的部分，包含了 CDMA 许多关键技术：如扩频解扩、分集技术、RAKE 接收、软切换和功率控制。BDS 是 BTS 的控制中心、通信平台，用于实现 Abis 接口通信以及 CDMA 基带信号的调制解调，其包括的单板有：DSM、SNM、CCM、RIM、SAM、GCM 和 BIM。

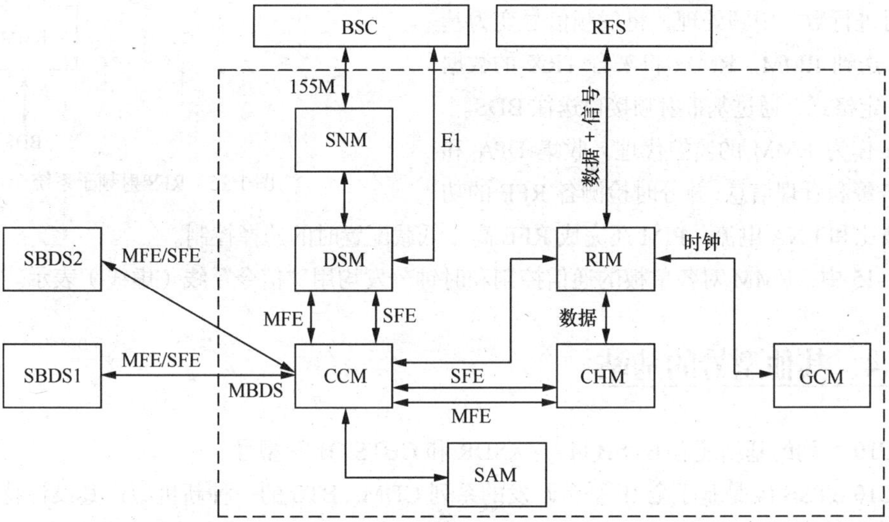

图 1-14　BDS 基带数字子系统

Abis 接口压缩数据包经 E1/T1 送到 DSM 进行解压缩以及其他的 Abis 接口协议处理。处理之后的 IP 数据包被分为媒体流和控制流两类。其中媒体流通过 CCM 上的媒体流 IP 通信平台交换到信道板。媒体流到达信道板后，由 CDMA 调制解调芯片对其进行编码调制，变成前向基带数据流。来自所有信道板的前向基带数据流由 RIM 汇集、求和后，送到 RFS。控制流通过 CCM 上的一个控制流 IP 通信平台进行交换。控制流的目的地址可以是 CHM 或 CCM。控制流和媒体流完全分离，不发生相互影响。

对于反向数据流，其处理顺序与前向相反。

GCM 接收 GPS 卫星信号，产生精确的与 UTC 时间对齐的系统时钟，并送到 RIM，由 RIM

对时钟进行分发，送到信道板及 CCM，满足 CDMA 基站精确定时的需求。

SAM 收集并上报系统的环境参数，以及功效和电源的告警消息。

2. RFS 工作原理

RFS（射频子系统）如图 1-15 所示，用于完成 CDMA 信号的载波调制发射和解调接收，并实现各种相关的检测、监测、配置和控制功能。RFS 由机柜部分和机柜外的天馈线部分组成。机柜部分包括的单板有：RMM、TRX、DPA、RFE、PIM；天馈线部分包括天线、馈线及相应的结构安装件。

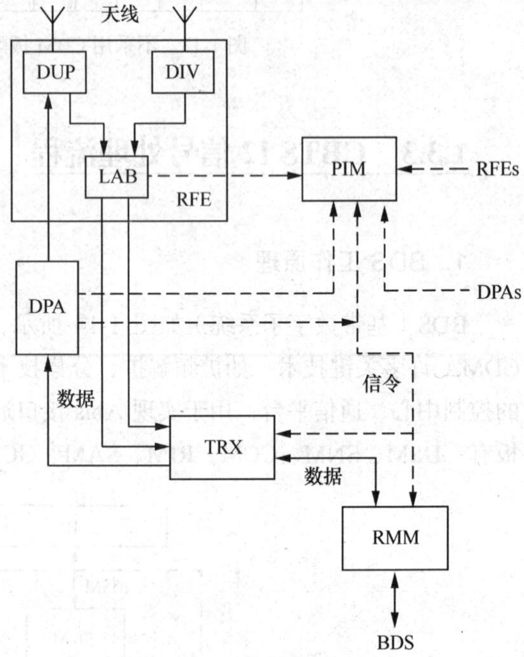

图 1-15 RFS 射频子系统

来自 BDS 的前向数据流，在 RMM 上汇集并分发到 TRX。TRX 首先对信号进行中频变频，生成的中频信号再被上变频，变成射频信号，通过 DPA 放大功率，再通过 DUP 和天馈系统发射出去。

在反向，从天线接收到的无线信号通过 DUP 和 DIV 滤波，送到 LAB（含主分集 LNA）对信号进行低噪声放大；放大后的信号送到 TRX 进行下变频，再进行数字中频处理，将射频信号变为基带信号，送到 RMM。RMM 将来自 TRX 的数据打包成一定格式，通过基带射频接口送往 BDS。

PIM 作为 RMM 的监控代理，收集 DPA 和 RFE 的告警和管理信息，并分时检测各 RFE 的功率、驻波比和 LNA 电流。PIM 还完成 RFE 高、低载配置时的选择控制。

图 1-15 中，RMM 对各单板的通信控制和时钟分发均用“信令”线（虚线）表示。

1.3.4 其他型号的基站

ZXC10 系列的基站还有 BTSB I4、ZXSDR 和 CBTS O1 等型号。

ZXC10 BTSB I4 是基于全 IP 平台开发的系列 CDMA BTS 的一种新机型，其设计特点是结构紧凑、重量轻、体积小、容量大。ZXC10 BTSB I4 是在 ZXC10 CBTS I2 的基础上研发的，其单板功能类型都与 ZXC10 CBTS I2 的类似。

ZXSDR 最突出的特点是把基带部分和射频部分分离成 B8200 C100 和 RTRA，实现 BBU（Building Base band Unit，室内基带处理单元）+ RRU（Radio Remote Unit，射频拉远单元）功能。

ZXC10 CBTS O1 是 cdma2000 室外紧凑型基站 1 型，是中兴通讯推出的新一代 CDMA 室外紧凑型宏基站，机柜内集成了传输设备、温度控制设备和电源系统，具有防雨、防雪、防尘、防盗等特点，可适用于恶劣的室外环境。容量大，单机柜最大配置可以支持 4 载 3 扇，并且支持并柜，单机柜同时支持 cdma2000 1X 和 cdma2000 1X EV-DO 业务。

项目二

cdma2000 网络预规划

【任务导入】根据给定的条件，诸如规划区大小、地理环境、基本用户数量、话务模型和话务量等，确定基站列表，包括基站名称、站型、连接该站的 E1 数量，CBTS I2 内部各单板的数量。

任务 2.1 cdma2000 网络预规划原理

1．CDMA 无线规划的特点

CDMA 无线规划具有无线覆盖随系统负载、移动用户速度和数据用户的速率等参数动态变化，软切换边界的可变性和实际系统非常复杂等特点

2．CDMA 无线规划的目标

CDMA 无线规划具有以下几点规划目标。

（1）达到服务区内最大程度的时间、地点的无线覆盖。

（2）减少干扰，达到系统最大可能容量。

（3）优化设置无线参数，最大发挥系统服务质量。

（4）在满足容量和质量的前提下，尽量减少系统设备单元，减低成本。

（5）科学预测话务分布，确定最佳网络结构。

3．基于 BRU 的容量估算

基于 BRU（Basic Resource Unit，基本资源单元）的容量估算的情况有以下两种。

（1）根据预测的总话务量和规定的单载波小区的有效容量，直接通过计算得出该区域所需的载扇数。

（2）基于爱尔兰表，根据无线信道呼叫阻塞率和规定的单载波小区信道数，查找

爱尔兰表，得出单载波小区的有效容量，再将预测的总话务量除以单载波小区的有效容量，得到所求的该区域所需的载扇数。

4．站点规划和站点选择原则

站点规划是对规划区域进行站点规划，即根据日勘察表提供的站点信息，到实际环境中找到对应站点，同时对站点进行勘察，查看其周边的地形地貌特征、周边的人口分布情况，以及业务分布情况，进而确定站点数、站址、站型、站点容量，是采用室内覆盖还是室外覆盖等。

站点的选择要尽量满足无线通信理论中蜂窝网孔规定的理想位置，其偏差应该尽量在基站覆盖半径四分之一以内，便于以后小区分裂和网络发展。基站的选择方法有以下几种。

（1）按照覆盖和容量要求筛选，要求重点覆盖区必须选站点，中心城区主要干道必须选站点，在“重点”站点选择之后，完成“次要”覆盖区大面积连续覆盖。

（2）按照基站周围环境筛选，要求站点的位置足够高，但站点的位置不能过高，相邻两个站点的高度差不能过大。

（3）按照基站无线环境筛选，要求避免在大功率无线电台、雷达站、卫星地面站等强干扰源附近选站，与异系统共站址，通常要采取隔离，避免在涉及国家安全的部门附近选站。

（4）按照基站现有资源筛选，我们要充分参考已有的移动网络，并将其作为无线网络规划的参考模型，要充分参考现有移动网络信息，充分利用传输、电源等配套的资源，在基站选址时，选择交通方便的区域，为工程实施和日常维护提供便利。

其次，要注意基站的疏密布置应对应于话务密度分布；避免在高山上设站；避免在树林中设站。如要设站，应保持天线高于树顶；选择机房改造费底、租金少的楼房作为站址。

5．PN 偏置设置原则

PN 偏置共有 128 个，将这 128 个 PN 偏置分为四组(sub_cluster)，如表 2-1 所示，表格中的数字表示分配给某一小区不同扇区的 PN 偏置。

表 2-1　　PN 偏置分配示意

Clnster1

扇区 1	4	20	36	52	68	84	100	116	132	148	164
扇区 2	172	188	204	220	236	252	268	284	300	316	332
扇区 3	340	356	372	388	404	420	436	452	468	484	500

Clnster2

扇区 1	8	24	40	56	72	88	104	120	136	152	168
扇区 2	176	192	208	224	240	256	272	288	304	320	336
扇区 3	344	360	376	392	408	424	440	456	472	488	504

Clnster3

扇区 1	12	28	44	60	76	92	108	124	140	156	
扇区 2	180	196	212	228	244	260	276	292	308	324	
扇区 3	348	364	380	396	412	428	444	460	476	492	

续表

Clnster4

扇区 1	16	32	48	64	80	96	112	128	144	160
扇区 2	184	200	216	232	248	264	280	296	312	328
扇区 3	352	368	384	400	416	432	448	464	480	496

PN 复用时，也尽量保证相同的 PN 尽可能远。经过实践和计算，表 2-1 的分布情况将保证相同 PN 的复用距离 D 最大，为 15.2R，最小复用距离为 12R；相邻 PN 的最近距离为 6R、14R。完全满足复用距离 D>=6R 的要求。（D：复用距离，R：小区覆盖半径，假设各小区覆盖半径相同。）

6．频点规划

cdma2000 的频率分配情况，如图 2-1 所示，目前使用最多的是 A 频段分配的频点：DO 频点——37、78；1X 频点——283、201、160、242、119。其中，主频点是 283 号。A 频段的中心频率计算公式如下。

$$\text{反向链路：}825.00\text{MHz} + 0.03\text{MHz} \times N$$

$$\text{前向链路：}870.00\text{MHz} + 0.03\text{MHz} \times N$$

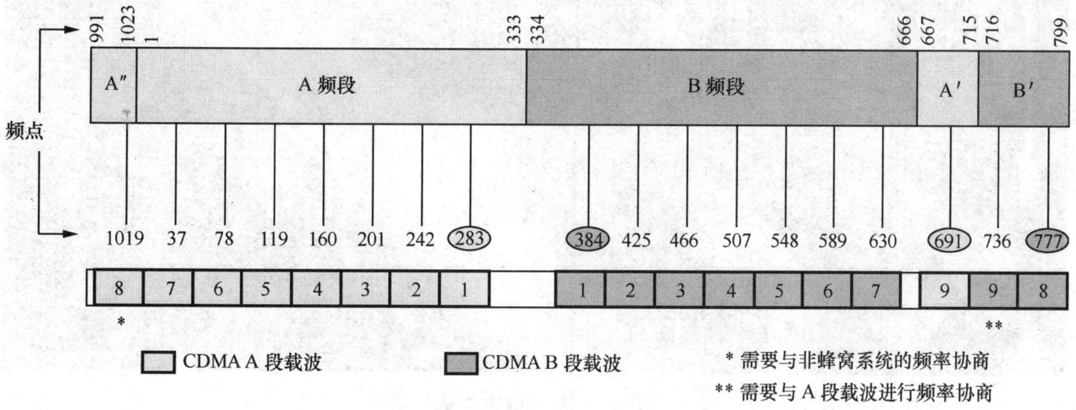

图 2-1　cdma2000 的频率分配图

任务 2.2　cdma2000 网络预规划实践

1．规划区域总体描述

图 2-2 所示区域占地面积约为 1 平方公里，主要应考虑的是该区域的沙滩室外覆盖和 5 个酒店的室内覆盖，酒店均为 7 层。该区域的特点是夏季人流量非常高，平均每天约为 45000 人；冬季人流量非常少，平日每天不到 5000 人。因此该地区必须考虑季节因素。在站点的布局上应留有余量，既要保证夏季的业务量又要保证冬季的资源利用率。该区主要是各类游人，一部分游客主要利用 3G 网络上网，大部分游客主要利用 3G 网络打视频电话，其余的游客就是利用 3G 网络看新闻、看视频多媒体和收发视频短信息，同时应考虑一部分游客使用 3G 网络提供的 GPS 定位业务。

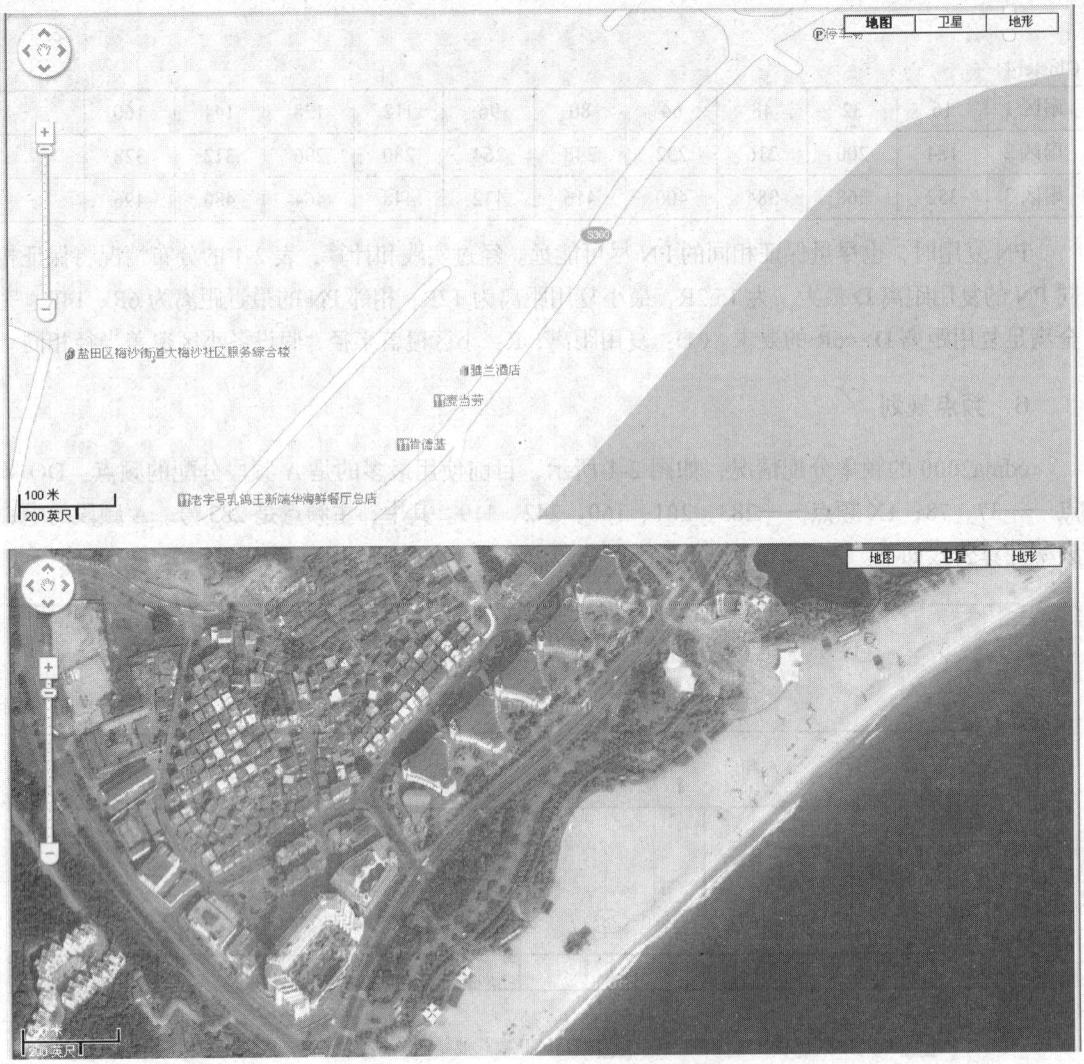

图 2-2　某区域旅游地图

2．3G 用户数量规划

在 3G 网络的建网初期，采取 cdma2000 1X 系统满足整个区域的语音以及数据通信要求。在该区域中，低端用户数按人口的 80%计算，高端用户数按低端人口的 40%计算。则高端用户和低端用户的数量如表 2-2 所示。

表 2–2　　3G 用户数量的规划

该区域人口总数	45000
低端用户在该区域的人口数量	*36000*
高端用户在该区域的人口数量	*14400*

3．业务模型及总话务量计算

该区域为业务密集区，话务模型按经验值估算，各种业务的单用户业务量见表 2-3、表 2-4。其中数据业务：下行总吞吐量（kbit/s）=下行单用户业务量×人口总数；下行总业务量（Erl）=下行总吞吐量/业务速率。各业务话务量的计算如表 2-3、表 2-4 所示（表中斜体表示部分）。

表 2–3　低端用户的单用户业务量和渗透率

业务速率	低端用户							
业务类型	语音业务(Erl)	信息点播 bit/s	WWW/WAP	E-mail (bit/s)	FTP (bit/s)	VOD/AOD (bit/s)	电子商务(bit/s)	其他(bit/s)
单用户业务量	0.025	4.8	14.4	3	9.6	0	1.6	0.8
渗透率	100%	30%	50%	80%	60%	50%	30%	20%
下行单用户业务量（乘渗透率）	*0.025*	*1.44*	*7.20*	*2.40*	*5.76*	*0*	*0.48*	*0.16*
		11.04			*6.24*			*0.16*
下行总吞吐量（kbit/s）	——	*397.44*			*224.64*			*5.76*
下行总业务量（Erl）	*900*	*41.40*			*23.40*			*0.60*

表 2–4　高端用户的单用户业务量和渗透率

业务速率	高端用户							
业务类型	语音业务(Erl)	信息点播 bit/s	WWW/WAP	E-mail (bit/s)	FTP (bit/s)	VOD/AOD (bit/s)	电子商务 (bit/s)	其他(bit/s)
单用户业务量	0.025	26.21	65.53	24.57	52.42	143.68	8.74	3.28
渗透率	100%	30%	50%	80%	60%	50%	30%	20%
下行单用户业务量（乘渗透率）	*0.025*	*7.86*	*32.77*	*19.66*	*31.45*	*71.84*	*2.62*	*0.66*
		60.28			*105.91*			*0.66*
下行总吞吐量（kbit/s）	——	*868.09*			*1525.16*			*9.45*
下行总业务量（Erl）	*360*	*90.43*			*158.87*			*0.98*

根据表 2-3、表 2-4 中给出的各业务数据，计算出语音业务的 ERL 值以及数据的下行总吞吐量及表中所有业务的下行总业务量，并将结果填入表中（计算结果小数点后保留 2 位）。

最后计算出该区域总话务量为

cdma2000 1X 业务总共等效为：______*1575.68*______Erl。

4．容量估算

容量估算的方法有多种，此处采用基于 BRU 的计算方式，根据表 2-3、表 2-4 中计算出来的各种业务的业务量，并根据公式计算出所需要的单载波小区总数，如表 2-5 所示。

表 2–5　各种业务的业务总量及所需的单载波小区总数

业务类型	总业务量（Erl）	单载波小区信道数	阻塞率	载扇数
cdma2000 1X	*1575.68*	*36*	*0.02*	*58*

5. 站点规划和站点选择

目前 cdma2000 建网有 O1、S1/1/1、S2/2/2、S3/3/3、S4/4/4 几种站型可选。

站址选择内容包括：

（1）地点；

（2）站型（全向站、定向站）；

（3）覆盖区域（室内覆盖、室外覆盖）；

（4）站点容量。

如图 2-2 所示，要满足该区域的组网的站点，其中既有室内站也有室外站。根据基于容量覆盖的建站方法，只考虑室外站点建设，所有基站以 CBTS I2 组网，每个扇区采用双极化天线。

假如该覆盖区域内有一个室外基站，基站名称为酒店（基站编号为 4，站型为 S/3/3/3，方向角为 30° 180° 240°，S3/3/3 分为 S1/1/1 的 DO 业务和 S2/2/2 的 1X 业务，单路 E1 支持 1 载波的 DO 业务或者支持 3 载波的 1X 的业务），根据站点规划计算出该站使用的各种单板数量，如表 2-6 所示。

表 2-6　各基站使用各种单板数量

基站编号	基站名称	站型	基站 E1 数量	各种单板数量			
				CHM 板	TRX 板	HPA 板	RFE 板
4	海景酒店	*S333*	*5*	*3*	*3*	*3*	*3*

同样是该站点，针对小区级别的参数进行规划，如表 2-7 所示。

该基站所属的 BSCB 为____1____（可在仿真软件的信息查看功能中找出）。

表 2-7　BTS 小区级参数规划

小区编号	PN 偏置	本地小区编号	频点
140	*0*	*40*	*283、37、201*
141	*4*	*41*	*283、37、201*
142	*8*	*42*	*283、37、201*

说明：

（1）PN 偏置：根据 PN 规划确定。

（2）小区编号 = BSCB ID+BTS ID+小区号，例如：一个小区所在 BSCB 为 BSCB5，基站编号为 2，该小区是该基站的第 2 小区，则该小区编号为 522。

（3）本地小区编号 = BTS ID+小区号，例如：本地小区所在基站编号为 2，该小区是该基站的第 2 小区，则该小区编号为 22。

（4）频点（cdma2000 1X 频点为 283、242、201、160、119；预留扩容 cdma2000 1X EV-DO 频点为 37、78）。

项目三

cdma2000 设备开通与调测

任务 3.1　BSCB 数据配置

配置 BSCB 管理网元所需要用的对接参数，可以在仿真软件中进入“虚拟后台”，单击桌面上的“信息查看”，即可获取相关的已知对接参数表。根据对接参数表提供的信息完成 BSCB 管理网元数据的配置。

例：假设该 BSCB 的 ID 为 BSCB1，所提供的已知对接参数如图 3-1 所示。

属性	
BSID	0
移动国家码(MCC)	460
移动网络码(MNC)	03
移动台IMSI_11_12	09
A接口主版本号	4
接口类型	A接口
1X载频频点	283,242,201
DO载频频点	78,37
载频频带	800
本交换局24位信令点	22-22-22
邻接局24位信令点	15-15-15
BSC与CBTS I2的E1连接端口	E1[3]
BSC与BTSB I4的E1连接端口	E1[15]
BSC与CBTS O1的E1连接端口	E1[27]
BSC与SDR的E1连接端口	E1[29]/E1[3

图 3-1　数据配置对接表

该对接表信息亦可在仿真软件中查看（查看路径：虚拟后台→虚拟后台桌面→信息查看）。ZXC10 BSSB 业务配置的流程都是相同的，如图 3-2 所示。

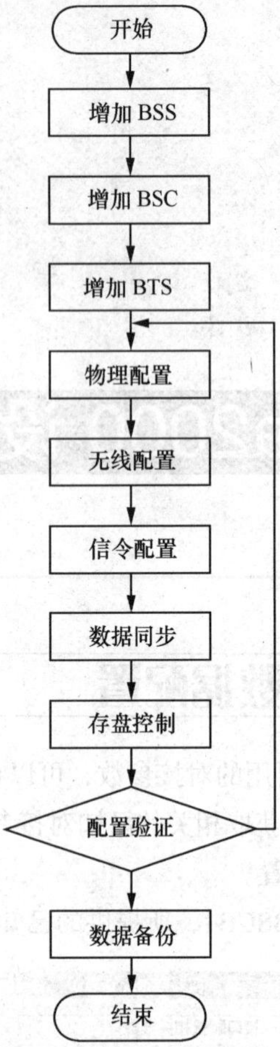

图 3-2　ZXC10 BSSB 业务配置流程

3.1.1　增加 BSS 网元

BSS 的网管数据配置基于网元，在进行配置之前，必须按照现场的组网结构为系统增加网元。增加网元的顺序为 BSS 网元→BSC 网元→BTS 网元，BSS、BSC、BTS 网元的增加过程在 ZXC10 BSSB 的配置管理视图中完成。

3.1.2　BSC 物理配置

1．支持 A 接口时的物理配置

（1）增加机架、机框和单板

物理设备是按照机架→机框→单板的顺序进行增加的，常规删除与增加的顺序相反，即按单板→机框→机架的顺序进行删除。物理设备配置中最重要的是单板的配置，在配置时需注意以

下几点。

① 在增加单板时，所增加单板的类型必须与插装在槽位上的物理单板完全一致。

② OMP 板一般是成对配置，互为备份，其固定配置在 BCTC 框的 11、12 号槽位。

③ 在 BUSN 框增加单板时必须先增加 UIMU 单板，UIMU 单板固定在机框的 9、10 槽位，主备配置。

④ 若采用 SDU 光纤网络，DTB 板的逻辑板类型选择 SDTB。

⑤ 增加 1XSDU 前需先单击配置数节点［BSC→无线参数配置→1X 参数］，在右边的视图中选中 1X 系统参数页面并配置接口类型及 A 接口主版本号。

（2）配置 MP 单板模块类型

即定义 MP 板的 CPU，一块 MP 板有 2 个 CPU，可配置为不同的功能模块，与备份槽位对应的 CPU 为主备关系。

MP 单板模块类型说明如表 3-1 所示。

表 3–1　MP 单板模块类型说明

模块类型	说明
OMP	系统控制管理模块，负责整个系统中单板的网元通信控制与网管的操作维护接口处理、GPS 模块的收发控制、环境监控模块的通信控制
RPU	负责整个系统的路由协议处理
DOCMP	负责 DO 数据业务的呼叫及业务处理
1XCMP	负责 1X 业务的呼叫处理和切换处理
DSMP	负责 1X 业务的专用信令处理和切换处理
RMP	负责管理声码器、选择器、CIC 和 DSMP 资源
SPCF	PCF 信令处理模块，数据业务开通需要配置
APCMP	支持 AP 接口功能的 MP
V5CMP	支持 V5 接口功能的 MP

（3）配置模块/单元从属关系

任何一个单板都必须从属于一个模块，上电时单板从从属的模块处获取配置信息。配置模块的从属关系有两种方式，一种是在 BSC 的机架图中，鼠标右键单击要配置的单板，选择[配置模块单板从属关系]菜单子项进行相应配置；另一种是可以通过在各 MP 板上鼠标右键单击，在弹出的菜单中选择[配置模块单板从属关系]菜单子项，将各单板批量加入所归属的 MP 中。

（4）配置 PCF 方式

在一个 SPCF 的 CPU 上可以有 3 种模式：运行 PCF、运行 PTT、运行 BCMCS（广播多播传送业务）。根据实际业务情况进行一种或多种业务选择。

（5）配置 PCF 防火墙和 A10 参数

PCF 防火墙和 A10 参数是在 PCF 子系统上配置防火墙和 A10 接口的一些信息。其参数说明如表 3-2 所示。

表 3–2　PCF 防火墙和 A10 参数说明

参数名称	配置说明
A10 IP 地址	是 SPCF A10 接口的 IP 地址
防火墙 IP	如果有防火墙，则在此处填写防火墙与 PDSN 相连的网口的地址；如果没有防火墙，此处填写的地址与 PCF-A10 参数取值一致

（6）配置 PDSN

PDSN 参数配置说明如表 3-3 所示。

表 3-3　PDSN 参数配置说明

参数名称	配置说明
IP 地址	指的是 PDSN 物理配置地址
绑定 IP 地址	指的是 PDSN 逻辑地址
名称	PDSN 的名称
位置	PDSN 的位置

（7）配置 IP 协议栈接口

配置 IP 协议栈接口，就是配置 A8 接口 IP 协议栈，也就是 IPCF 上配置的与 PDSN 连接的 IP 协议栈，配置数据需要与局方进行协商获取。增加 A8 协议接口参数说明如表 3-4 所示。

表 3-4　A8 协议接口参数说明

参数名称	配置说明
IP 地址	是一个内部 IP 地址，可填写与 A10 IP 地址在同一个网段内的任意 IP 地址
接口 IP 掩码	IP 地址的掩码
MAC 地址	MAC 地址由 6 个字节组成，采用十六进制书写规则，前 4 个字节采用默认的 00-D0-D0-A0，后 2 个字节根据规划填写，取值范围均为 00～FF，确保唯一

（8）配置 PCF 与 PDSN 的连接

PCF 与 PDSN 的连接参数配置说明如表 3-5 所示。

表 3-5　PCF 与 PDSN 的连接参数配置说明

参数名称	配置说明
SPI 值	SPI 值（以十六进制形式输入）
编码鉴权（字符）	字符输入，与 PDSN 端配置相同，最长 16 位
解码鉴权（字符）	字符输入，与 PDSN 端配置相同，最长 16 位
说明：SPI 的值与 PDSN 上配置的值一致。需要注意的是，在 PDSN 上 SPI 的配置是十六进制，在 ZXC10 BSSB 上 SPI 的配置是十六进制；一个 PCF 与 PDSN 连接，需要设置至少一个 SPI。如果更改了 IPCF 与 PDSN 之间的连接关系，必须重新配置 SPI	

（9）配置 DSMP 和 RMP 的连接关系

DSMP 是 CMP 细分出来的一种模块类型。DSMP 和 RMP 模块之间的关系如下。

① DSMP 上的资源划归到多个 RMP 管理时，DSMP 上的进程分段，对应不同的 RMP。

② 多个 DSMP 划归到 1 个 RMP 管理时，每个 DSMP 的所有进程都划归到这个 RMP 处理，但同一个 DSMP 的 2 个进程分段不能划归到同一个 RMP 处理。

（10）配置 PCM

PCM（脉冲编码调制）在 DTB 单板上配置，1 个 PCM 对应物理配置中的 1 条 T1 或 E1，用来连接 BSC 和交换机。PCM 的配置数据要根据核心网提供，以及交换机与 BSC 连接的具体 E1/T1

的链路确定。注意 BSC 侧所配置的 PCM 号与交换机侧的 PCM 编号必须是相同的。

（11）配置 1XCMP 选择表

1XCMP 的配置是语音业务的负荷分担配置，实现分布式处理呼叫。BSC 上可配置的 1X 业务处理单元总数是 64 个，该任务的配置是为了将这 64 个处理单元分配到不同的 MP 上进行处理。

（12）配置 UIM 单板的 MDM 服务类型

UIM 单板可配置的 MDM（消息分发模块）服务类型为：起呼、寻呼、响应、切换、登记和 DO 转发进程。根据开通的业务种类不同，选择的服务类型也不同。

① 若只开通 DO 业务，配置 MDM 服务类型：DO 转发进程。

② 若只开通 1X 业务，配置 MDM 服务类型：起呼、寻呼、切换、登记。

③ 若开通 DO 和 1X 业务，配置 MDM 业务类型：起呼、寻呼、切换、登记、DO 转换进程。

（13）配置 SPB 单板的窄带信令链路二

窄带信令链路二用来描述 DTB→UIM→SPB 之间的信令链路配置情况，如图 3-3 所示。

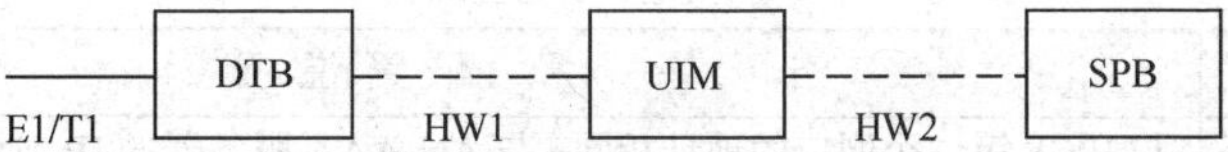

图 3-3　窄带信令链路二配置

当指定 E1/T1 时隙后，图 3-3 中 E1/T1 和 HW1 之间的时隙交换关系、HW1 和 HW2 之间的时隙交换关系、HW2 和 SPB 内部的时隙交换关系也已经确定。其中，中继的 E1/T1 号对应的是该 DTB 上 E1/T1 链路序号。

（14）配置系统授权 CE 数

BSS 系统所支持的最大 CE 数由所购买的 License 来确定的，CE 包括 1X CE 和 DO CE，局方要根据 License 中的 CE 数来合理分配各个 BTS 所占用的 CE 数。CE 的授权是分配到各个 BTS 上的，新开通的基站授权 CE 数是 0，必须给 BTS 授权 CE，BTS 才能正常工作。

2．支持 Ap 接口时的物理配置

Ap 接口采用 E1 方式连接的物理配置与采用 A 接口连接的物理配置基本相同，不同的是：IP 方式连接使用 SIPI 单板和 IPI 单板，IP 协议栈配置 SIPI 的 IP 地址和 IPI 地址。

3.1.3　BSC 无线参数配置

1．配置频率

载频的频带和指配的频点数量是根据实际情况选择的，频点之间的差值必须大于 41。本例中载频的频带选 800M，载频 0 频率指配为 283，载频 1 频率指配为 37。

2．配置 cdma2000 1X 系统参数

配置 cdma2000 1X 的系统参数时，参数说明如表 3-6 所示。

表 3-6　　1X 系统参数配置说明

参 数 名 称	配 置 说 明
BS ID	基站系统标识，切换的时候用
Market Id	MSC Id 的高 8 位，与 MSC 侧所配置的值一致
移动台国家码（MCC）	不同国家，国家码不同，中国：460
移动台网络号（MNC）	不同运营商，移动网号不同，中国电信：03
移动台 IMSI-11-12	根据实际情况填写
交换机序号	MSCID 的底 8 位，与 MSC 侧所配置的值一致
A 接口主版本号	支持 Ap 接口时，使用协议版本 5.0；否则使用协议版本 4
接口类型	当 A 接口主版本号为 3 时，提供 3 种接口方式：A 接口、V5 接口、V5 和 A 接口；当 A 接口主版本号大于 4 时，提供 4 种方式：A 接口、V5 接口、V5 和 A 接口、Ap 接口

3. 配置 DO 系统参数

配置 DO 系统参数包括配置总体参数、A12 接口参数和子网参数配置，相关参数配置说明如表 3-7 所示。

表 3-7　　DO 系统参数配置说明

参 数 名 称	配 置 说 明
AN 的 IP 地址	与 IPCF 第二个网口的地址相同；与 AN-AAA 服务器的 IP 地址在同一个子网内，即子网掩码相同
AN-AAA 服务器的 IP 地址	根据组网规划填写
颜色码	相同子网的颜色码相同
子网掩码长度	根据子网掩码填写
子网地址	为该子网的 128 位 IPv6 地址，唯一标识该子网

3.1.4 信令配置

1. 支持 A 接口的 BSC 信令配置

（1）配置本交换局（BSC）参数

BSC 是基站控制器，同时又是一个信令点，在信令配置系统中，称它为本交换局，它通过 E1/T1 线与 MSC 相连，进行信令的传输，因此，称 MSC 为邻接交换局。信令类型、网络类型和信令点编码与 MSC 侧的设置应一致。在配置本交换局参数时，应注意测试码和 24 位信令点编码的配置说明，如表 3-8 所示。

表 3-8　　BSC 参数配置说明

参 数 名 称	配 置 说 明
测试码	可随意设定任意数字序列（长度介于 1 到 15 之间），用于本局与邻接局的测试消息。该配置与 MSC 侧的测试码配置无关
24 位信令点编码	为了在信令网中识别每一个信令点，需要给每个信令点分配一个编码。信令点编码可以分为 14 位和 24 位编码。在我国，国内信令网使用的是 24 位信令点编码，分为主信令点、子信令点和信令点 3 部分，它们分别与主信令区、子信令区、子信令区内的信令点相对应。3 个子编码的取值范围分别为 0～255、0～255、0～255

（2）配置邻接交换局（MSC）参数

一个 MSC 下可以通过 E1/T1 线连接多个 BSC，在信令网中，它是 BSC 的邻接交换局，在 BSS 系统中，不仅需要配置本交换局（BSC）的属性，还要配置邻接交换局（MSC）的属性。信令点编码一般由局方或交换侧提供，不允许将 MSC 的信令点编码配置为与 BSC 一样。

（3）配置信令链路组参数

信令链路组是指所有连接两个信令点的信令链路的集合。本交换局与某个邻接局之间的几个信令链路构成一个信令链路组。在配置时，根据实际情况选择链路组局向号、链路组差错校正方式、信令链路组类型等参数。

（4）配置信令链路参数

信令链路是传输信令的一条通路，每条信令链路都占用 E1/T1 线的一个时隙。中兴通讯 CDMA BSCB 最多可支持 16 条信令链路。

（5）配置信令路由参数

一个路由最多由有两个信令链路组的链路构成，配置信令路由就是配置信令路由和组成信令路由的信令链路之间的关系。当存在多条信令链路时，则需要配置多条信令路由。

（6）配置信令局向参数

一个信令局向可以由多个信令路由组成，配置信令局向就是对路由的选择，当存在多条信令链路时，可配置多条信令链路局向。

（7）配置 SSN 参数

SSN 即子系统号码。子系统完成信令的用户部分（UP）的功能。配置 SSN 参数就是在各个局向上对子系统进行增加和删除工作。

2．支持 Ap 接口的 BSC 信令配置

BSC Ap 接口信令配置包括：本交换局、邻接局、SIGTRAN 和 SSN 的配置。其实 BSC Ap 接口的信令配置与 A 接口的信令配置基本类似，主要差别在于 SIGTRAN 的配置。SIGTRAN 的配置内容包括：SCTP 基本连接配置、ASP 配置、AS 配置和 SSN-AS 配置。

（1）配置 SCTP 基本连接参数

在配置 SCTP 中，基本的连接参数配置说明如表 3-9 所示。

表 3-9　　SCTP 基本连接参数说明

参数名称	配置说明
本端端口号	在交换侧的 server 上体现为“对端端口号”，二者需要配为相同的数值
对端端口号	在交换侧的 server 上体现为“本端端口号”，二者需要配为相同的数值

（2）配置 ASP 参数

ASP 是执行特定应用实例的逻辑的实体，代表一定的资源，负责 MTP 的第三层的协议处理和 No.7 信令链路上的呼叫处理。ASP 是 AS 进程的实例。每个 ASP 与一个 SCTP 端点对应，一个 ASP 可服务于多个 AS。

（3）配置 AS 参数

AS 指的是应用服务器。它与 ASP 的关系可以这样通俗地理解：把 1 个或者多个 ASP 划分为一类，这一类就是 AS；多个相同的 ASP 可以属于多个不同的组，也就是说 AS 不同的时候，对

应的 ASP 可以相同。

（4）配置 SSN-AS 参数

SSN 即子系统号码。子系统完成信令的用户部分（UP）的功能。配置 SSN 参数就是在各个局向上对子系统进行增加和删除工作。

任务 3.2 BTS 数据配置

配置所选的 BTS 管理网元数据时，Iub 接口的相关对接参数可以从 BSCB 管理网元中获取，根据 cdma2000 预规划任务单中所选的基站及进行的 BTS 小区级参数规划，完成 BTS 管理网元的数据配置。

3.2.1 BTS 配置准备

开通一个 BTS 宏基站，需要从核心网和预规划中获取基站的相关配置数据，如：

（1）基站名称；

（2）站型——基站是全向还是定向，有几个扇区；

（3）CI——小区识别码，基站中的扇区在网络中的唯一标识（由 MSC 局向提供）；

（4）LAC——位置区码（由 MSC 局向提供）；

（5）PN——导频偏置，无线侧区分扇区的标识；

（6）本地小区编号；

（7）频点规划情况；

（8）BTS 侧内各单板的数量；

（9）连接该站的 E1 数量。

3.2.2 BTS 物理配置

根据《cdma2000 网络预规划任务单》所规划的站点列表中选的 BTS，打开仿真软件的“虚拟机房”：在实验室界面，单击 BTS 机柜门，单击机框，在机框界面单击鼠标右键，进行单板配置，并在相应单板上单击鼠标右键，进行对应单板的物理连接。

1．配置机架和单板

根据预规划得到 BTS 机架中各单板的数量，进行配置时，单板的类型有多种，其配置说明如表 3-10 所示。

表 3–10　　单板配置说明

单板		配置说明
在视图上名称	添加单板名称	
RFEC	RFEC	RFEC 用于小于等于 4 载频时配置
	RFED	RFED 用于大于 4 载频时配置

续表

单板		配置说明
在视图上名称	添加单板名称	
PIMB		功放接口模块
SAM3	SAM3	用在单机柜配置，只支持机柜内环境监控（不包括机柜外监控和扩展监控接入）
	SAM4	支持机柜内、机房环境监控和扩展监控接入
TRXC	TRXC	具备削峰和预失真功能，最大支持4载波应用，推荐用于超过2载波配置
	TRXB	具备削峰功能，最大支持4载波应用，推荐用于1～2载波配置
RMM5		与RIM1成对使用
GCMB		GPS时钟模块，GPS模块宽度由10HP减到5HP
DPAB	DPA_30	支持30瓦
	DPA_40	支持40瓦
	DPA_60	支持60瓦
	DPA_80	支持80瓦
CHM0	CHM0	支持cdma2000 1X业务
	CHM1	支持cdma2000 1X EV-DO Release 0业务
	CHM2	支持cdma2000 1X EV-DO REV A业务
	CHM31	支持cdma2000 1X业务
RIM	RIM1	提供24载扇射频信号处理能力，一般用于单机柜配置或需要扩展BDS双机柜配置时主/扩展机柜配置，与RMM5成对配置
	RIM3	提供24载扇射频信号处理能力，需要扩展RFS多机柜或射频拉远配置时主/扩展机柜配置，基本配置的RIM3可固定连接一个近端RFS，可以通过扩展最多6个OIB子卡接入远端RFS
CCM		主备配置
DSMA	DSMA	不支持主备，最多支持8条E1/T1
	DSMB	支持主备，最多支持16条E1/T1
	DSMC	支持以太网连接
SNM		SDH网络模块，预留

2．配置RIM与RMM的连接关系

IP平台下支持基带和射频的星形、线形、网状连接，常见类型为线形。选择配置近端RMM或远端RMM，在RIM或者RMM处选择配置与RMM的连接。

3．配置BTS与BSC的连接关系

BTS与BSC的连接关系类型有UID和E1/T1两种类型，系统默认为E1/T1类型，本文仅介绍E1/T1的连接方式。E1/T1这种类型的连接方式配置比较简单，它只有在BTS侧的机架中，根据BSC和BTS提供的相对应的接口，再在DSMA、CCA单板上进行相关配置，具体配置步骤，看下面的案例。

3.2.3 后台无线资源配置

后台无线资源配置包括 1X 小区参数和载频配置、DO 小区参数和载频配置，1X 小区参数和载频配置说明如表 3-11 所示，DO 小区参数和载频配置说明如表 3-12 所示。

表 3-11　　1X 小区参数和载频配置说明

参数名称	配置说明
小区别名	缺省配置
SID	系统识别码，和 NID 一起用来识别某一移动本地网，根据实际情况填写
NID	网络识别码，和 SID 一起用来识别某一移动本地网，根据实际情况填写
LAC	位置区域编码，用来识别不同的位置区域，根据实际情况填写
CI	小区识别码，识别不同的小区，设置要求同上，每个小区值不同
基站识别码	基站 ID 号，该值需和 CI 值保持相同
Pilot-PN	导频信号伪随机序列偏置指数，相邻或相近的基站得使用不同偏置指数，用来区分不同基站的信号。每个小区值不同，受导引信号 PN 序列偏置增量的限制，一般增量为 4
Pilot-PN 增量	一般按缺省值 4 设置，根据 PN 序列偏置填写
时差	该参数需要根据不同国际地区时差进行配置，指本地时间与系统时间（GPS）的偏差，单位时间 0.5h，规定“东区”取正值，“西区”取负值，取值范围 0～63，默认值 16，即偏差 8h，前后台同步后即生效。例如，北京为东八区，而且由于 LTM_OFF 的单位为 0.5h，所以北京本地时间与系统时间的偏差应该是+16，即比系统时间快 8h
频率	根据合同配置情况来选择载频序号。以配置两载频（载频 0 和载频 1）为例，此处若选为载频 0，即 BSS 1X 语音和数据业务都采用 283 频点
频率组号	组号即该载频对应的信道板的分组号，同一块 CHM 只能支持 3 个载扇

表 3-12　　DO 小区参数和载频配置说明

参数名称	配置说明
小区全局识别	为该小区的 128 位 IPv6 地址，唯一标识该小区，在使用范围内（如同一 AN 下）不同小区的全局标识不应相同。初始值从“00-00-00-00-00-00-00-00-00-00-00-00-00-00-00-01”开始，每增加一个小区标识值可以 1 为增量递增。即我们配置的 3 个小区全局标识值前 15 个均为“00”，最后分别是“01”、“02”、“03”

任务 3.3 软件版本管理

CBTS I2 的版本管理包括：版本添加（将版本软件从服务器的指定目录下加入到 OMP 单板）、版本分发（指上级存储控制点到下级存储控制点的版本转发过程，主要指 OMP 向 CCM、RMM 的分发）、主备同步、版本激活、版本生效（单板复位）。如需更新的版本，待 CBTS I2 上电后，查询运行版本，并和最新版本进行对照，如果版本有变化，则进行更新。本例以 CCM 的 CPU 版本管理操作为例进行说明。

1．版本添加

版本添加包括以下步骤。

（1）运行 NetNumen M31（ZXC10 BSSB），选择［视图→系统工具→版本管理］，如图 3-4 所示。

（2）选择［版本管理功能→版本添加］，如图 3-5 所示。

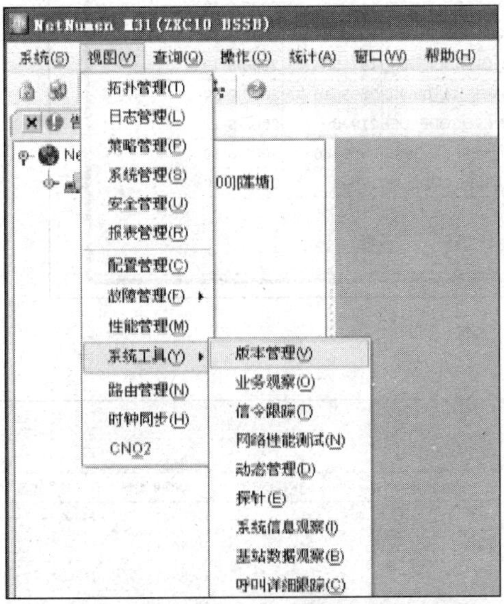

图 3-4　选择“版本管理”

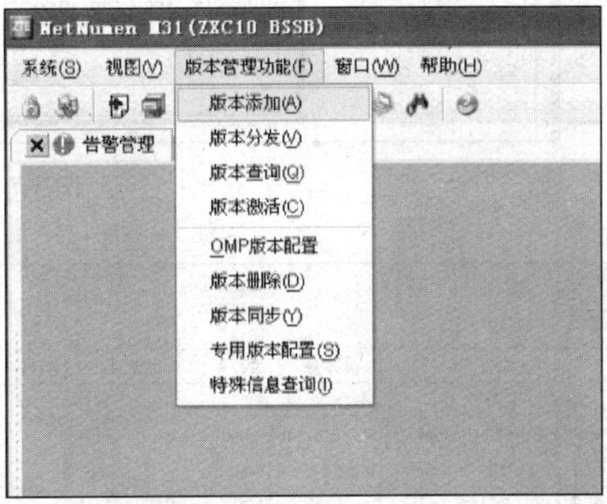

图 3-5　选择“版本添加”

（3）出现［版本添加］界面，如图 3-6 所示。

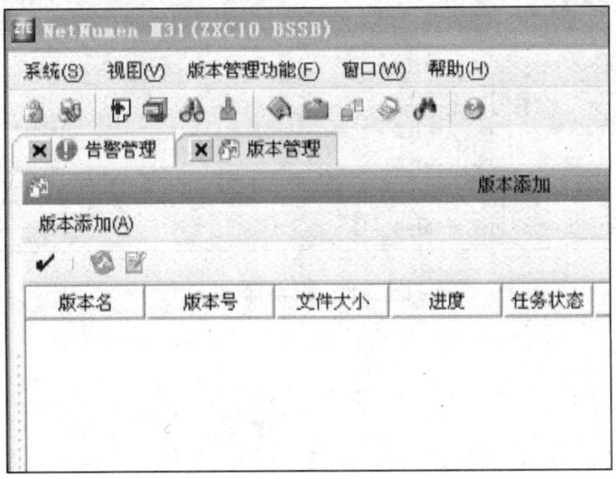

图 3-6　版本添加

（4）单击工具栏中的“√”按钮，出现［选择版本］界面。选择所有的版本文件，单击 < 确定 > 按钮。［选择版本］界面如图 3-7 所示。

（5）所选中的版本出现在［版本添加］界面，鼠标右键单击该版本，选择［添加版本］快捷菜单，如图 3-8 所示。

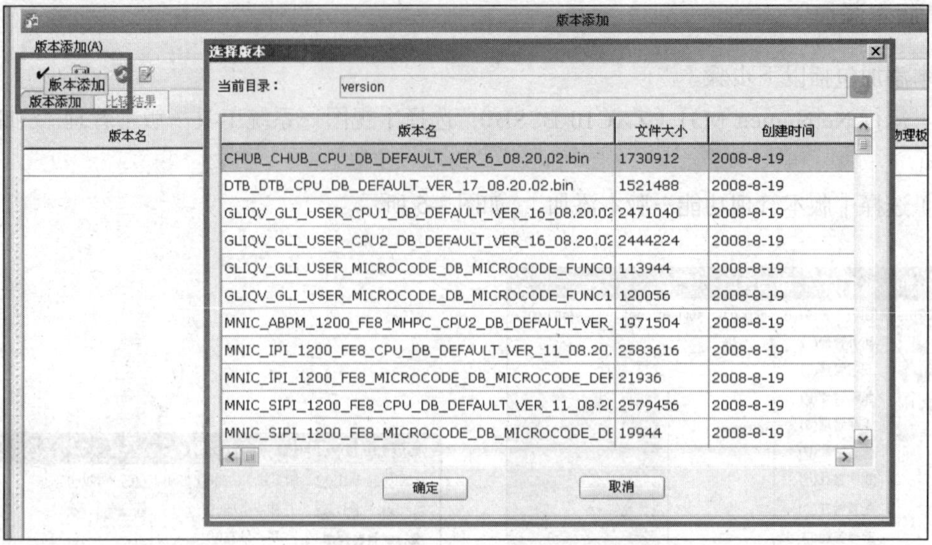

图 3-7　选择版本

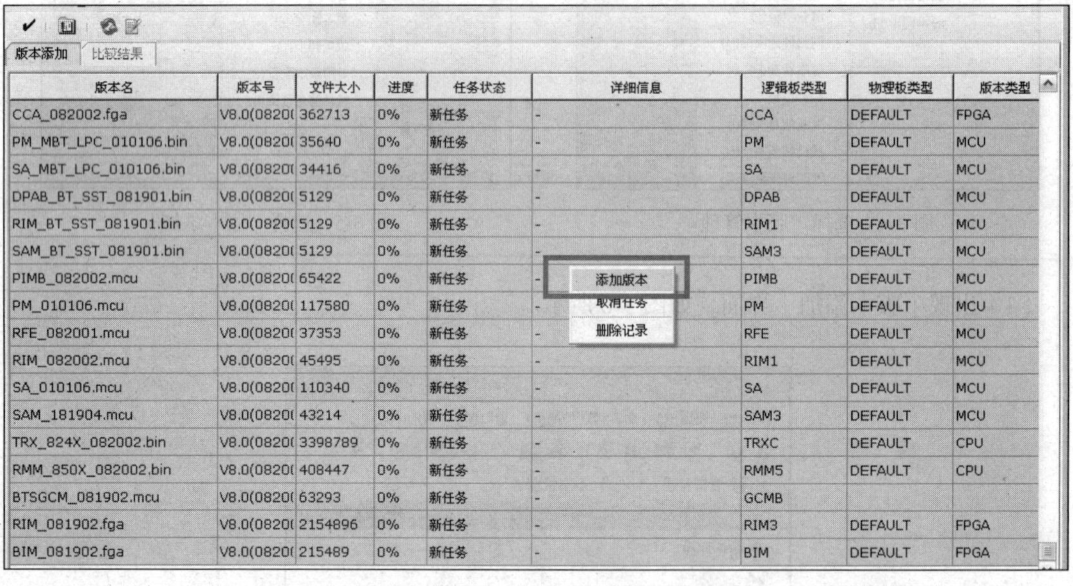
版本添加
比较结果
版本名 版本号 文件大小 进度 任务状态 详细信息 逻辑板类型 物理板类型 版本类型
CCA_082002.fga V8.0(0820 362713 0% 新任务 - CCA DEFAULT FPGA
PM_MBT_LPC_010106.bin V8.0(0820 35640 0% 新任务 - PM DEFAULT MCU
SA_MBT_LPC_010106.bin V8.0(0820 34416 0% 新任务 - SA DEFAULT MCU
DPAB_BT_SST_081901.bin V8.0(0820 5129 0% 新任务 - DPAB DEFAULT MCU
RIM_BT_SST_081901.bin V8.0(0820 5129 0% 新任务 - RIM1 DEFAULT MCU
SAM_BT_SST_081901.bin V8.0(0820 5129 0% 新任务 - SAM3 DEFAULT MCU
PIMB_082002.mcu V8.0(0820 65422 0% 新任务 - PIMB DEFAULT MCU
PM_010106.mcu V8.0(0820 117580 0% 新任务 - PM DEFAULT MCU
RFE_082001.mcu V8.0(0820 37353 0% 新任务 - RFE DEFAULT MCU
RIM_082002.mcu V8.0(0820 45495 0% 新任务 - RIM1 DEFAULT MCU
SA_010106.mcu V8.0(0820 110340 0% 新任务 - SA DEFAULT MCU
SAM_181904.mcu V8.0(0820 43214 0% 新任务 - SAM3 DEFAULT MCU
TRX_824X_082002.bin V8.0(0820 3398789 0% 新任务 - TRXC DEFAULT CPU
RMM_850X_082002.bin V8.0(0820 408447 0% 新任务 - RMM5 DEFAULT CPU
BTSGCM_081902.mcu V8.0(0820 63293 0% 新任务 - GCMB
RIM_081902.fga V8.0(0820 2154896 0% 新任务 - RIM3 DEFAULT FPGA
BIM_081902.fga V8.0(0820 215489 0% 新任务 - BIM DEFAULT FPGA
添加版本
取消任务
删除记录

图 3-8　版本添加

（6）版本添加完毕。

2．版本分发

版本分发包括以下步骤。

（1）运行 ZXC10 BSSB，选择［视图→系统工具→版本管理］，如图 3-4 所示。

（2）选择［版本管理功能→版本分发］，出现［版本分发］界面，如图 3-9 所示。

（3）选择［版本分发→普通版本分发］，或者单击工具栏中按钮，出现［普通版本分发］界面，如图 3-10 所示。

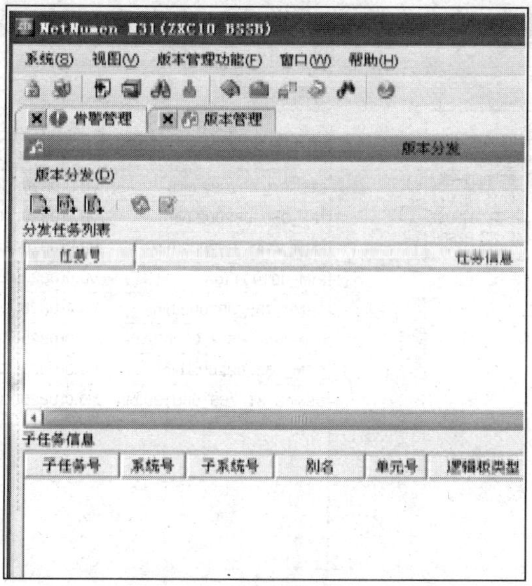

图 3-9 版本分发

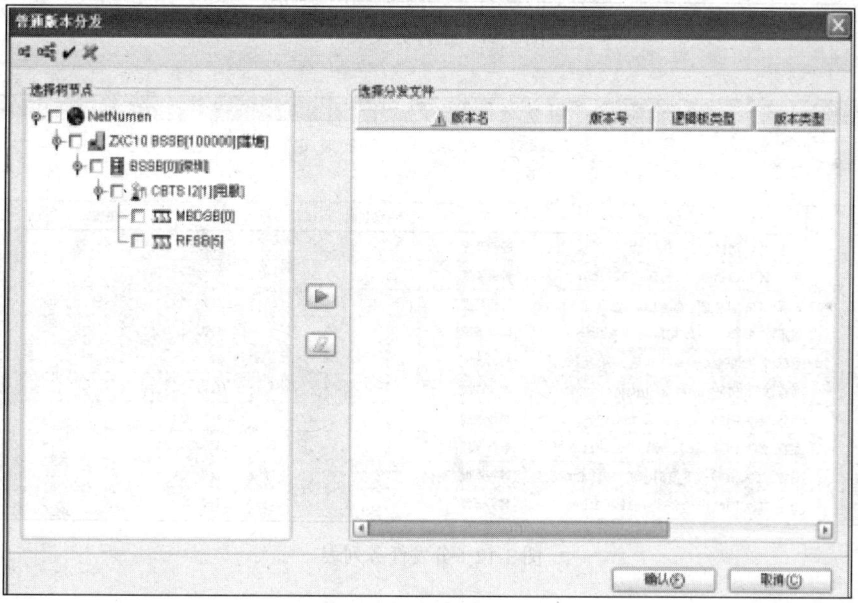

图 3-10 普通版本分发

（4）在［普通版本分发］左边的［选择树节点］中，选中［CBTS I2］，单击按钮，记录将出现在［选择分发文件］，如图 3-11 所示。

（5）选择所有的分发文件，单击 <确定> 按钮，与普通版本分发的步骤一样，再选择特殊版本分发，重复一下步骤，得到分发任务列表，将所有任务全选，右键单击分发版本，如图 3-10 所示。

（6）版本分发结束。

3．版本激活

版本激活包括以下步骤。

（1）运行 NetNumen M31（ZXC10 BSSB），选择［视图→系统工具→版本管理］，如图 3-4 所示。

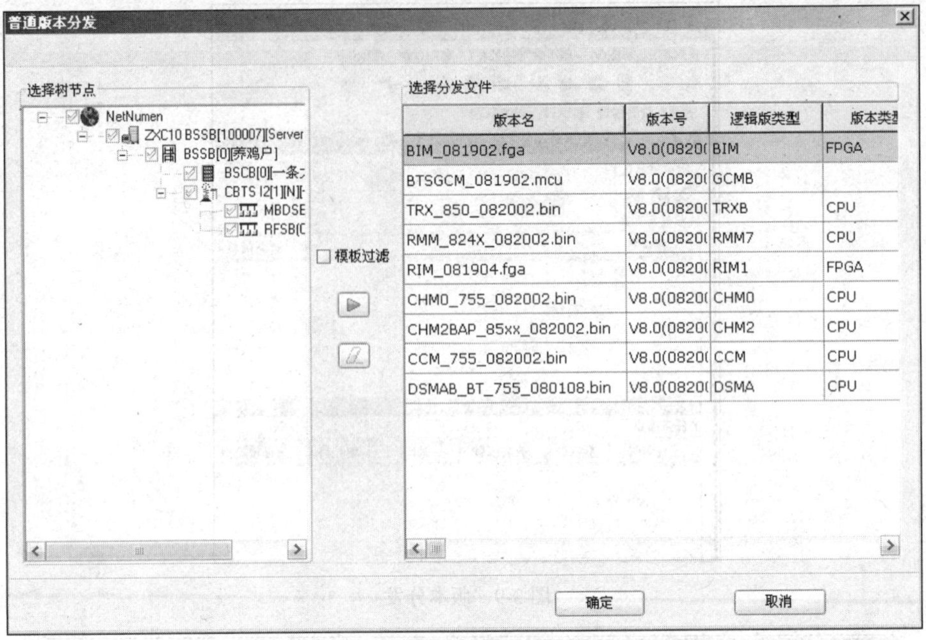

图 3-11　选择分发文件

图 3-12　分发任务列表

（2）选择［版本管理功能→版本激活］，出现［版本激活］界面，如图 3-13 所示。

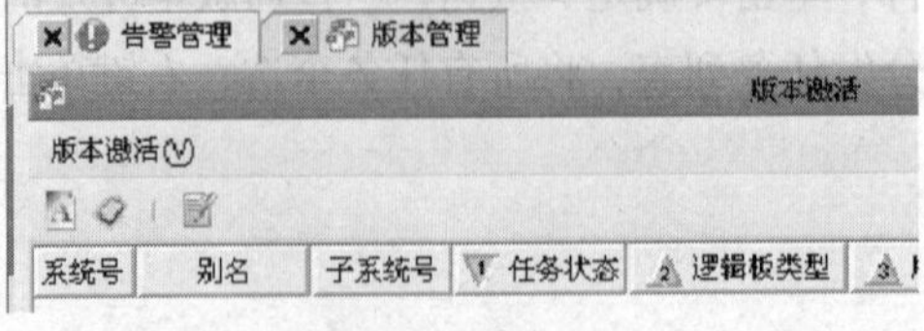

图 3-13　版本激活

（3）单击工具栏中的［普通激活］按钮，出现［普通激活］界面，如图 3-14 所示。

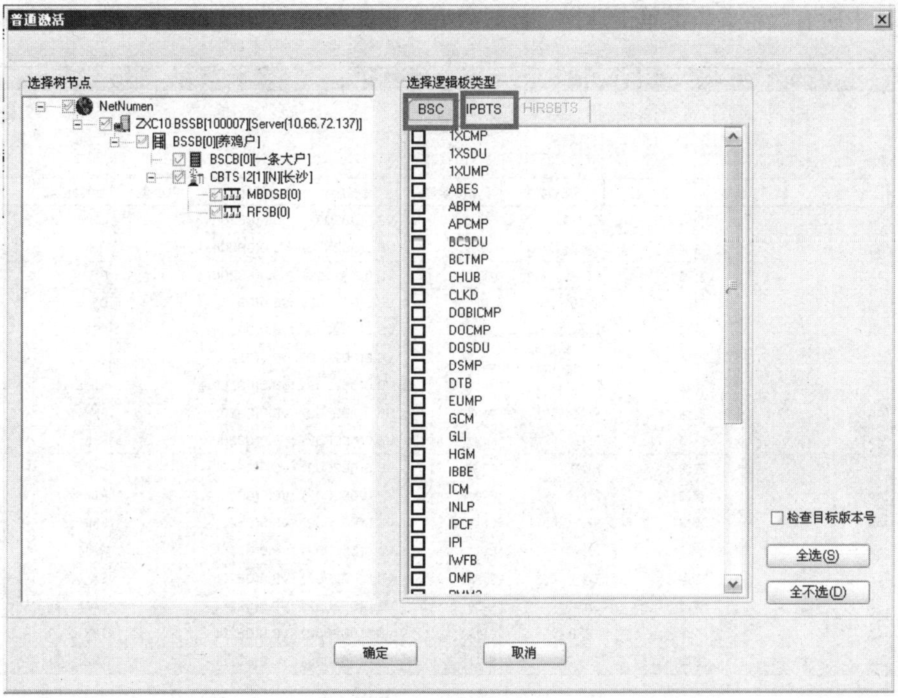

图 3-14　普通激活

（4）在［普通激活］对话框中选中 BSC，单击 <全选> 按钮，再在该对话框中选中 IPBTS，单击 <全选> 按钮，再单击 <确定> 按钮，已被添加的版本出现在［版本激活］窗口，如图 3-15 所示。

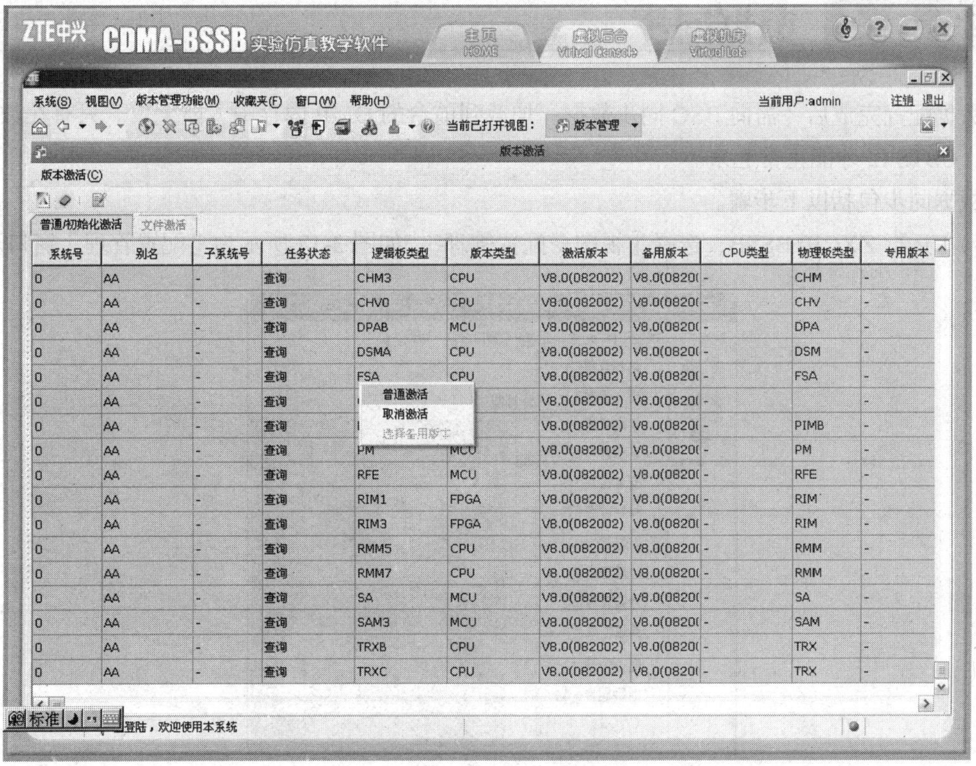

图 3-15　激活版本选择

（5）选中所有版本，右键单击选择［普通激活］快捷菜单，如图 3-16 所示。

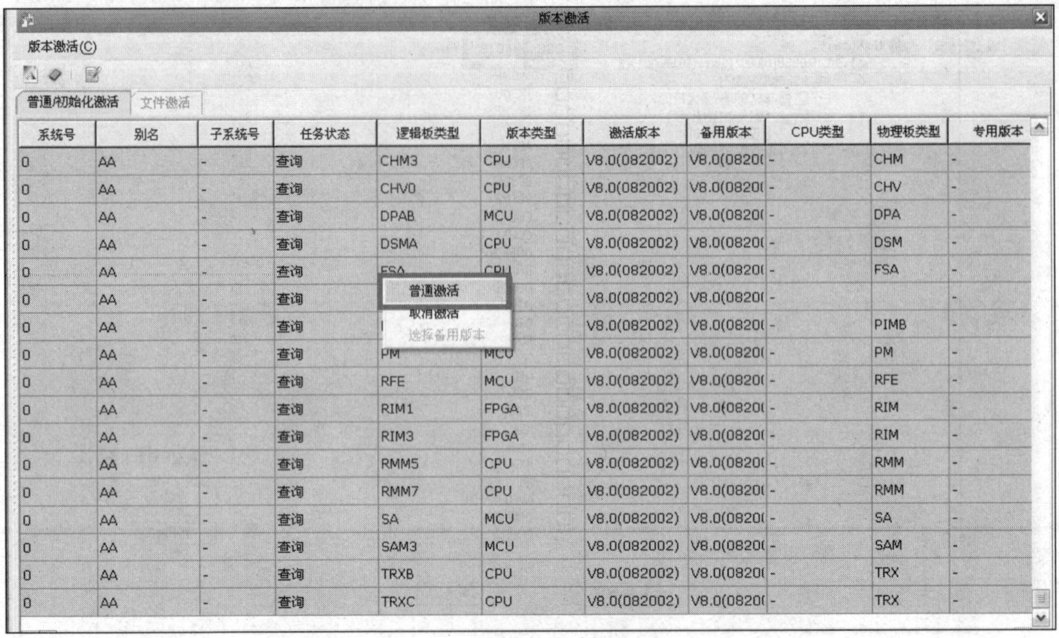
版本激活
版本激活(C)
普通/初始化激活
文件激活
系统号 别名 子系统号 任务状态 逻辑板类型 版本类型 激活版本 备用版本 CPU类型 物理板类型 专用版本
0 AA - 查询 CHM3 CPU V8.0(082002) V8.0(0820(- CHM -
0 AA - 查询 CHV0 CPU V8.0(082002) V8.0(0820(- CHV -
0 AA - 查询 DPAB MCU V8.0(082002) V8.0(0820(- DPA -
0 AA - 查询 DSMA CPU V8.0(082002) V8.0(0820(- DSM -
0 AA - 查询 V8.0(082002) V8.0(0820(- FSA -
0 AA - 查询 V8.0(082002) V8.0(0820(- -
0 AA - 查询 V8.0(082002) V8.0(0820(- PIMB -
0 AA - 查询 PM MCU V8.0(082002) V8.0(0820(- PM -
0 AA - 查询 RFE MCU V8.0(082002) V8.0(0820(- RFE -
0 AA - 查询 RIM1 FPGA V8.0(082002) V8.0(0820(- RIM -
0 AA - 查询 RIM3 FPGA V8.0(082002) V8.0(0820(- RIM -
0 AA - 查询 RMM5 CPU V8.0(082002) V8.0(0820(- RMM -
0 AA - 查询 RMM7 CPU V8.0(082002) V8.0(0820(- RMM -
0 AA - 查询 SA MCU V8.0(082002) V8.0(0820(- SA -
0 AA - 查询 SAM3 MCU V8.0(082002) V8.0(0820(- SAM -
0 AA - 查询 TRXB CPU V8.0(082002) V8.0(0820(- TRX -
0 AA - 查询 TRXC CPU V8.0(082002) V8.0(0820(- TRX -
普通激活
取消激活
选择备用版本

图 3-16　普通激活过程

（6）版本激活结束。

任务 3.4　数据同步

数据配置完成后，需向 BSC 同步数据，加载到前台的 OMP 内存中方能生效。只有在数据同步后，CBTS I2 才能正常起来。

数据同步包括以下步骤。

（1）运行 ZXC10 BSSB，选择［视图→配置管理］，如图 3-17 所示为［配置管理］窗口。

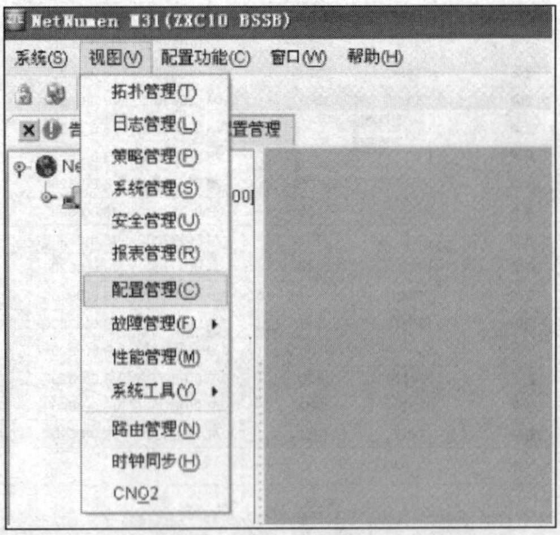

图 3-17　配置管理

（2）鼠标右键单击［ZXC10 BSSB］，选择［数据同步］快捷菜单。如图 3-18 所示。

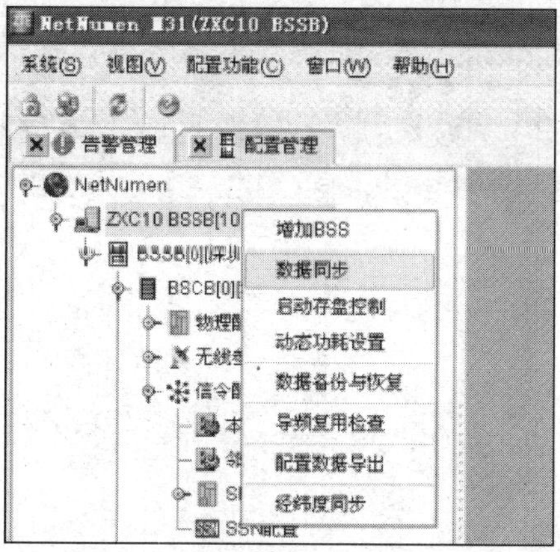

图 3-18　数据同步

弹出［OMC 与网元数据同步］对话框，如图 3-19 所示。

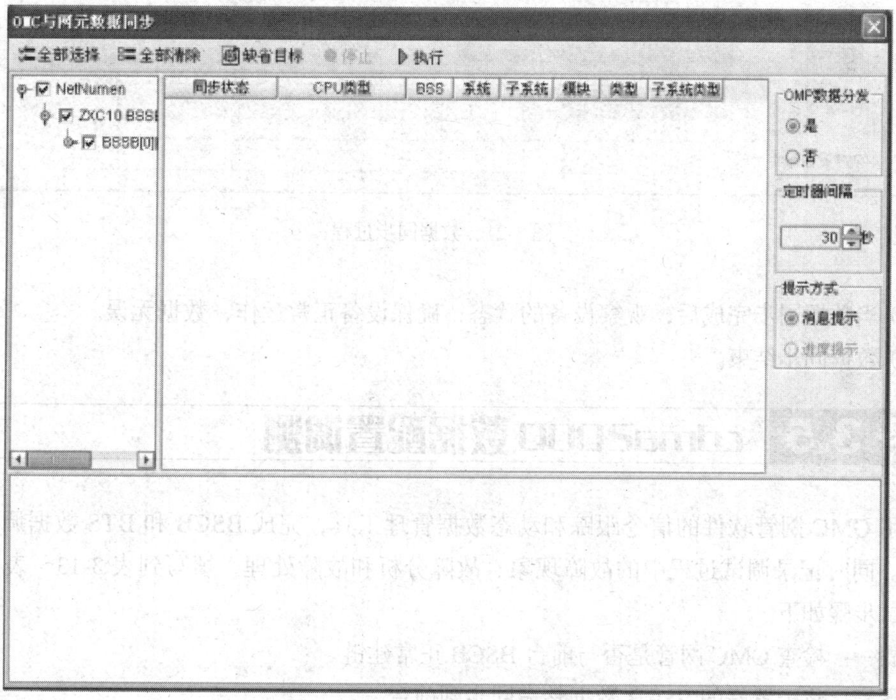

图 3-19　OMC 与网元数据同步

（3）选择同步到 BSCB 中的 OMP 和相应的 CCM，然后单击工具栏中的 <执行>按钮开始进行同步，弹出［确认］提示框，如图 3-20 所示。

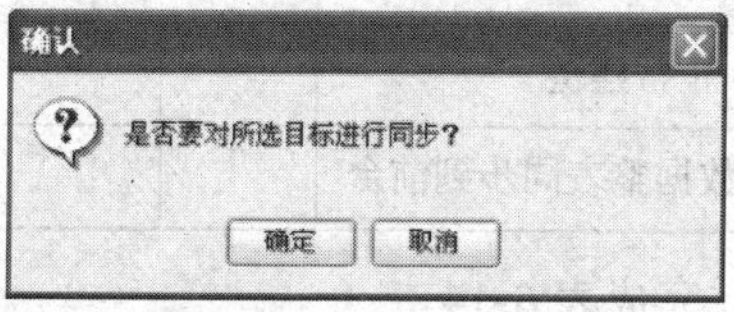

图 3-20　确认消息

（4）在［确认］提示框单击 <确定> 按钮，开始数据同步，过程如图 3-21 所示。

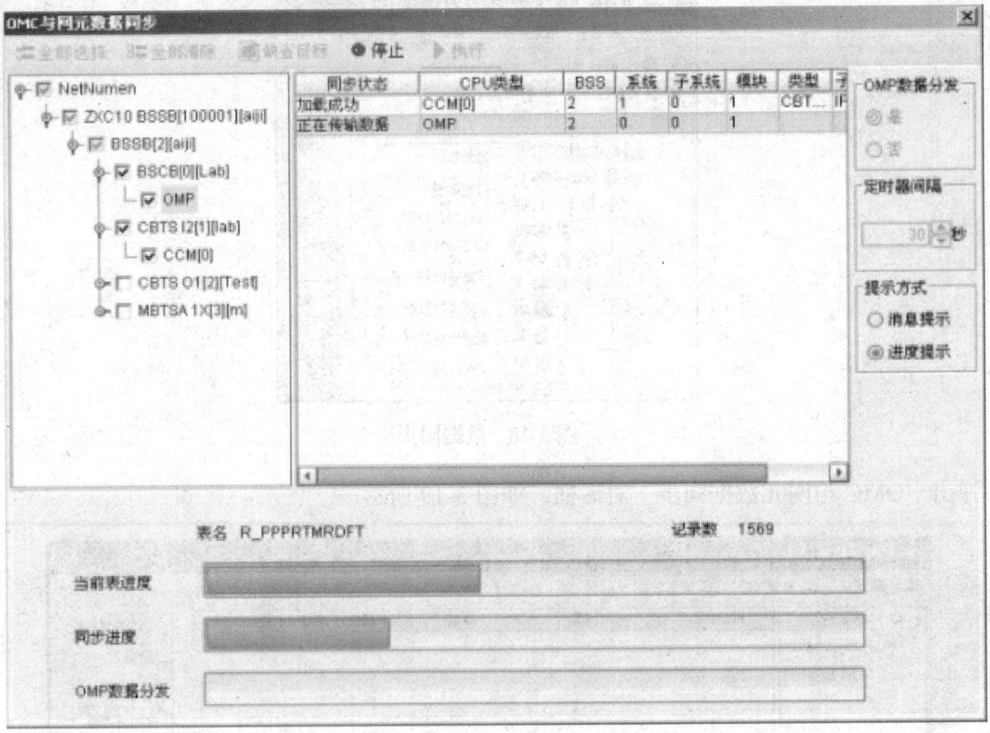

图 3-21　数据同步过程

（5）当数据同步完成后，观察设备的状态，确保设备正常运作，数据无误。

（6）数据同步结束。

任务 3.5　cdma2000 数据配置调测

利用 OMC 网管软件的信令跟踪和动态数据管理工具，完成 BSCB 和 BTS 数据调试，并打通电话。同时记录调试过程中的故障现象、故障分析和故障处理，填写到表 3-13～表 3-17 中。

调试步骤如下。

步骤一：检查 OMC 网管是否与前台 BSCB 正常建链。

步骤二：将配置好的 BSCB 数据整表同步到前台。

步骤三：进行 BSCB-CBTS 通道调试，并完成表 3-13。

表 3–13　OMCB 通道调试

顺序	调试检查内容	是/否	失败的原因及处理过程
1	OMC 网管是否与前台 CBTS 正常建链		
2	是否可以将配置好的 CBTS 数据整表同步到前台		

步骤四：进行 A 口调试，并完成表 3-14。

表 3-14　　　　A 口调试

顺序	调试检查内容	是/否	不能正常建立的原因及处理过程
1	链路可达		
2	至 MSCE 信令点可达		
3	至 PDSN 信令点可达		

步骤五：进行 Abis 口调试，并完成表 3-15。

表 3-15　　　　Abis 局向调试

顺序	调试检查内容	是/否	不能正常建立的原因及处理过程
1	E1 链路可达		
2	小区状态（建立+解闭塞）		
3	Walsh 信道（建立+解闭塞）		

步骤六：进行 UE 呼叫，并完成表 3-16。

表 3-16　　　　Um 呼叫

顺序	调试检查内容	是/否	失败的原因
1	Um 建立正常		
2	Abis 口信令链接正常		
3	A 口指配成功		

步骤七：进行 EVDO（37、78 两个频点）系统扩容，配置完成数据下载业务，并完成表 3-17。

表 3-17　　　　数据下载业务

顺序	调试检查内容	是/否	失败的原因
1	端口工作模式是否与设置相符		
2	PCF 配置是否完整		
3	DO 载频是否能增加		

可以通过告警管理、动态数据管理和信令跟踪进行调试。

1．告警管理

告警管理模块可监测全网网元，收集网元运行过程中产生的异常情况，将这些信息以文字、图形、声音、灯光的形式显示出来，使操作维护人员及时了解并作出相应处理，从而保证基站系统正常可靠地运行，同时告警管理还将告警信息记录在数据库中以备日后查阅分析。

（1）功能和使用

在 NetNumen M3（ZXC10 BSSB）主界面中单击［视图→故障管理→告警管理］，进入［告警管理］视图，如图 3-22 所示。

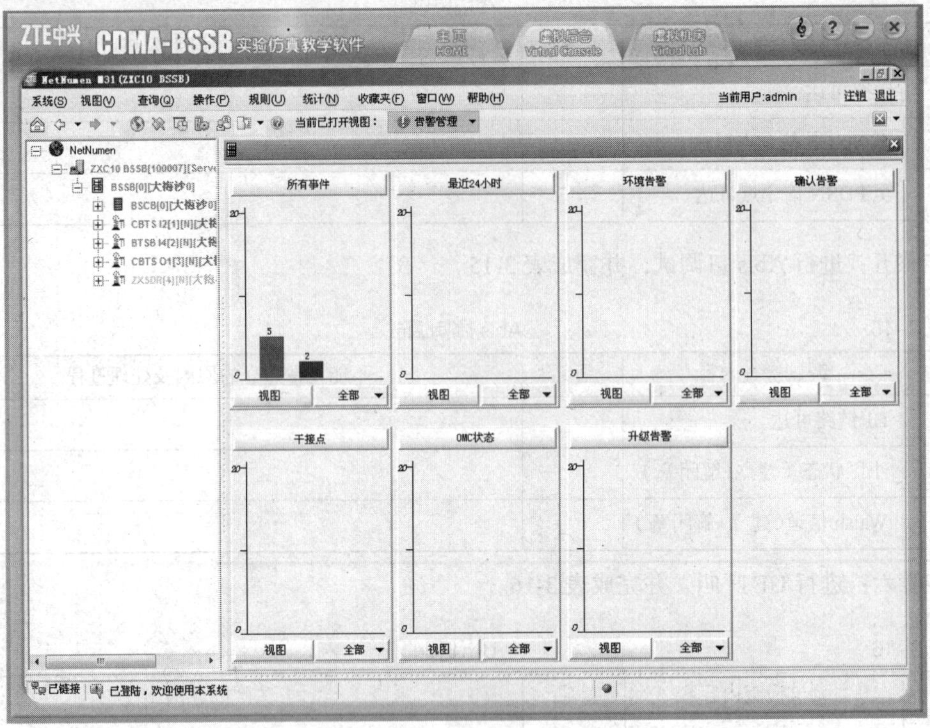

图 3-22　告警管理视图界面示意图

告警管理工具的主要功能和使用方法的简要说明如表 3-18 所示。

表 3-18　告警管理工具提供的功能和使用说明

功　能	功 能 说 明	操 作 说 明
告警显示	以列表或机架图方式显示系统的当前告警信息	当配置树的当前节点处于机架节点以外的其他节点时，只能以列表的形式显示告警信息；当配置树的当前节点处于机架级别时，可以选择以列表或机架图方式显示告警信息
告警查看	用户根据需要设置查询条件，查询告警和通知信息	在告警管理主视图中，选择菜单［查询→快速查询或高级查询］
告警统计	选择按照告警级别、告警类型、告警网元和告警发生时间方式等统计告警信息，结果可以保存为多种格式文件	在告警管理主视图中，选择菜单［统计］下拉菜单的各选项
告警设置	设置告警级别、告警处理措施、告警过滤器等	在告警管理主视图中，选择菜单［操作］下拉菜单的各选项

（2）查看告警

① 在告警管理主界面单击左侧配置树上要查看告警的机架节点，在显示区以机架图方式显示该机架的当前告警，如图 3-23 所示。

② 切换到［当前告警］页面，在显示区将以列表方式显示该 BSC 的当前告警，如图 3-24 所示。

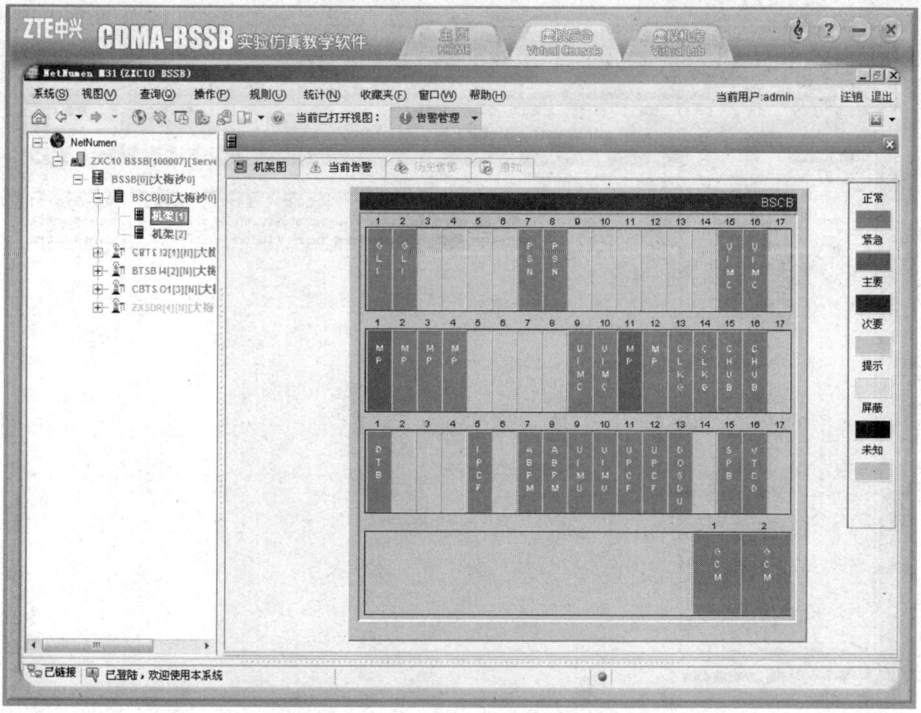

图 3-23　机架图显示当前告警示意图

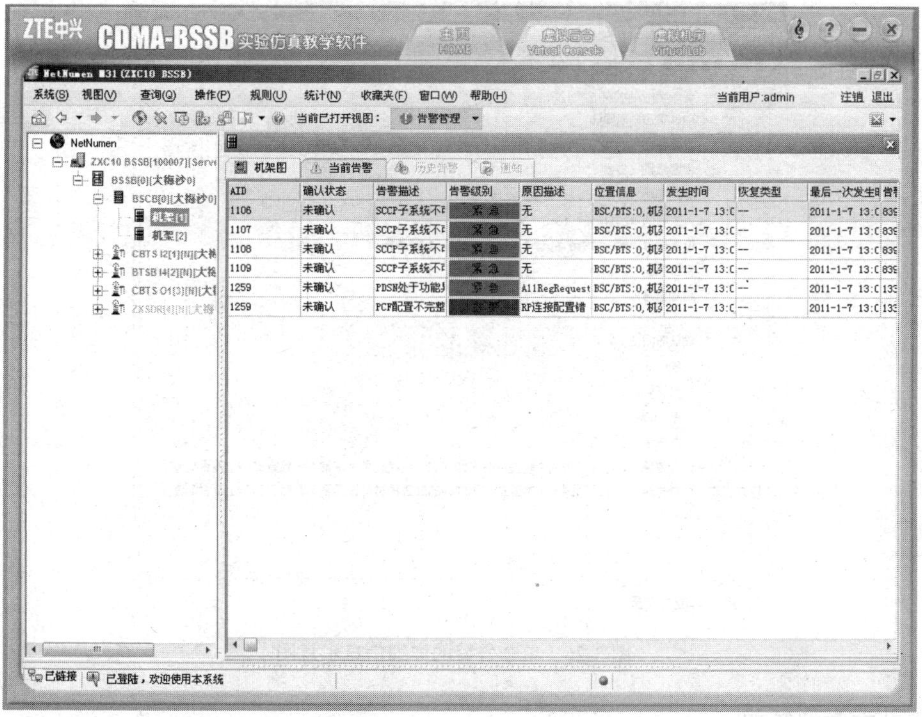

图 3-24　当前告警界面示意图

③ 在机架图上双击要查看的告警单板如 MP（主处理模块），可查看告警单板的详细信息，如图 3-25 所示。

④ 在列表中双击相应的行，将显示该告警的详细信息，如图 3-26 所示。

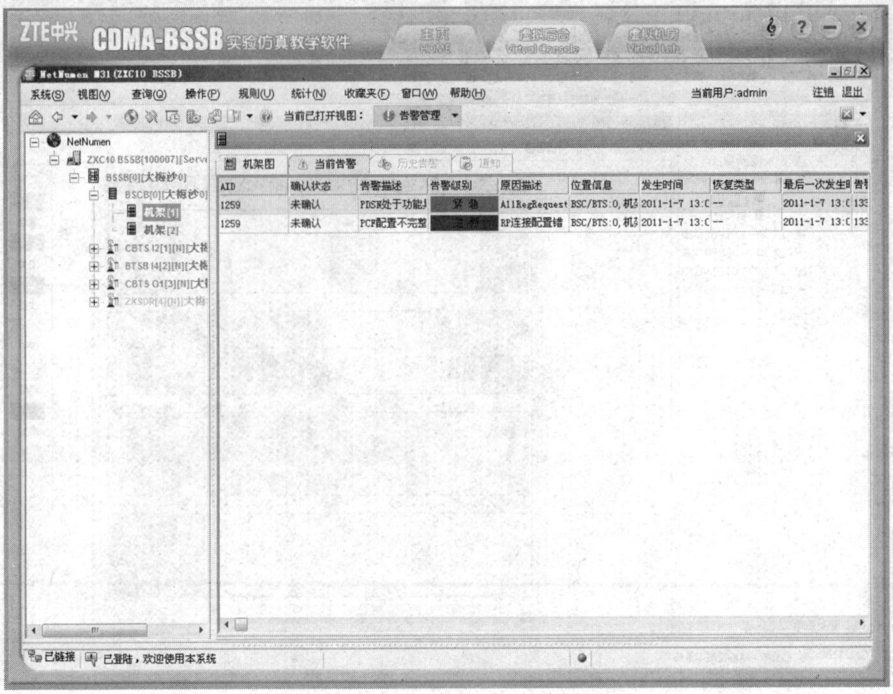

图 3-25　对应告警单板的详细信息示意图

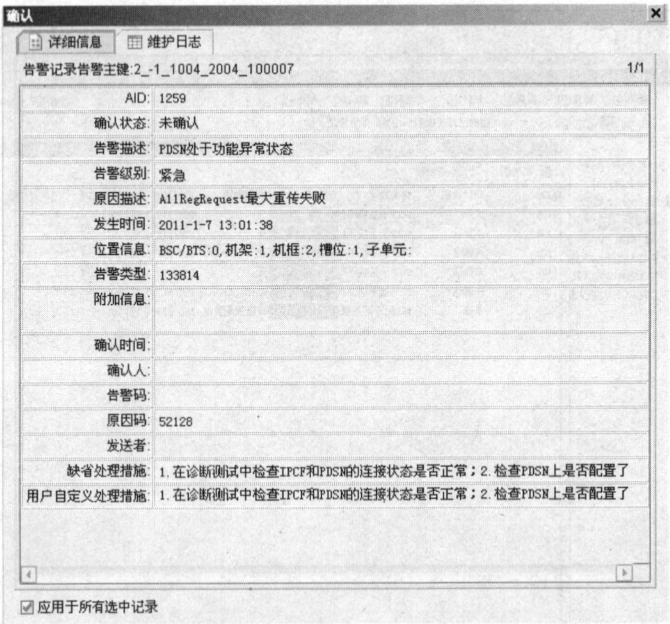

图 3-26　单个告警的详细信息示意图

2．动态数据管理

动态数据管理提供从后台观察系统资源，对系统资源进行状态查询、参数设置等操作，动态数据管理是系统开通调试、故障处理、系统管理的实用工具。

动态数据管理的主菜单如图 3-27 所示。

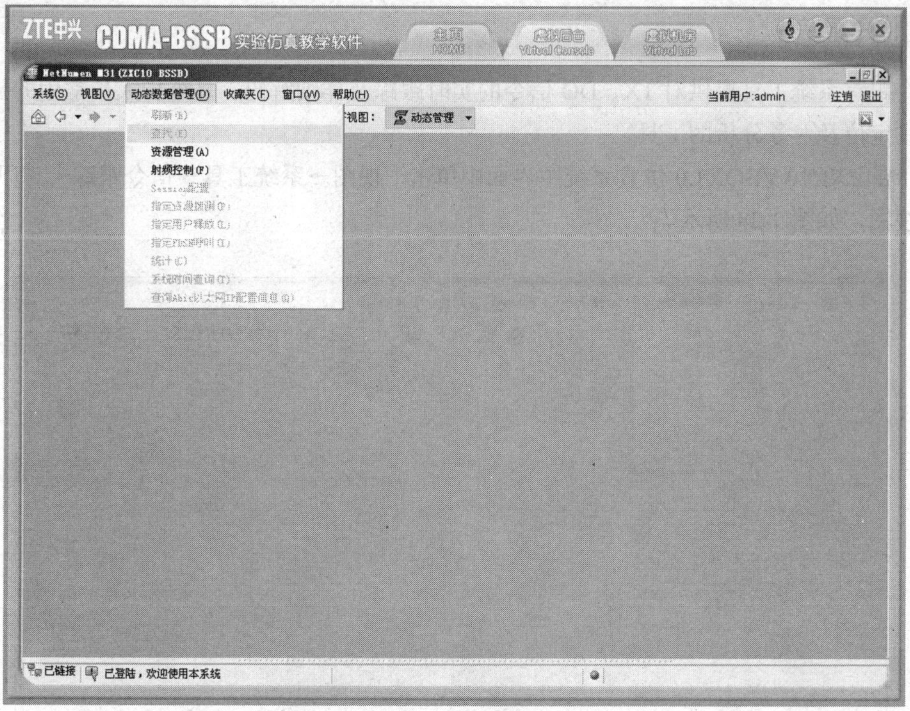

图 3-27　动态数据管理主菜单

动态数据管理提供的功能如表 3-19 所示。

表 3–19　动态数据管理提供的功能列表

功　能	功能说明
刷新	刷新资源树的节点信息，使其与实际配置数据同步
查找	查找资源树上与输入信息匹配的节点；利用查找功能在系统资源比较多的时候可以快速定位需要查看的资源
资源管理	对系统资源进行查询、闭塞、解闭塞、复位电路、强制复位、重启链路、停止链路、禁止链路、解禁链路等操作
射频控制	查询和设置射频参数、查询前向发射功率、设置自动定标、设置射频功率门限、查询前向最大功率
Session 配置	设置系统的 Session 信息，手工进行 AT 重启及 Session 清除操作
指定资源拨测	指定用户呼叫时使用选定的声码器、选择器或地面电路资源
指定用户释放	强制释放指定用户
指定 PDSN 呼叫	指定用户呼叫时使用选定的 PDSN 设备
统计	统计前台资源的使用情况，统计当前哪些资源闭塞、解闭了，一般在系统升级之前要统计前台资源的使用情况，升级之后需要按照这个统计把资源使用情况重新设置
系统时间查询	获取当前系统时间（前台时间）
查询 DSMC IP 配置信息	在系统配置了 DSMC 单板，支持 Abis 接口以太网连接时，用于查询 DSMC 单板配置的 IP 地址信息

3. 信令跟踪

信令跟踪系统工具提供对 1X、DO 信令的实时跟踪及详细解码，是维护人员常用的强有力的故障辅助定位及业务分析的工具。

（1）在 ZXC10 VBOX1.0 仿真系统主界面中单击［视图→系统工具→信令跟踪］，打开［信令跟踪］视图，如图 3-28 所示。

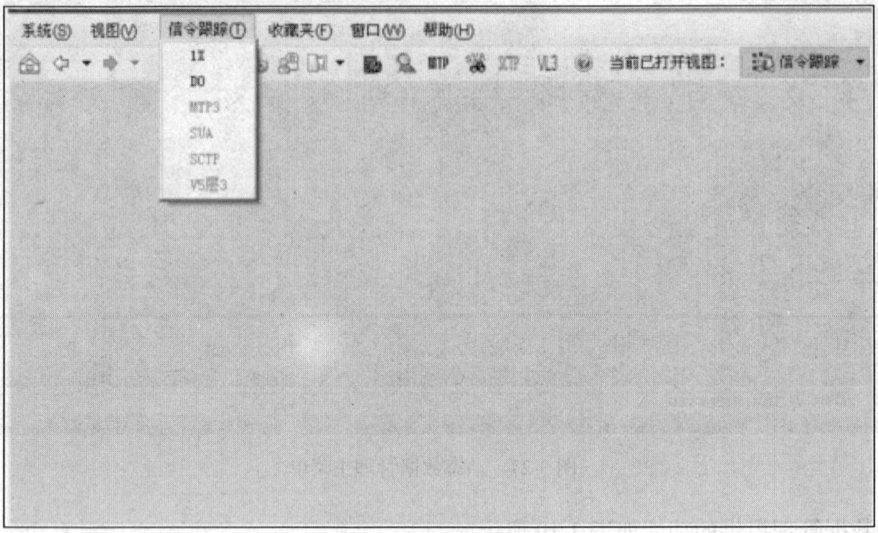

图 3-28 信令跟踪视图

（2）信令跟踪的主要功能简要说明如表 3-20 所示。

表 3-20 信令跟踪提供的功能

功 能	功 能 说 明
1X 信令跟踪	提供对 1X Release A 业务的信令跟踪及详细解码
DO 信令跟踪	提供对 1X EV-DO 业务的信令跟踪及详细解码

任务 3.6 cdma2000 数据配置案例

3.6.1 CBTS I2 站型数据配置案例

根据预规划任务情况，要求对 CBTS I2 基站进行开通，其相应的参数准备如下。

（1）基站名称——酒店；

（2）站型——S3/3/3；

（3）PN——0（小区 1）、4（小区 2）、8（小区 3）；

（4）本地小区编号——1、2、3；

（5）频点规划情况——283、37、201；

（6）BTS 侧内各单板的数量——CHM（3 块）、TRX（3 块）、DPA（3 块）、RFE（3 块）；

（7）连接该站的 E1 数量——5。

其他的对接参数，可在仿真软件的虚拟后台的信息查看中获取。

开通调试步骤如下。

1．进入操作界面

（1）启动服务器和客户端。

（2）单击“视图”→“配置管理”，如图 3-29 所示。

2．配置 BSC

（1）增加 BSS

鼠标右键单击“ZXCC10 BSSB”→单击“增加 BSS”，如图 3-30 所示。此时会弹出一个创建 BBS 的窗口，填写 BBS 别名，如“长沙电信”。

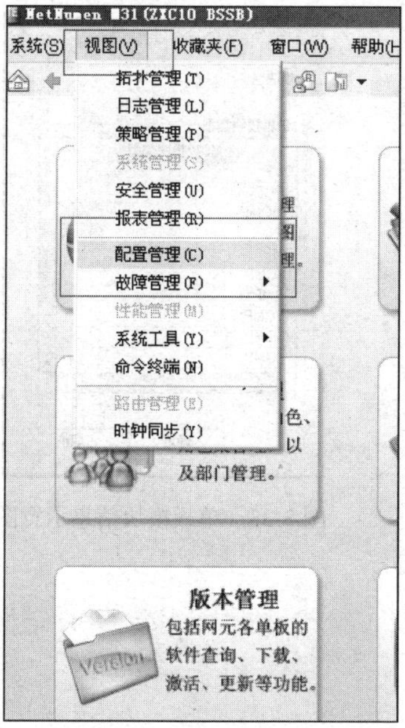

图 3-29　进入配置管理

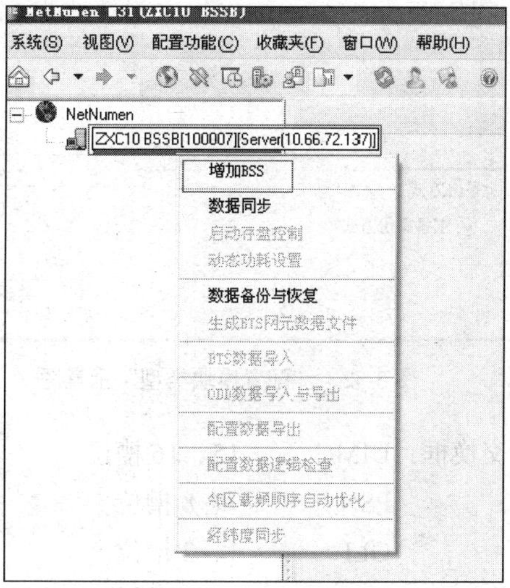

图 3-30　增加 BSS

（2）增加 BSC

鼠标右键单击“BSSB“→单击“增加 BSC”，填写系统别名如“长沙邮电”，再填写序号如“1”，如图 3-31 所示。

（3）增加机架

鼠标右键单击“物理配置”→单击“IP 机架”→单击“机架 1”。

（4）增加机框

鼠标右键单击机架中各机框，单击“增加机框”，第一层为交换框，第二层为控制框，第三层为资源框，第四层为 GCM 框。

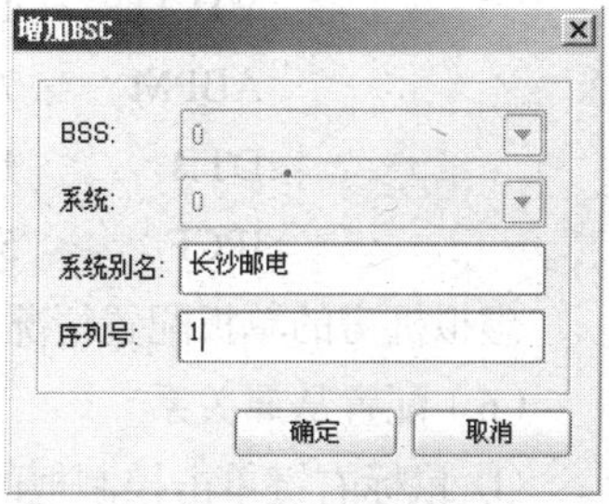

图 3-31　增加 BSC

（5）配各机框单板

根据虚拟机房的单板配置情况，在虚拟后台鼠标右键单击进行单板添加，单板添加顺序如下。

① 控制框：UIMC　9、10 槽位
MP　11、12 槽位
CLKG　13、14 槽位
CHUB　15、16 槽位
MP　1 槽位　设置 MP 板的 CPU 功能模块为 SPCF 和 DOCMP
MP　2 槽位　设置 MP 板的 CPU 功能模块为 RMP 和 DSMP
MP　3 槽位　设置 MP 板的 CPU 功能模块为 DSMP 和 1XCMP

MP 模块 CPU 类型配置步骤说明：鼠标右键单击机架图中的 MP 单板，选择“配置模块类型”，则弹出图 3-32 的“配置模块类型”的对话框。

再双击要配置的 CPU 编号，在弹出的对话框中选择 MP 板模块类型，单板模块信息如图 3-33 所示。

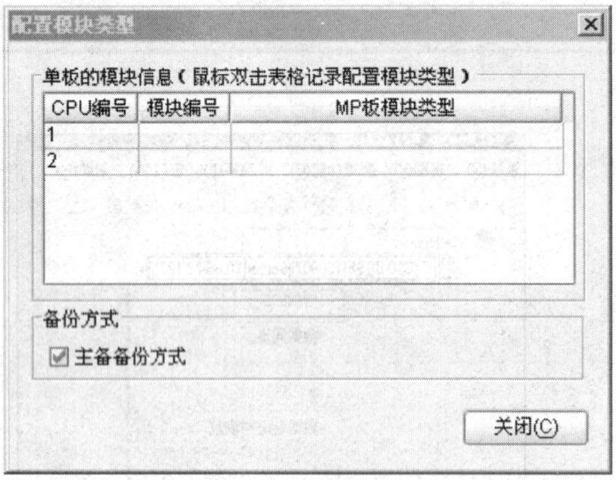

图 3-32　“配置模块类型”示意图

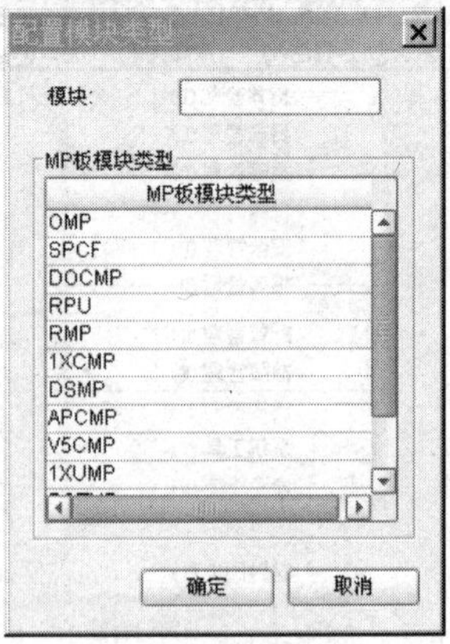

图 3-33　单板模块信息示意图

② 交换框：UIMC　15、16 槽位
PSN　7、8 槽位
GLI　1、2 槽位

③ 资源框：UIMC　9、10 槽位
UPCF　11、12 槽位
DOSDU　13 槽位
SPB　15 槽位
VTCD　16 槽位
ABPM　7、8 槽位
DTB　1 槽位
IPCF　5 槽位

虚拟机房的单板配置情况如图 3-34 所示。

（6）配置从属关系

① 鼠标右键单击控制框的 11、12 槽位中的两块 MP 单板，选择从属关系设置。

② 鼠标右键单击控制框的 1、2、3 槽位中的三块 MP 单板，选择从属关系设置。

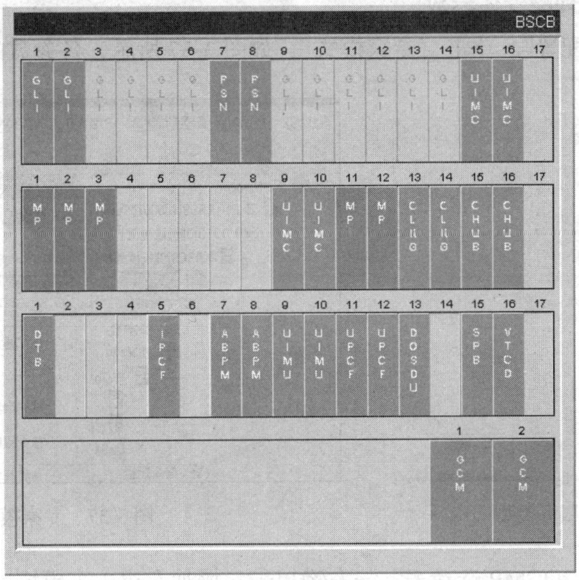

图 3-34 虚拟后台单板配置阶段一

配置完后，如图 3-35 虚拟后台配置阶段二所示。

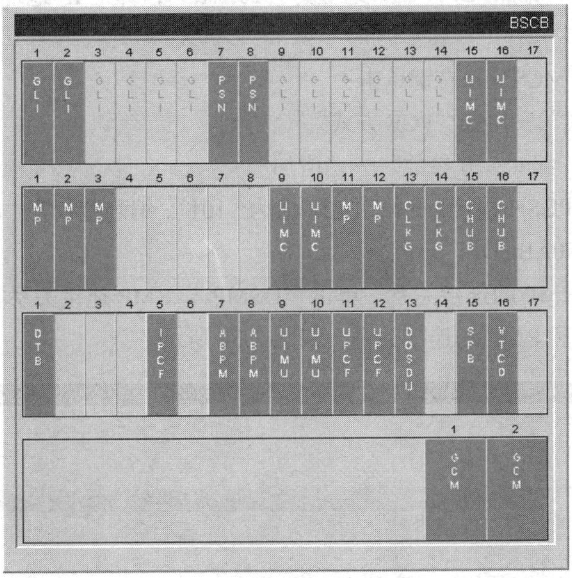

图 3-35 虚拟后台单板配置阶段二

（7）配置 MDM 的服务类型

配置资源框 9、10 槽位中的两块 UIMU 单板，右键单击“UIMU 单板”→单击“MDM 服务类型”，弹出“配置 MDM 的服务类型”的对话框，如图 3-36 所示，将所有的服务类型选中→单击“确定”。

（8）配置资源框 15 槽位中的 SPB 单板

右键单击“SPB 单板”→单击“配置窄带信令链路二”→右键单击“增加窄带信令链路二”→弹出“增加窄带信令链路二”对话框，将 E1/T1 参数改为“1”。

（9）修改 BSCB 物理配置各参数

双击“BSCB 物理配置”，单击“专家模式”，如图 3-37 所示，各参数的设置具体如下。

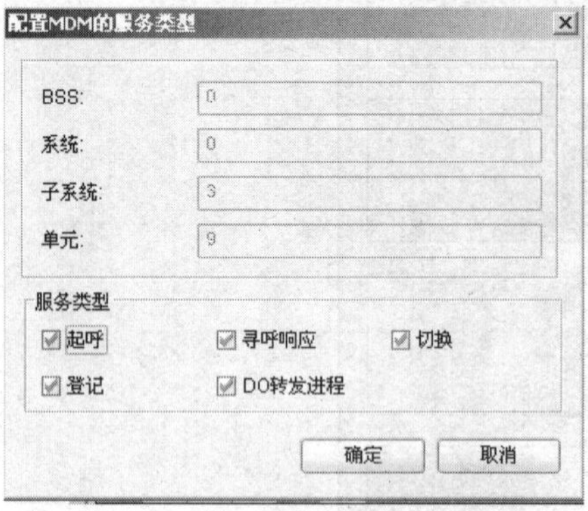

图 3-36　配置服务类型

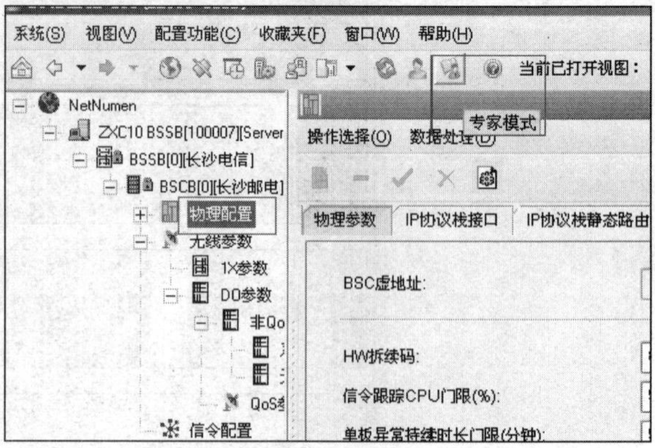

图 3-37　专家模式

① 单击“1XCMP/DOCMP 选择表”→右键单击：增加左边 1 个模块，增加右边 1 个模块。

② 单击“IP 协议栈接口”→修改 SPCF：添加 IP 地址为“10.1.1.2”→修改 IPCF：添加 IPCF1 IP 地址“10.1.1.1”，添加 IPCF2 的 IP 地址“10.1.2.23”。

③ 单击“PDSN”→增加 PDSN（IP 地址为“10.1.1.3”，绑定 IP 地址“10.1.1.3”，名称“长沙 PDSN”，位置“长沙”）。

④ 单击“SPCF/BCMCS”→右键单击：

- 选择“PCF 方式”→勾选“PCF 方式”。
- 选择“PCF 防火墙和 A10 参数”→“增加”。
- 选择“SPCF 和 PDSN 连接”→修改 SPI 值为“101”，编码鉴权为“1234567890ABCDEF”，解码鉴权为“1234567890ABCDEF”。

⑤ 配置 DSMP 和 RMP 的连接关系。单击“DSMP 与 RMP 连接关系”→选中所显示的模块信息，右键配置 DSMP 和 RMP 的连接关系，如图 3-38 所示。

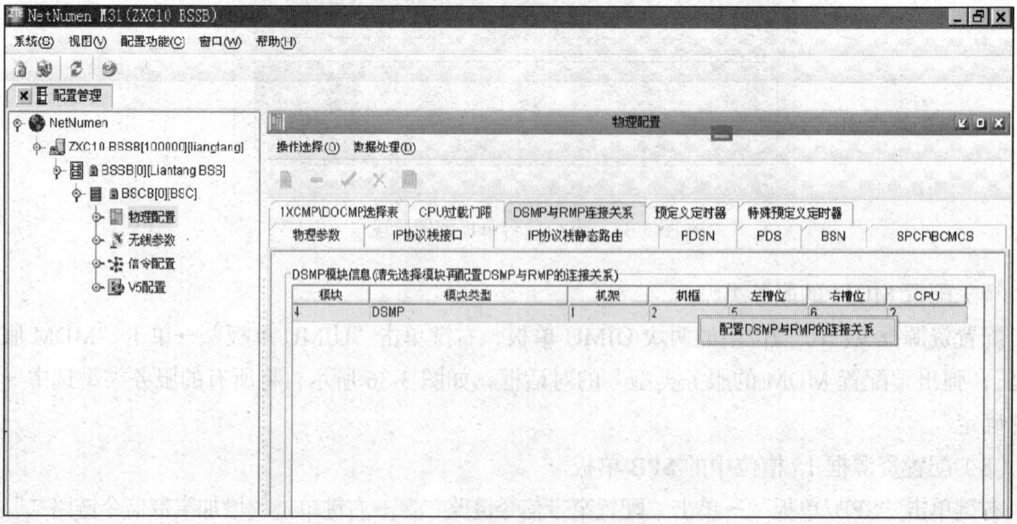

图 3-38　配置 DSMP 和 RMP 连接关系

弹出“配置 DSMP 和 RMP 的连接关系”对话框一，如图 3-39 所示。

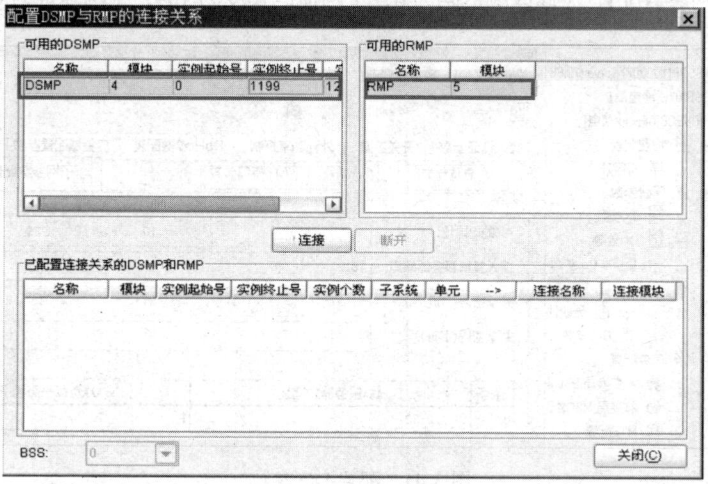

图 3-39　配置 DSMP 和 RMP 的连接关系对话框一

双选中，单击“连接”，如图 3-39 所示→弹出“配置 DSMP 和 RMP 的连接关系”对话框二，直接默认值单击“确定”。

（10）无线参数配置

① 双击“无线参数”→右键单击，添加载频（如：0 为 283 号频点，1 为 37 号频点，2 为 201 号频点）。

② 双击“1X 无线参数”（通过信息查询获得）。BSID：0；Mankbetld：0；交换机序号：0；移动台国家码 MCC：460；移动台网络码 MNC：03；移动 IMSI：09；A 接口主版本号：4；接口类型：A 接口[1]。修改完成后注意单击“√”确认，如图 3-40 所示。

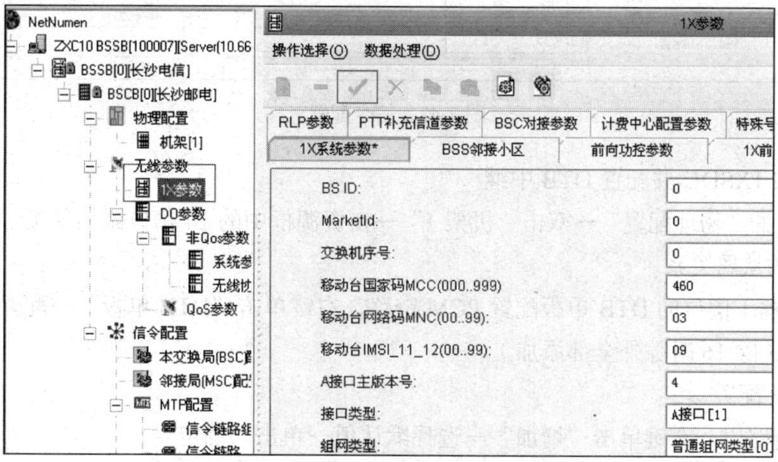

图 3-40　1X 无线参数配置

③ 配置 DO 参数，双击“系统参数”，如图 3-41 所示。

- 单击“总体参数”（修改 AN_ID 为 1、SID 为 1、NID 为 1）。
- 单击 A12 接口参数（修改 AN_IP 地址为 10.1.2.21，AAA 服务器 IP 地址为 10.1.2.22），注

意先单击“√”确认保存 AN_IP 地址，再改 AAA 的 IP 地址。

- 单击“子网参数配置”（修改颜色码为 6，子网掩码长度为 104，子网地址为 00…16.00.00.00）。

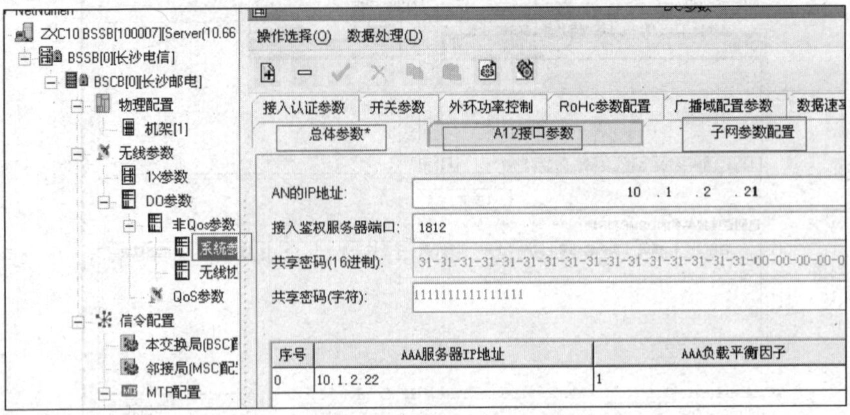

图 3-41　配置 DO 参数

（11）信令配置（通过信息查询获得）

① 单击“本交换局 BSC 配置”，本交换局信令点（修改测试码为 777[自定义]），单击“确定”后，添加本局信令点编码为 24 位信令点编码“22-22-22”）。

② 单击“邻接局 MSC 配置”，邻接局信令点（选择“24 位信令编码”，修改信令点编码为“15-15-15”），如图 3-42 所示。

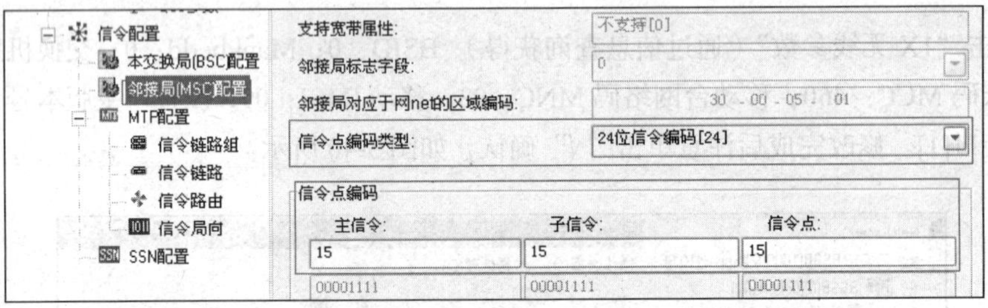

图 3-42　信令配置

（12）添加 1XSDU 并配置 DTB 中继

单击 BSC 的“物理配置”→双击“机架 1”→在资源框中的 14 槽位添加单板“1XSDU”，并配置 1XSDU 的从属关系。

再给资源框 1 槽位的 DTB 单板配置 PCM 链路，右键单击“DTB 单板”→配置 PCM 链路一条→配置中继（除 16 时隙外全部添加）。

（13）MTP 配置

① 信令链路组→右键单击“增加”→选择默认值→单击“确定”。

② 信令链路→右键单击“增加”→改链路组编号为“1”→单击“确定”。

③ 信令路由→右键单击“增加”→选择默认值→单击“确定”。

④ 信令局向→右键单击“增加”→选择默认值→选择“确定”。

（14）SSN 配置

右键单击“增加 10 条”（5 条“0”局向；5 条“1”局向），如图 3-43 所示。

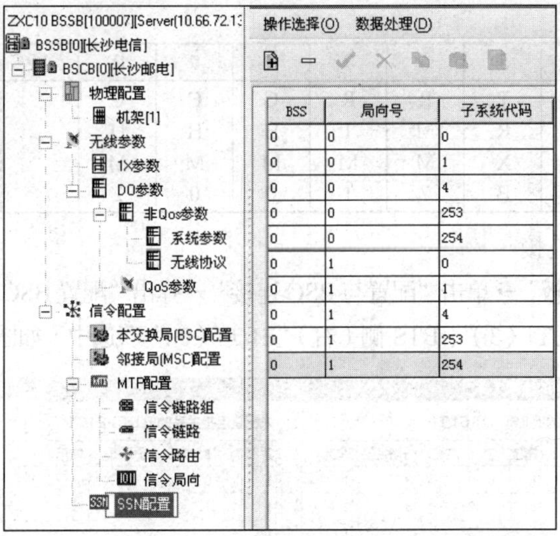

图 3-43　SSN 配置

3. 配置 CBTS I2

（1）增加 BTS

右键单击“BSSB”→单击增加“BTS”→添加系统别名如“酒店”。

（2）增加机架

右键单击“物理配置”→单击增加“CBTS I2 机架”→单击不支持 CBM。

（3）增加单板

右键单击各机框中的空槽位进行单板添加。根据预规划单板配置具体如表 3-21 所示，配置顺序如下。

下框：CCM　　12、13 槽位
　　DSMA　　14 槽位
　　CHM0　　8 槽位
　　CHM2　　10 槽位
　　RMM7　　6 槽位
　　TRXB　　3、4、5 槽位
　　GCMB　　1 槽位
　　SAM3　　2 槽位
上框：RFEC　　1、2、3 槽位
　　PIMB　　4 槽位
　　DPA-30　　5、6、7 槽位
　　BIM　　8 槽位

表 3-21　　CBTS I2 机架基本配置图

1	2	3	4	5	6	7	8
R F E C	R F E C	R F E C	P I M B	D P A B	D P A B	D P A B	B I M

续表

1	2	3	4	5	6	7	8	9	10	11	12	13	14	15
GCMB	SAM3	TRXB	TRXB	TRXB	RMM7	RIM1	CHM0	CHM0	CHM2		CCM	CCM	DSMA	

（4）配置与 BSC 的连接

右键单击“DSMA 单板”→单击“配置与 BSC 连接”→弹出“配置 BSC 与 BTS 之间的连接关系”对话框→BSC 侧（左）“E1/T1（3）”、BTS 侧（右）“E1/T1（0）”双选中（如图 3-44 所示）→单击连接。

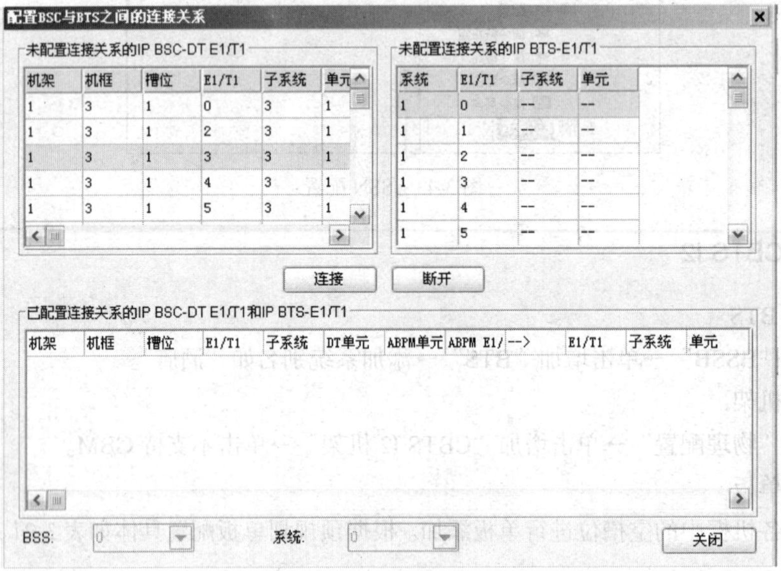

图 3-44　配置与 BTS 之间的连接

（5）无线参数配置

双击“无线参数”→单击“√”保存。

（6）配置小区 0

① 配置 1X 小区。

a. 增加 1X 小区，右键单击“无线参数”→单击“增加小区”→单击“1X 小区”（注意有“*”标记和蓝色字体的参数要注意修改）

- 小区实体参数（SID：1；NID：1；LAC：2；CI：21；Pilot_PN：0；Pilot_PN 增量：4；频带类别：800MHz）。
- 系统参数（基站识别码：21；时差：16；登记地区：2）

配置完成后，单击“√”保存，如图 3-45 所示。

b. 增加 1X 小区载频，右键单击 1X 小区→增加载频→单击“√”保存。

c. 配置 1X 小区载频下面的信道。

- 导频信道→右键单击增加。
- 同步信道→右键单击增加。
- 寻呼信道→右键单击增加。
- 接入信道→右键单击增加。

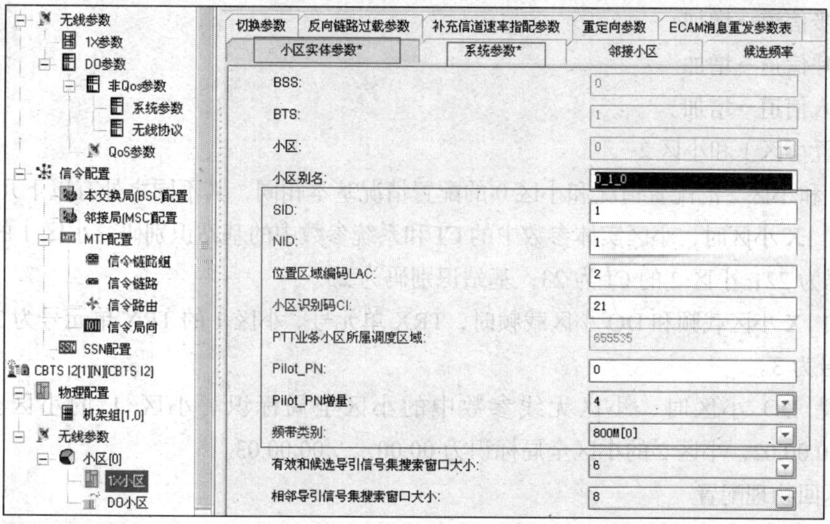

图 3-45　配置 1X 小区

② 配置 DO 小区

a. 增加 DO 小区，双击 DO 小区，修改 DO 小区。

b. 修改小区无线参数。

- 小区别名：0（自定义）。
- Pilot_PN：和同一小区的 1X 小区一致。
- 小区全局标识：00.00……00.00.01。

c. 小区状态关系，修改系统时间偏置为“GMT+08：00 北京”。

配置完成后，单击“√”确认，如图 3-46 所示。

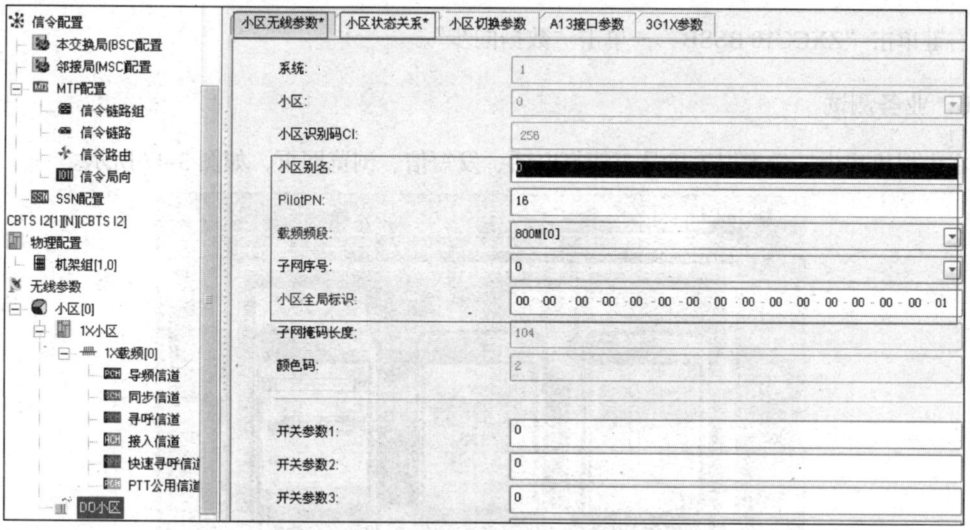

图 3-46　配置 DO 小区

③ 添加 DO 载频，右键单击“DO 小区”→单击“增加载频”→单击“√”保存

④ 增加 1X 小区载频，右键单击“1X 小区”→单击“增加载频”→单击“√”保存。

配置 1X 小区载频下面的信道。

- 导频信道→增加。

- 同步信道→增加。
- 寻呼信道→增加。
- 接入信道→增加。

⑤ 配置小区 1 和小区 2

小区 1 和小区 2 的配置情况和小区 0 的配置情况基本相同，其不同之处有以下几点。

在配置 1X 小区时，小区实体参数中的 CI 和系统参数中的基站识别码。小区 1 的 CI 为 22，基站识别码为 22；小区 2 的 CI 为 23，基站识别码为 23。

在增加 1X 小区载频和 DO 小区载频时，TRX 单元号。小区 1 的 TRX 单元号为 2，小区 2 的 TRX 单元号为 3。

在配置 DO 小区时，小区无线参数中的小区全局标识。小区 1 的小区全局标识为 00.00……00.00.02，小区 2 的小区全局标识为 00.00……00.00.03。

（7）返回物理配置

单击 BTS 状态，将“开通状态”改为商用状态。

单击“授权 CE 数”，将“1X CE 授权参数”和“DO CE 授权参数”都改为 20。

4．版本管理

单击菜单“视图”→单击“系统工具”→单击“版本管理”。

（1）添加版本；

（2）版本分发；

（3）版本激活。

5．数据同步

右键单击“ZXCC10 BSSB”→单击“数据同步”。

6．业务测试

在虚拟机房中，看虚拟手机是否能打电话、发短信、浏览网页，如图 3-47 所示。

图 3-47　虚拟电话

3.6.2　机房一 cdma2000 基站开通调测总结

机房一包括 4 种站型的开通调测，分别是 CBTS I2 站型、BTSB I4 站型、ZXSDR 站型，以及 CBTS O1 站型。一个 BSC 可控制多个不同站型的 BTS。注意每次对一种站型的开通都必须修改 BTS 的状态、CE 授权和版本管理。BTSB I4 站型、ZXSDR 站型和 CBTS O1 站型的开通步骤及配置方式与 CBTS I2 的基本一样，下面介绍一下后面 3 种站型开通时不同点。

1．BTSB I4 站型的开通调测

BTSB I4 站型的开通调测与 CBTS I2 的不同点主要在“单板的配置”以及“配置与 BSC 的连接关系”。

单板的配置，根据预规划情况，其配置情况如图 3-48 所示。

再配置射频与基带的连接，右键单击“RIM0”→选择“配置射频与基带的连接”→弹出“配置射频与基带的连接”对话框→将两个可连接的端口都选中，单击“连接”，如图 3-49 所示。此时，RIM0 和 RMM5 上的红点则变为绿点，说明已连接完成。

配置与 BSC 的连接时，BSC DT E1/T1 选 15 与 BTS E1/T1（0）连接，如图 3-50 所示。

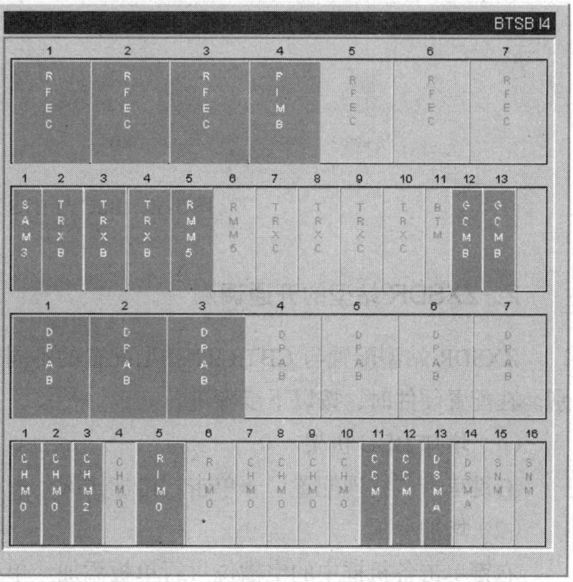

图 3-48　ZXC10-BTSB I4 机架配置图

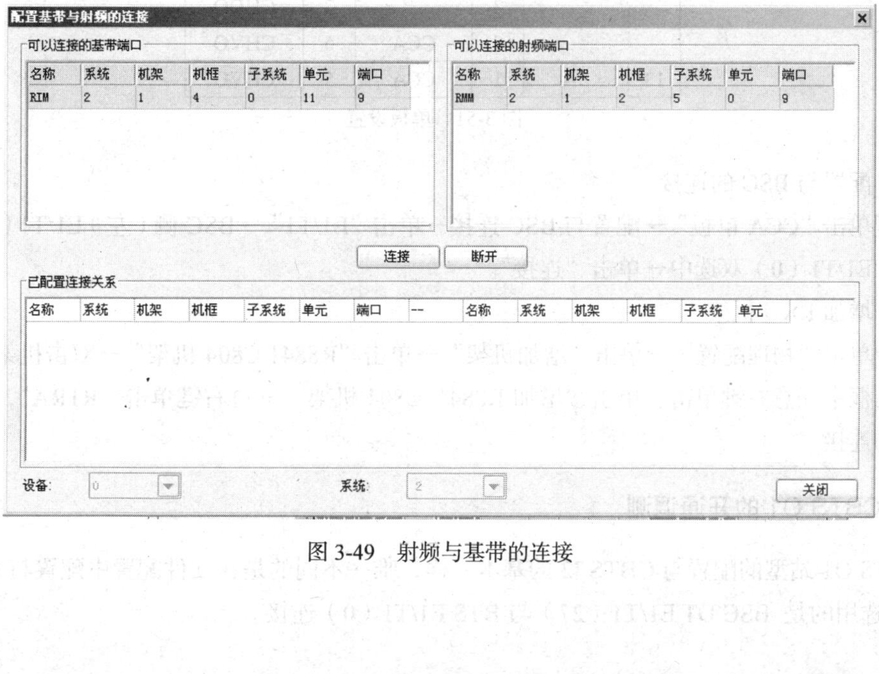

图 3-49　射频与基带的连接

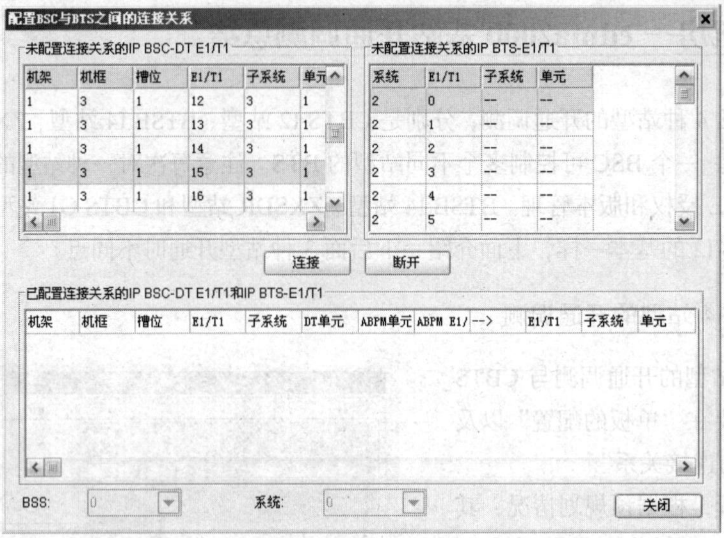

图 3-50　BSC 与 BTS 之间的连接配置

2．ZXSDR 站型的开通调测

ZXSDR 站型配置与 CBTS I2 站型配置的不同也主要是硬件配置（如：单板的配置）上的区别。在配置硬件时，按以下步骤进行。

（1）增加 BBU 机架

右键单击“物理配置”→单击“增加机架”→单击“B8200 C100 机架”。

（2）增加单板

右键单击各机框中的空槽位进行单板添加。单板设置具体如图 3-51 所示。

15	PM	4	FSA	8	
		3		7	CHDO
		2	CCA	6	CHVO
13	SA	1	CCA	5	CHVO

图 3-51　单板设置

（3）配置与 BSC 的连接

右键单击“CCA 单板”→配置与 BSC 连接→单击“E1/T1”→BSC 侧（左）E1/T1（29）、BTS 侧（右）E1/T1（0）双选中→单击“连接”。

（4）增加 RRU 机架

右键单击“物理配置”→单击“增加机架”→单击“R8841 C804 机架”→双击机架组→在弹出的空白框中任意右键单击，单击“增加 R8841 C804 机架”→再右键单击“RTRA”，配置基带与射频的连接。

3．CBTS O1 的开通调测

CBTS O1 站型的配置与 CBTS I2 的基本一样，唯一不同的是在硬件配置中配置与 BSC 的连接，O1 选用的是 BSC DT E1/T1（27）与 BTS E1/T1（0）连接。

项目四

cdma2000 故障排除

任务 4.1 常见故障定位及处理

通过 OMC 后台网管软件的动态数据管理、告警管理和信令跟踪的各种故障现象来进行故障分析和定位。具体故障点对应的故障现象详情如表 4-1 所示。

表 4-1　故障分析与定位

序号	故 障 点	故 障 现 象	故障设置举例
1	BSC 侧单板配置错误	虚拟手机不可打电话和发短信，但可浏览网页，告警管理无显示告警现象	BSC 侧中的机框 3 中的 15 槽位未配置 SPB 单板，或者 16 槽位未配置 VTCD 单板
2	BSC 侧中机框 3 中的 UIMU 配置错误	虚拟电话不可打电话和发短信，且不可浏览网页（显示网络有故障），告警管理无显示告警现象	UIMU 单板未配置 MDM 的服务类型
3	BSC 侧的专家模式的物理配置中 1XCMP\DOCMP 选择表中配置错误	虚拟电话可以打电话和发短信，但不可浏览网页，告警管理无显示告警现象	1XCMP\DOCMP 选择表中未配置 DOCMP 选择表
4	BSC 侧的专家模式的物理配置中 1XCMP\DOCMP 选择表中配置错误	虚拟电话可浏览网页，但是不可打电话和发短信，告警管理无显示告警现象	1XCMP\DOCMP 选择表中未配置 1XCMP 选择表
5	BSC 侧的专家模式的物理配置中 IP 协议栈接口中的 SPCF IP 地址未配置	（1）PCF 防火墙和 A10 参数无法配置 （2）SPCF 从属的 MP 单板处于紧急告警状态（PDSN 处于功能异常状态，PCF 配置不完整） （3）虚拟电话可以打电话和发短信，但不可浏览网页	BSC 侧专家模式的物理配置中 IP 协议栈接口中的 SPCF IP 地址未配置

续表

序号	故 障 点	故 障 现 象	故障设置举例
6	BSC 侧的专家模式的物理配置中 IP 协议栈接口中的 SPCF IP 地址配置错误	（1）SPCF 从属的 MP 单板处于紧急告警状态（PDSN 处于功能异常状态，PCF 配置不完整） （2）虚拟电话可以打电话和发短信，但不可浏览网页	将 SPCF IP 地址 10.1.1.2 改为 10.1.2.2
7	BSC 侧的专家模式的物理配置中 IP 协议栈接口中 IPCF 与 PDSN 接口 IP 地址配置错误或者未配置	虚拟电话可以打电话和发短信，但不可浏览网页，告警管理无显示告警现象	将 IPCF 与 PDSN 接口 IP 地址 10.1.1.1 改为 10.1.2.3
8	BSC 侧的专家模式的物理配置中 IP 协议栈接口中 IPCF 与 AN-AAA 接口 IP 地址配置错误	虚拟电话可以打电话和发短信，但不可浏览网页，告警管理无显示告警现象	将 IPCF 与 AN-AAA 接口 IP 地址 10.1.2.23 改为 10.1.2.2
9	BSC 侧的专家模式的物理配置 PDSN 中 PDSN IP 地址错误或者未配置	（1）虚拟电话可打电话和发短信，但是不可浏览网页 （2）MP 单板处于紧急告警状态（PDSN 处于功能异常状态，PCF 配置不完整）	将 PDSN IP 地址 10.1.1.3 改为 10.1.1.4
10	BSC 侧的专家模式的物理配置中 SPCF/BCMCS 中配置错误	（1）虚拟电话可打电话和发短信，但是不可浏览网页 （2）MP 单板处于紧急告警状态（PDSN 处于功能异常状态，PCF 配置不完整）	SPCF/BCMCS 中未配置 SPCF 与 PDSN 的连接
11	BSC 侧的专家模式的物理配置中 SPCF/BCMCS 中配置错误	虚拟电话可以打电话和发短信，但不可浏览网页，告警管理无显示告警现象	将 SPCF/BCMCS 中配置 SPCF 与 PDSN 连接时的 SPI101 改为 110
12	BSC 侧无线参数配置中只添加了 283 号载频	（1）虚拟电话可以打电话和发短信，但不可浏览网页，告警管理无显示告警现象 （2）BTS 中 DO 载频无法添加	BSC 侧无线参数配置中只添加了 283 号载频
13	BSC 侧 DO 参数系统参数中 A12 接口参数的 AN-IP 地址错误	虚拟电话可以打电话和发短信，但不可浏览网页，告警管理无显示告警现象	将 AN-IP 地址 10.1.2.21 改为 10.1.2.12
14	BSC 侧 DO 参数系统参数中 A12 接口参数的 AAA 服务器 IP 地址配错	虚拟电话可以打电话和发短信，但不可浏览网页，告警管理无显示告警现象	将 AAA 服务器 IP 地址 10.1.2.22 改为 10.1.1.12
15	BSC 侧 DO 参数中子网参数配置的颜色码配错	虚拟电话可以打电话和发短信，但不可浏览网页，告警管理无显示告警现象	将颜色码 6 改为 06
16	BSC 侧 DO 参数中子网参数配置的子网地址配错	虚拟电话可以打电话和发短信，但不可浏览网页，告警管理无显示告警现象	将子网地址 00.00……16.00.00.00 改为 00.00……00.00.00.00
17	BSC 侧信令配置中本局信令配置的本局信令数据的 24 位信令编码配错	（1）虚拟手机不可打电话和发短信，但可浏览网页 （2）告警管理机架图中 2 机框 11 槽位的 MP 单板显示紧急告警（SCCP 子系统不可用，MTP3 链路不可用，MTP3 局向不可达）	将 24 位信令编码 22-22-22 改为 21-21-21

续表

序号	故 障 点	故 障 现 象	故障设置举例
18	BSC 侧信令配置中邻接局配置中信令点编码错误	(1) 虚拟手机不可打电话和发短信，但可浏览网页 (2) 告警管理机架图中 2 机框 11 槽位的 MP 单板显示紧急告警（SCCP 子系统不可用，MTP3 链路不可用，MTP3 局向不可达）	将信令点编码 15-15-15 改为 16-16-16
19	BSC 侧单板配置错误	虚拟手机不可打电话和发短信，但可浏览网页，告警管理无显示告警现象	BSC 侧中的机框 3 中的 14 槽位未配置 1XSDU 单板
20	BSC 侧 MTP 配置中的信令局向未增加	(1) 虚拟手机不可打电话和发短信，但可浏览网页 (2) 告警管理机架图中 2 机框 11 槽位的 MP 单板显示紧急告警（SCCP 子系统不可用，MTP3 链路不可用，MTP3 局向不可达）	信令局向未增加
21	BSC 侧的 SSN 配置中未增加或者未增加满 10 条	(1) 虚拟手机不可打电话和发短信，但可浏览网页 (2) 告警管理机架图中 2 机框 11 槽位的 MP 单板显示紧急告警（SCCP 子系统不可用）	SSN 配置中未增加或者未增加满 10 条
22	BSC 侧机架中机框 3 中 DTB 单板配置错误	虚拟手机不可打电话和发短信，但可浏览网页，告警管理无显示告警现象	DTB 单板未配置 PCM 链路
23	BTS 侧机架配置的下机框中的 8 和 9 槽位配错	(1) 虚拟电话显示不可打电话和发短信，但可浏览网页 (2) 告警管理机架图中的 8、9 槽位的 CHM0 单板出现紧急告警	将 8、9 槽位的 CHM0 改为 CHM1
24	BTS 侧机架配置的下机框中的 10 和 11 槽位配错	(1) 虚拟手机显示可打电话和发短信，但是不可浏览网页 (2) 告警管理机架图中 10、11 槽位的 CHM2 单板出现紧急告警	将 10、11 槽位的 CHM2 改为 CHM1
25	BTS 侧机架配置的下机框中的 3、4、5 槽位的 TRXB 单板配错	(1) 虚拟手机显示无网络，但是可以上网浏览网页 (2) 告警管理的机架图下框的 3、4、5 槽位的 TRX 单板出现次要告警（未探测到 TRX）	将 3、4、5 槽位的 TRXB 都改成 TRXC
26	BTS 侧机架中下框 15 槽位 DSMA 配置错误	(1) 虚拟手机显示无网络，但可以上网浏览网页 (2) 告警管理的机架图下框 12、13 槽位 CCM 单板出现主要告警（未探测到 CCM）	配置与 BSC 的连接时，用 BSC—DT　E1/T1(0)与 BTS E1/T1(0)连接
27	BTS 侧的 1X 小区的小区实体参数中 LAC 配错	虚拟手机不可打电话和发短信，但可浏览网页，告警管理无显示告警现象	将 LAC：2 改为 3

续表

序号	故 障 点	故 障 现 象	故障设置举例
28	BTS 侧的 1X 小区的小区实体参数中的 CI 配置不在所给信息范围（21～32）内	虚拟手机不可打电话和发短信，但可浏览网页，告警管理无显示告警现象	将 CI：21 改为 20
29	BTS 侧的 1X 小区的小区实体参数中的 CI 配置与系统参数的基站识别码不一致	虚拟手机不可打电话和发短信，但可浏览网页，告警管理无显示告警现象	在小区实体参数中配 CI:21，而基站识别码用 22
30	BTS 侧的 1X 小区的系统参数中登记地区配错	虚拟手机不可打电话和发短信，但可浏览网页，告警管理无显示告警现象	将登记地区 2 改为 3
31	BTS 侧的 1X 载频未添加	虚拟手机显示无网络，但可以上网浏览网页	BTS 侧的 1X 载频未添加
32	BTS 侧的 1X 载频中的相关信道配置错误	虚拟手机不可打电话和发短信，但可浏览网页，告警管理无显示告警现象	1X 载频中的接入信道或者导频信道或者同步信道未增加
33	BTS 侧的 DO 载频未添加	虚拟手机显示可打电话和发短信，但是不可浏览网页	BTS 侧的 DO 载频未添加
34	BSCB 物理配置专家模式中 BTS 状态未修改	（1）BTS I2 出现主要告警 （2）虚拟手机显示无网络，但可以上网浏览网页	BTS 状态为未开通
35	未进行版本管理	（1）出现几十个告警（均为业务单板心跳丢失） （2）虚拟手机显示无网络，不可浏览网页	未进行版本管理
		机房三（补充）	
1	BSC 侧 IPI 单板或者 SIPI 单板未添加	（1）虚拟手机显示不可打电话和发短信，但可浏览网页 （2）告警管理的 BSC 侧机架图机框 2 的 11 槽位 MP 单板出现紧急告警（SUA 子系统不可用，SUA 局向不可达）	BSC 侧 IPI 单板或者 SIPI 单板未添加
2	BSC 侧的专家模式物理配置中 IP 协议栈接口 APCMP IP 地址配错	虚拟手机显示不可打电话和发短信，但可浏览网页，告警管理显示无告警现象	将 APCMP IP 地址配错：168.40.80.1 改为 168.40.80.2
3	BSC 侧的专家模式物理配置中 IP 协议栈接口的 APCMP 接口 IP 掩码配错	虚拟手机显示不可打电话和发短信，但可浏览网页，告警管理显示无告警现象	将 APCMP IP 掩码 255.255.0.0 改为 255.255.255.0
4	BSC 侧的专家模式物理配置中 IP 协议栈接口的 SIPI IP 地址错误，或者未配置	（1）虚拟手机显示不可打电话和发短信，但可浏览网页 （2）告警管理的 BSC 侧机架图机框 2 的 11 槽位 MP 单板出现紧急告警（SUA 子系统不可用，SUA 局向不可达）	将 SIPI IP 地址 168050.80.1 改为 168.50.80.2，或者未配置 SIPI IP 地址
5	BSC 侧的专家模式物理配置中 IP 协议栈接口的 SIPI IP 掩码地址错误	（1）虚拟手机显示不可打电话和发短信，但可浏览网页 （2）告警管理的 BSC 侧机架图机框 2 的 11 槽位 MP 单板出现紧急告警（SUA 子系统不可用，SUA 局向不可达）	将 SIPI IP 掩码地址：255.255.0.0 改为 255.255.255.0

续表

序号	故障点	故障现象	故障设置举例
6	BSC 侧信令配置中的 SSN-AS 未添加或者未添加满	（1）虚拟手机显示不可打电话和发短信，但可浏览网页 （2）告警管理中显示 11 槽位的 MP 单板出现主要告警（偶联断链）	SSN-AS 未添加或者未添加满
7	BSC 侧的 SIGTRAN 信令配置的 SCTP 基本连接配置中的本地端口号或者对端端口号配错	（1）虚拟手机显示不可打电话和发短信，但可浏览网页 （2）告警管理中显示 11 槽位的 MP 单板显示蓝色，有偶联断链告警	将本地端口号 3100 改为 1，对端端口号 3105 改为 2

根据故障现象进行故障排除时需将表 4-1 的所有故障现象进行总结，典型的故障现象及其定位总结如表 4-2 所示。

表 4-2　　典型故障现象及其定位总结

故障现象	故障点
不可浏览网页（注意：1～11 和 17 都是告警管理未显示告警现象）	（1）BSC 侧专家模式的物理配置中 1XCMP\DOCMP 选择表中未配置 DOCMP 选择表
	（2）BSC 侧专家模式的物理配置中 IP 协议栈接口中 IPCF 与 PDSN 接口 IP 地址配置错误
	（3）BSC 侧专家模式的物理配置中 IP 协议栈接口中 IPCF 与 AN-AAA 接口 IP 地址配置错误
	（4）BSC 侧专家模式的物理配置中 SPCF/BCMCS 中配置 SPCF 与 PDSN 连接时的 SPI 或者 SPI 的编解码鉴权配错
	（5）BSC 侧无线参数配置中未添加 DO 频点
	（6）BSC 侧 DO 参数的系统参数中 A12 接口参数的 AN-IP 地址错误
	（7）BSC 侧 DO 参数系统参数中 A12 接口参数的 AAA 服务器 IP 地址配错
	（8）BSC 侧 DO 参数的系统参数中子网参数配置的颜色码配错
	（9）BSC 侧 DO 参数的系统参数中子网参数配置的子网地址配错
	（10）BTS 侧 DO 小区未增加 DO 载频
	（11）BSC 侧 UIMU 单板未配置 MDM 的服务类型(或未开通 DO 转换进程)
	（12）BSC 侧 IPCF 单板的配置外网口的速率配错
	（13）BSC 侧专家模式的物理配置中 IP 协议栈接口中的 SPCF IP 地址配置错误
	（14）BSC 侧专家模式的物理配置 PDSN 中 PDSN IP 地址错误
	（15）BSC 侧专家模式的物理配置中 SPCF/BCMCS 中未配置 SPCF 与 PDSN 的连接
	（16）BTS 侧机架配置的下机框中的 10 和 11 槽位配错(CHM2)
	（17）CHM2 信道板处于闭塞状态（动态管理）
	（18）未进行版本管理

续表

故 障 现 象	故 障 点
不可打电话和发短信（注意：1～10 都是告警管理未显示告警现象）	（1）BSC 侧中的资源机框中未配置 SPB 单板，或者未配置 VTCD 单板，或者未配置 1XSDU 单板
	（2）BSC 侧专家模式的物理配置中 1XCMP\DOCMP 选择表中未配置 1XCMP 选择表
	（3）BSC 侧 DTB 单板未配置 PCM 链路
	（4）BTS 侧的 1X 小区的小区实体参数中 LAC 配错
	（5）BTS 侧的 1X 小区的小区实体参数中的 CI 配置不在所给信息范围内
	（6）BTS 侧的 1X 小区的小区实体参数中的 CI 配置与系统参数的基站识别码不一致
	（7）BTS 侧的 1X 小区的系统参数中登记地区配错
	（8）BTS 侧 1X 载频中的接入信道或者导频信道或者同步信道未增加
	（9）BSC 侧专家模式物理配置中 IP 协议栈接口 APCMP IP 地址配错，或者 APCMP IP 掩码配错（机房三）
	（10）BSC 侧 UIMU 单板未配置 MDM 的服务类型（或未开通“起呼、寻呼、切换、登记”中的一个）
	（11）BSC 侧信令配置中本局信令配置的本局信令数据的 24 位信令编码配错（22-22-22）
	（12）BSC 侧信令配置中邻接局配置中信令点编码错误（15-15-15）
	（13）BSC 侧 MTP 配置中的信令局向未增加
	（14）BSC 侧的 SSN 配置中未增加或者未增加满 10 条
	（15）BTS 侧机架配置的下机框中的 8、9 槽位配置错误（CHM0）
	（16）BSC 侧专家模式物理配置中 IP 协议栈接口的 SIPI IP 地址错误或者未配置，或者 SIPI IP 掩码地址错误（机房三）
	（17）BSC 侧专家模式物理配置中 IP 协议栈接口的 IPI IP 地址错误或者未配置，或者 IPI IP 掩码地址错误（机房三）
	（18）BSC 侧信令配置中的 SSN-AS 未添加，或者未添加满（机房三）
	（19）BSC 侧的 SIGTRAN 信令配置的 SCTP 基本连接配置中的本地端口号，或者对端端口号配错(机房三)
	（20）声码器板和 CHM0 信道板处于闭塞状态（动态管理）
虚拟手机显示无网络（注意：1 和 2 都是告警管理未显示告警现象）	（1）BTS 侧机架中的 PIMB 单板未配置
	（2）BTS 侧未增加 1X 载频
	（3）BTS 侧 DSMA 单板中配置与 BSC 的连接时，E1 连接错误（CBTS I2 和 CBTS I4 和 CBTS O1）
	（4）BTS 侧 CCA 单板中配置与 BSC 的连接时，E1 连接错误（ZXSDR）
	（5）BTS 侧机框单板配置中将 TRXB 都配成 TRXC
	（6）BSC 侧专家模式的物理配置中有一个 BTS 状态未修改
	（7）未进行版本管理

续表

故 障 现 象	故　障　点
告警管理同时出现： （1）11 槽位 MP 单板显示红色 （2）SCCP 子系统不可用告警 （3）MTP3 链路不可用告警 （4）MTP3 局向不可达告警	（1）BSC 侧信令配置中本局信令配置的本局信令数据的 24 位信令编码配错
	（2）BSC 侧信令配置中邻接局配置中信令点编码错误
	（3）BSC 侧 MTP 配置中的信令局向未增加
告警管理同时显示： （1）PDSN 处于功能异常状态 （2）PCF 配置不完整 （3）1 槽位 MP 单板显示红色	（1）BSC 侧专家模式的物理配置中 IP 协议栈接口中的 SPCF IP 地址配置错误
	（2）BSC 侧专家模式的物理配置 PDSN 中 PDSN IP 地址错误
	（3）BSC 侧专家模式的物理配置中 SPCF/BCMCS 中未配置 SPCF 与 PDSN 的连接
告警管理同时显示： （1）SCCP 子系统不可用告警 （2）11 槽位 MP 单板显示红色	BSC 侧的 SSN 配置中未增加或者未增加满 10 条
告警管理同时显示： （1）11 槽位的 MP 单板显示蓝色 （2）显示偶联断链告警	（1）BSC 侧的 SIGTRAN 信令配置的 SCTP 基本连接配置中的本地端口号，或者对端端口号配错（机房三）
	（2）BSC 侧信令配置中的 SSN-AS 未添加，或者未添加满（机房三）
告警管理同时显示： （1）11 槽位的 MP 单板显示红色 （1）SUA 子系统不可用 （3）SUA 局向不可达告警	（1）BSC 侧专家模式物理配置中 IP 协议栈接口的 SIPI IP 地址错误，或者掩码地址错误，或者未配置
	（2）BSC 侧专家模式物理配置中 IP 协议栈接口的 IPI IP 地址错误，或者掩码地址错误，或者未配置
无异常现象	（1）BSC 侧机架中 SPB 单板的窄带信令链路二未配置
	（2）BSC 侧专家模式物理配置中的 DSMP 与 RMP 连接关系未配置
	（3）BSC 侧的 1X 系统参数配错（如：移动台网络号、移动台国家码、BS ID）
	（4）BTS 侧 1X 小区的 SID、NID、Pilot-PN、频带类别、时差配错
	（5）BTS 侧 DO 小区的参数配错

任务 4.2　故障排除案例

4.2.1　机房故障排除案例一

根据事先分配好，在机房一的仿真软件上导入“机房 1 故障案例一”，其告警管理、动态数据管理、虚拟手机显示异常现象，如图 4-1～图 4-4 所示。

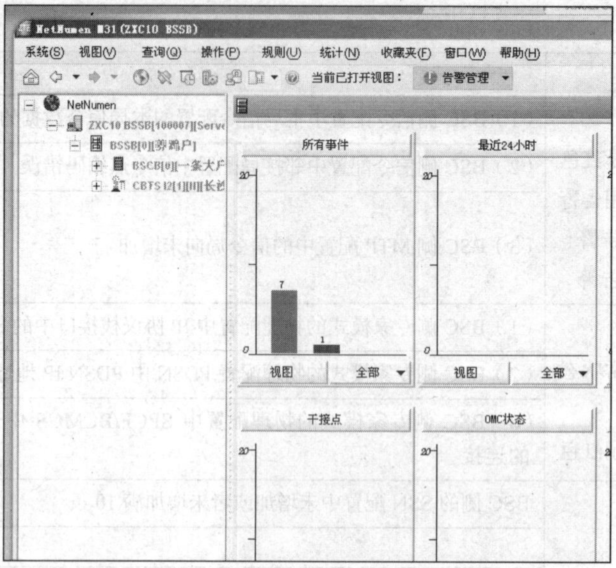

图 4-1 告警管理所有故障事件显示示意图

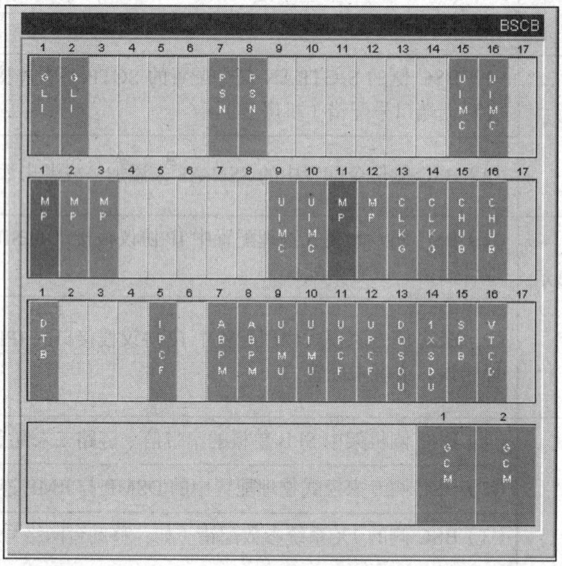

图 4-2 告警管理中 BSC 机架图中异常单板显示示意图

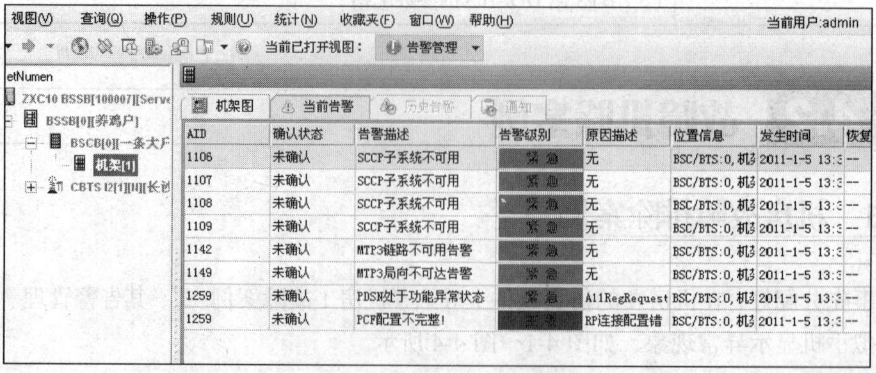

图 4-3 告警管理中 BSC 侧的当前所有告警具体描述示意图

图 4-4　虚拟手机异常现象显示示意图

1．故障现象

虚拟手机：显示中国电信，拨打电话时，一直显示被叫号码；不可浏览网页。

告警管理。

（1）所有事件显示 7 个紧急告警和 1 各主要告警。

（2）BSC 侧机架图中 1/2/1 的 MP 板显示紧急告警：PDSN 处于功能异常状态，显示主要告警；PCF 配置不完整。

（3）BSC 侧机架图中 1/2/11 MP 板显示紧急告警：SCCP 链路不可用，MTP3 链路不可用，MTP3 局向不可达。

动态管理：

（1）VTCD 处于闭塞状态。

（2）CHM0 处于闭塞状态。

（3）CHM2 处于闭塞状态。

2．故障分析

根据故障现象分析，可能存在以下故障点。

（1）BSC 侧信令配置中本交换局 BSC 信令点编码配置错误。

（2）BSC 侧物理配置中 SPCF 的接口 IP 地址配置错误。

（3）BSC 侧物理配置中 PDSN 的 IP 地址配置错误。

（4）BSC 侧机架中 1/3/14 槽位中未配置 1XSDU 板。

（5）BSC 侧机架中 1/3/15 槽位中未配置 SPB 板。

（6）BSC 侧机架中 1/3/16 槽位中未配置 VTCD 板。

（7）BSC 侧系统参数中 A12 接口参数中 AN IP 地址错误。

（8）BSC 侧系统参数中子网参数配置中的颜色码配置错误。

3．故障处理

根据故障分析，查看相应参数配置，进行以下故障排除步骤。

（1）BSC 侧信令配置中本交换局 BSC 信令点编码配置错误，如图 4-5 所示，将 22-22-20 改为 22-22-22。

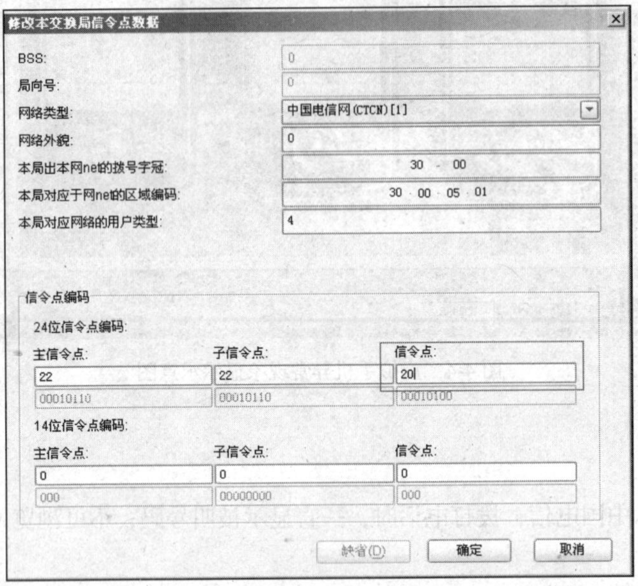

图 4-5　BSC 信令点错误配置图

（2）BSC 侧物理配置中 SPCF 的接口 IP 地址配置错误，如图 4-6 所示，将 10.1.2.2 改为 10.1.1.2。

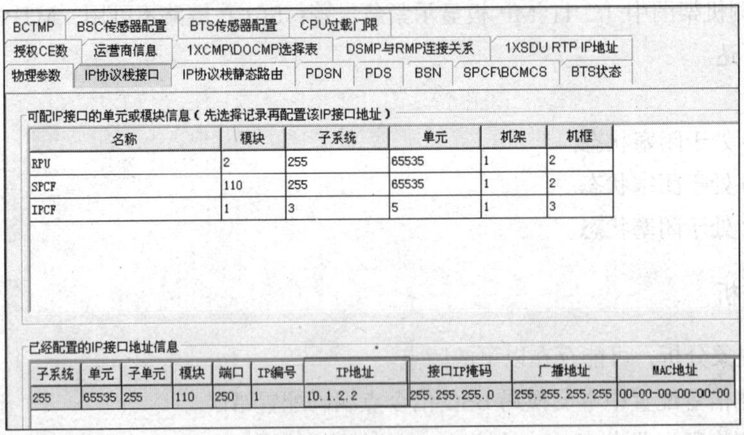

图 4-6　SPCF 的接口 IP 地址错误配置图

（3）BSC 侧物理配置中 PDSN 的 IP 地址配置错误，如图 4-7 所示，将 10.1.2.3 改为 10.1.1.3。

（4）BSC 侧机架中 1/3/14 槽位中未配置 1XSDU 板，如图 4-8 所示，将其进行添加。

（5）BSC 侧系统参数中 A12 接口参数中 AN IP 地址错误，如图 4-9 所示，将 10.1.2.23 改为 10.1.2.21。

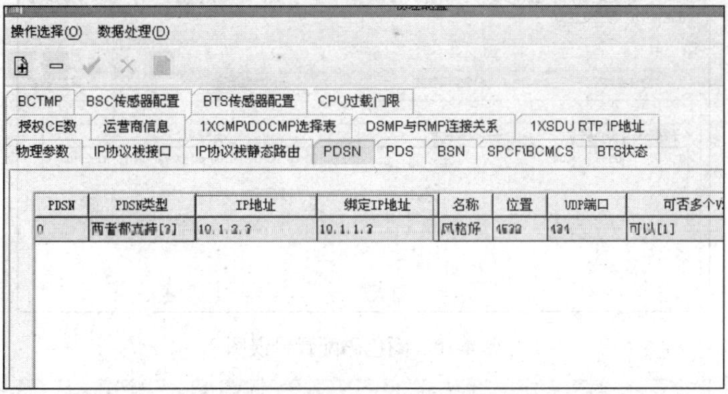

图 4-7　PDSN 的 IP 地址错误配置图

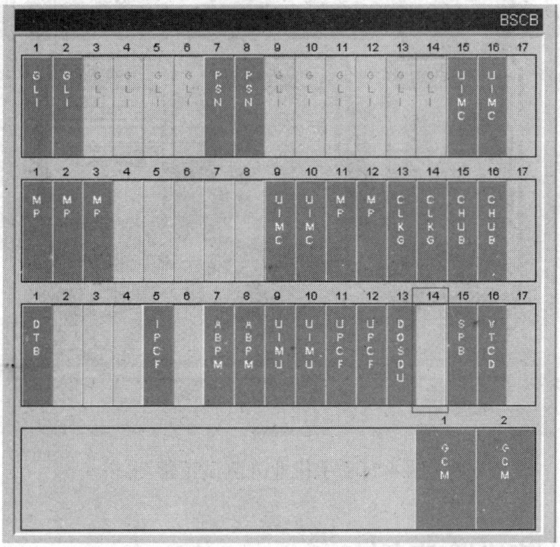

图 4-8　1X SDU 板未配置图

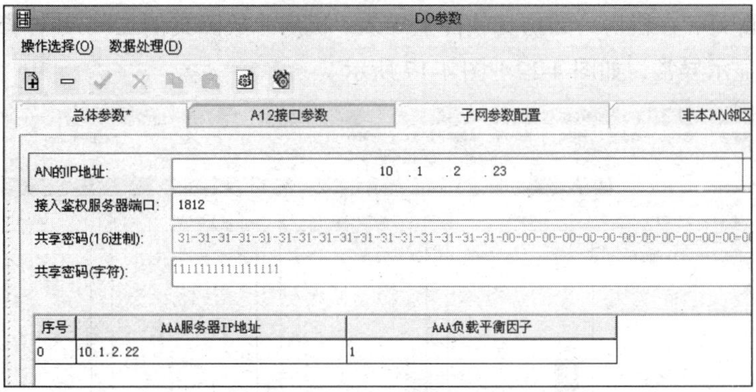

图 4-9　A12 接口参数中 AN IP 地址错误配置图

（6）BSC 侧系统参数中子网参数配置中的颜色码配置错误，如图 4-10 所示，将 06 改为 6。

经故障排除同步后，手机功能正常（可主被叫、收发短信、浏览网页，如图 4-11 所示），告警管理和动态管理的所有参数均正常，故障排除完毕。

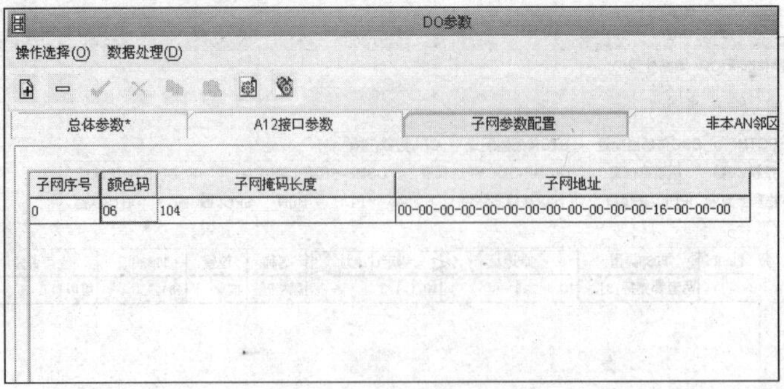

图 4-10　颜色码配置错误图

图 4-11　手机业务测试正常图

4.2.2　机房一故障排除案例二

根据事先分配好，在机房一的仿真软件上导入“机房 1 故障案例二”，其告警管理、动态数据管理、虚拟手机显示异常，如图 4-12～图 4-17 所示。

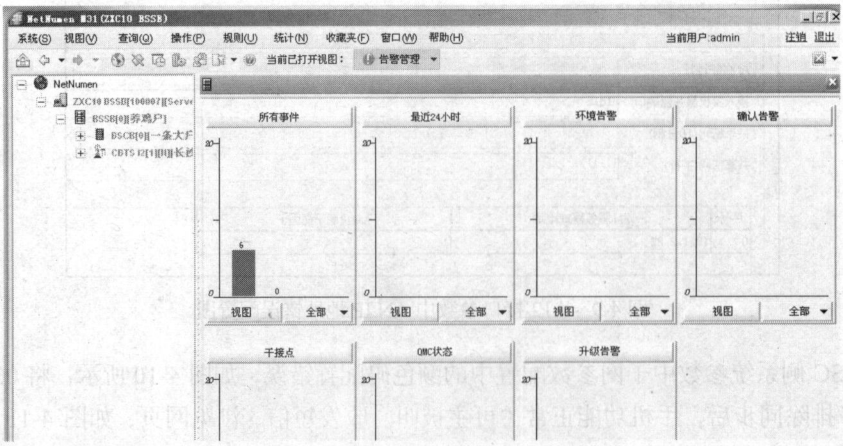

图 4-12　告警管理所有故障事件显示示意图

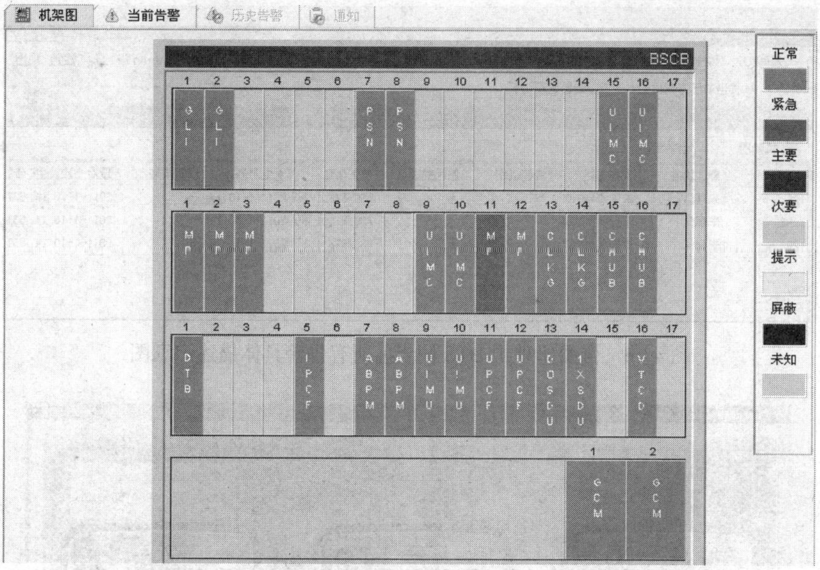

图 4-13　告警管理中 BSC 机架图异常单板显示示意图

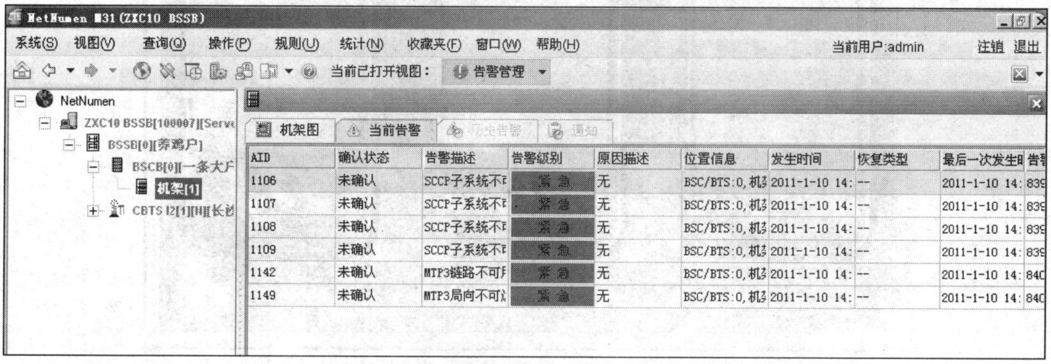

图 4-14　告警管理中 BSC 侧当前所有告警具体描述示意图

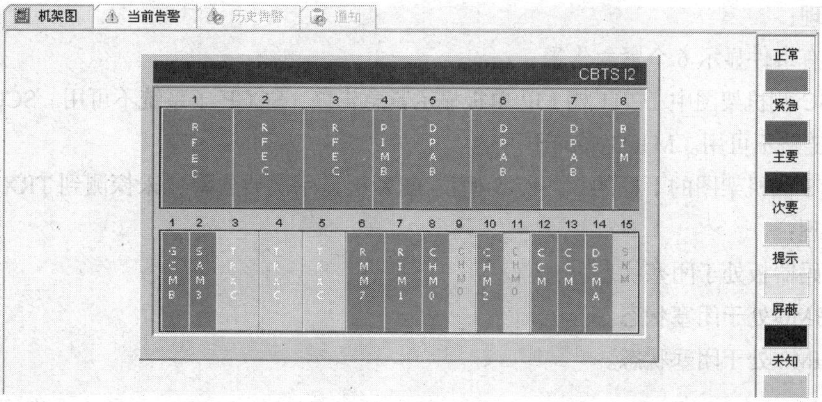

图 4-15　告警管理中 BTS 机架图异常单板显示示意图

1. 故障现象

虚拟手机：无网络；浏览网页时显示网络有故障。

图 4-16　告警管理中 BTS 侧当前所有告警具体描述示意图

图 4-17　虚拟手机异常现象显示示意图

告警管理：

（1）所有事件显示 6 个紧急告警。

（2）BSC 侧机架图中 1/2/11 槽 MP 单板显示紧急告警：SCCP 子系统不可用。SCCP 链路不可用，MTP3 链路不可用。MTP3 局向不可达。

（3）BTS 侧机架图的下框的 3、4、5 槽位 TRX 板显示次要告警：未探测到 TRX。

动态管理：

（1）声码器板处于闭塞状态。

（2）CHM0 处于闭塞状态。

（3）CHM2 处于闭塞状态。

2．故障分析

根据故障现象分析，可能存在以下故障点。

（1）BSC 侧信令配置中未配置信令局向。

（2）BTS 侧机架中下框的 3、4、5 槽位 TRX 板配置错误。

（3）BSC 侧物理配置中 1XCMP\DOCMP 选择表配置错误。

（4）BSC 侧机架的 1/3/15 槽的 SPB 板配置错误。

3. 故障处理

根据故障分析，查看相应的参数配置，作出以下排除步骤。

（1）BSC 侧信令配置中未配置信令局向，如图 4-18 所示，右键单击添加信令局向。

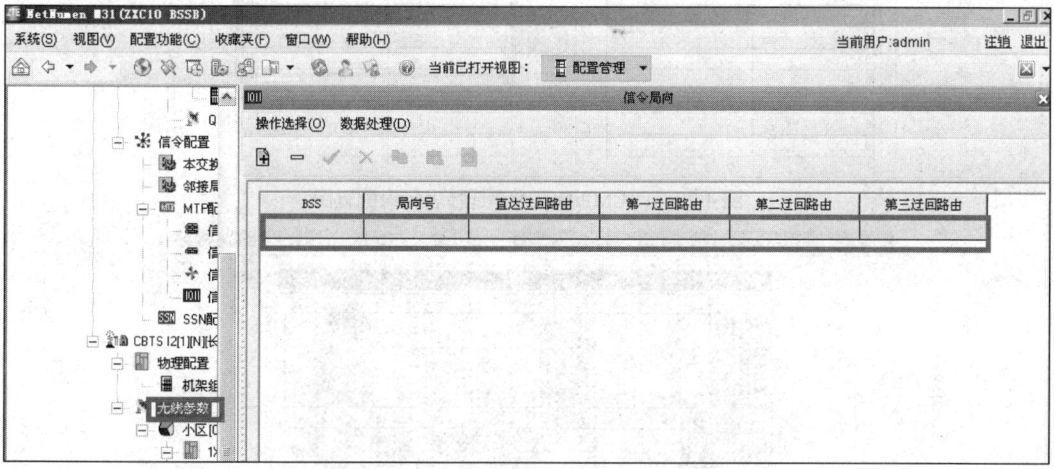

图 4-18　BSC 侧信令配置中未配置信令局向

（2）BTS 侧机架中下框的 3、4、5 槽位 TRX 板配置错误，将 TRXC 改为 TRXB，如图 4-19 所示。

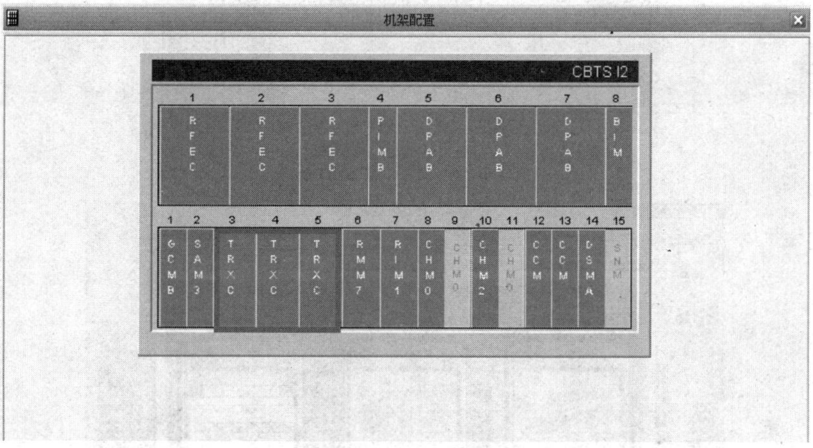

图 4-19　TRX 板配置错误图

（3）BSC 侧物理配置中 1XCMP\DOCMP 选择表配置错误，如图 4-20 所示，添加 DOCMP 模块。

（4）BSC 侧机架的 1/3/15 槽中未配置 SPB 单板，如图 4-21 所示，在相应位置添加 SPB 单板。

经故障处理同步后，虚拟手机主被叫正常，可发短信，可浏览网页，如图 4-22 所示；告警管理、动态管理中所有参数正常。故障排除完毕。

图 4-20　1XCMP/DOCMP 选择表错误配置图

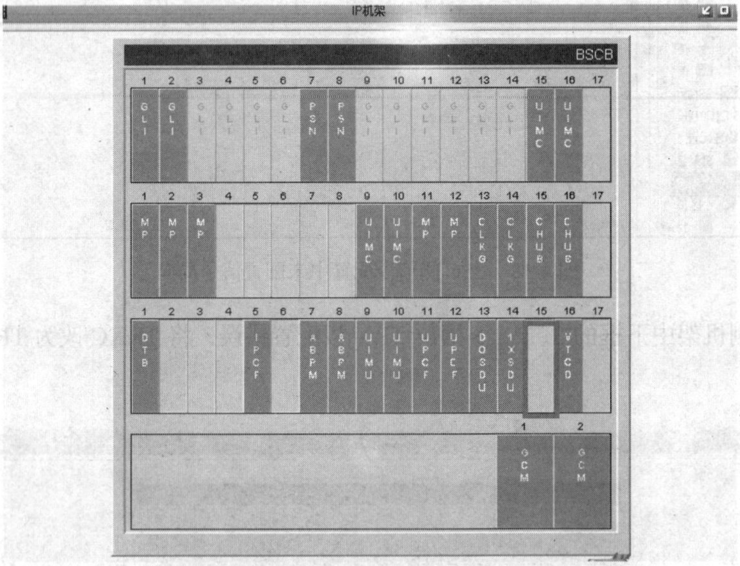

图 4-21　未配置 SPB 板

图 4-22　虚拟手机异常现象显示示意图

4.2.3　机房三故障排除案例一

根据事先分配好，在机房三的仿真软件上导入“机房 3 故障案例一”，其告警管理、动态数据管理、虚拟手机显示异常现象，如图 4-23～图 4-26 所示。

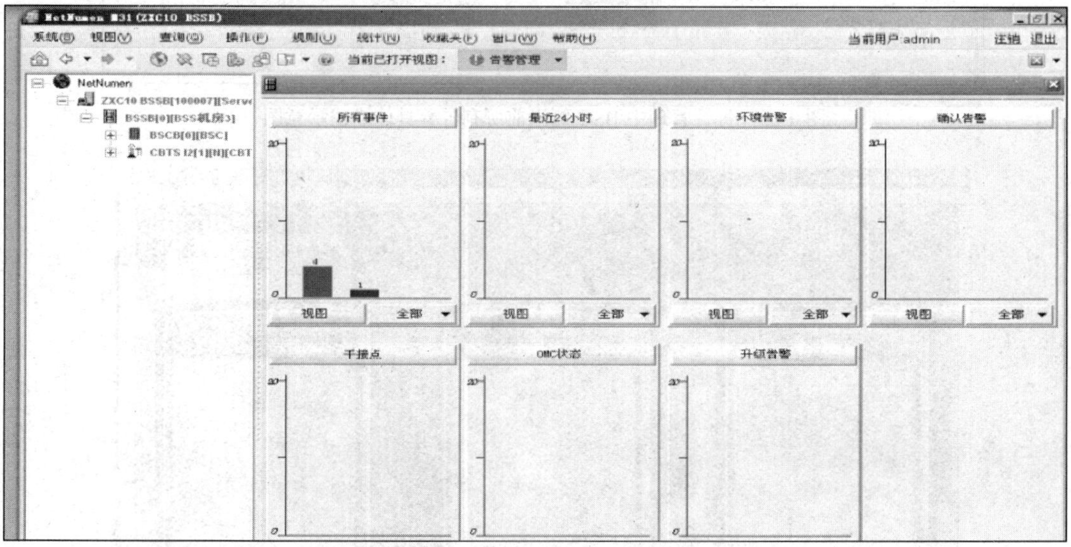

图 4-23　告警管理所有故障事件显示示意图

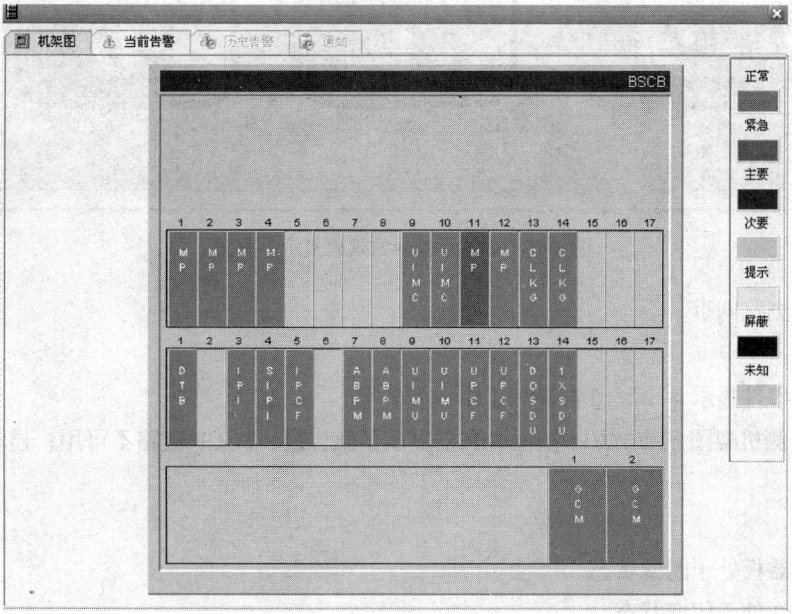

图 4-24　告警管理中 BSC 机架图异常单板显示示意图

1．故障现象

虚拟手机：

（1）显示中国电信，拨打电话时一直显示被叫号码。

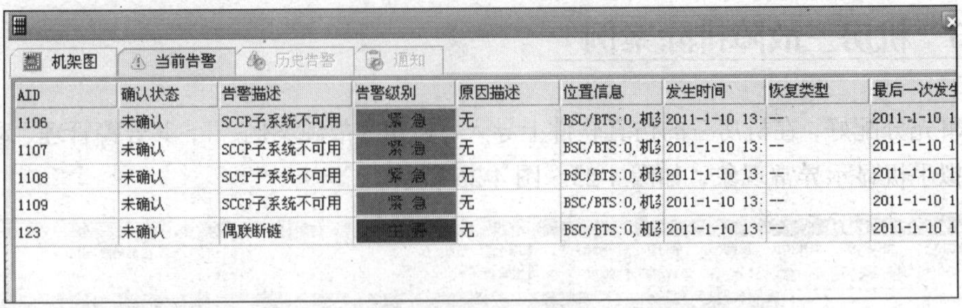

AID	确认状态	告警描述	告警级别	原因描述	位置信息	发生时间	恢复类型	最后一次发生
1106	未确认	SCCP子系统不可用	紧急	无	BSC/BTS:0,机架	2011-1-10 13:	--	2011-1-10 1
1107	未确认	SCCP子系统不可用	紧急	无	BSC/BTS:0,机架	2011-1-10 13:	--	2011-1-10 1
1108	未确认	SCCP子系统不可用	紧急	无	BSC/BTS:0,机架	2011-1-10 13:	--	2011-1-10 1
1109	未确认	SCCP子系统不可用	紧急	无	BSC/BTS:0,机架	2011-1-10 13:	--	2011-1-10 1
123	未确认	偶联断链	主要	无	BSC/BTS:0,机架	2011-1-10 13:	--	2011-1-10 1

图 4-25　告警管理中 BSC 侧当前所有告警具体描述示意图

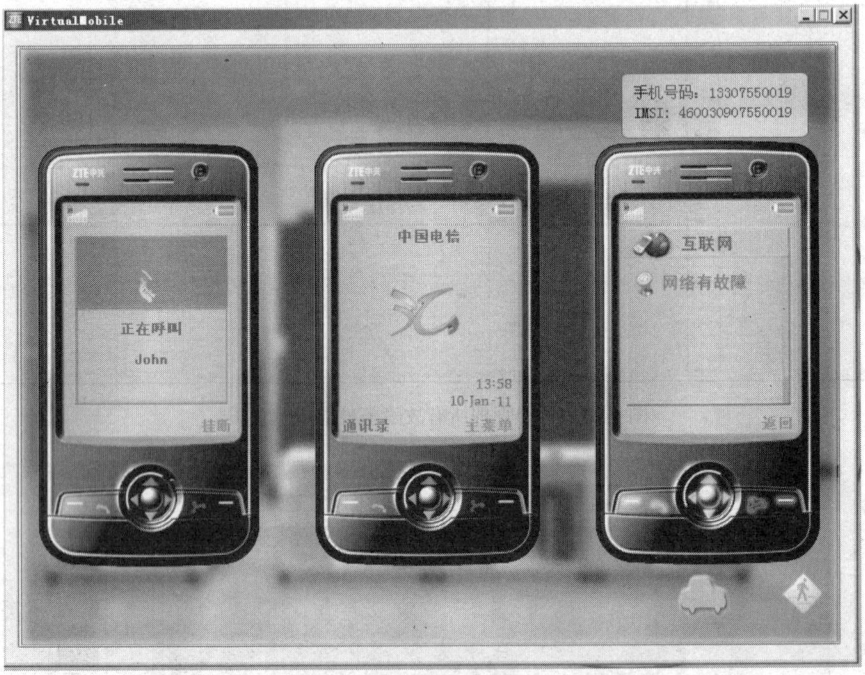

图 4-26　虚拟手机异常现象显示示意图

（2）不可浏览网页。

告警管理：

（1）所有事件显示 4 个紧急告警和 1 个主要告警。

（2）BSC 侧机架图显示 1/2/11 槽位 MP 板显示紧急告警：SCCP 链路不可用；显示主要告警：偶联断链。

动态管理：

（1）声码器板处于闭塞状态。

（2）CHM0 处于闭塞状态。

（3）CHM2 处于闭塞状态。

2．故障分析

根据故障现象分析，可能存在以下故障点。

（1）BSC 侧信令配置中 SSN 配置少添加。

（2）BSC 侧信令配置中，SSN-AS 是否配置正确。

（3）BSC 侧信令配置中，SCTP 基本连接配置中对端端口号错误。

（4）BSC 侧系统参数中 A12 接口参数中 AN-AAA IP 地址错误。

（5）BSC 侧无线参数中未添加 DO 载频。

3．故障处理

根据故障分析，查看相应参数配置，进行以下故障排除步骤。

（1）BSC 侧信令配置中 SSN 配置少添加，如图 4-27 所示，将其添加至不可添加为止。

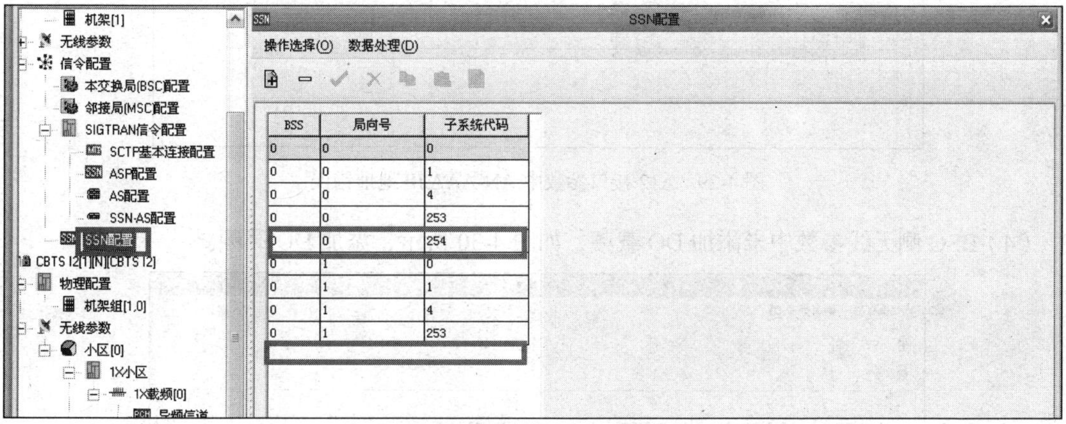

图 4-27　信令配置中 SSN 配置少添加

（2）BSC 侧新联配置中，SCTP 基本连接配置中对端端口号错误，如图 4-28 所示，将 3103 改为 3105。

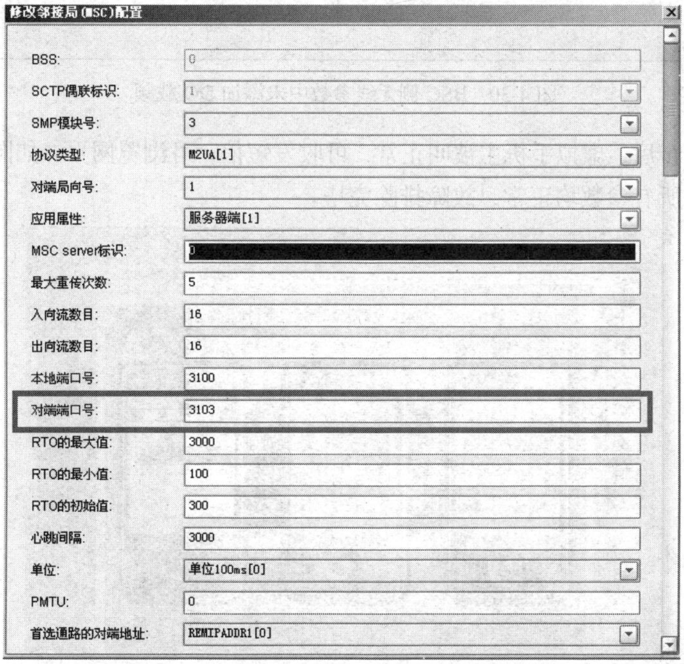

图 4-28　SCTP 基本连接配置中对端端口号错误

（3）BSC 侧系统参数中 A12 接口参数中 AN AAA IP 地址错误，如图 4-29 所示，将 10.1.2.23 改为 10.1.2.22。

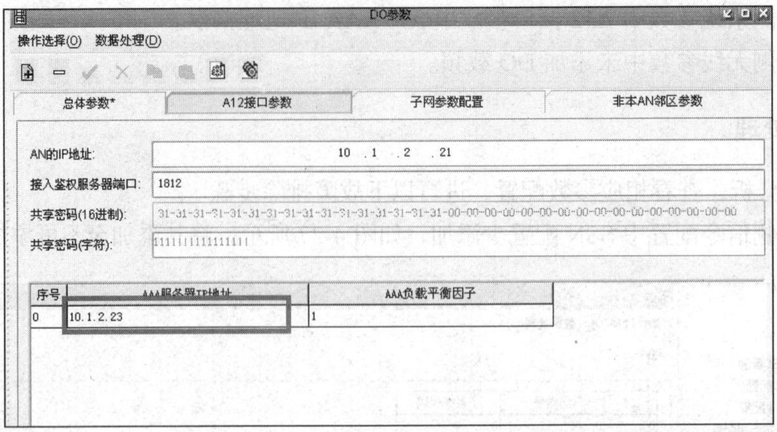

图 4-29　A12 接口参数中 AN-AAA IP 地址错误

（4）BSC 侧无线参数中未添加 DO 载频，如图 4-30 所示，添加 DO 载频。

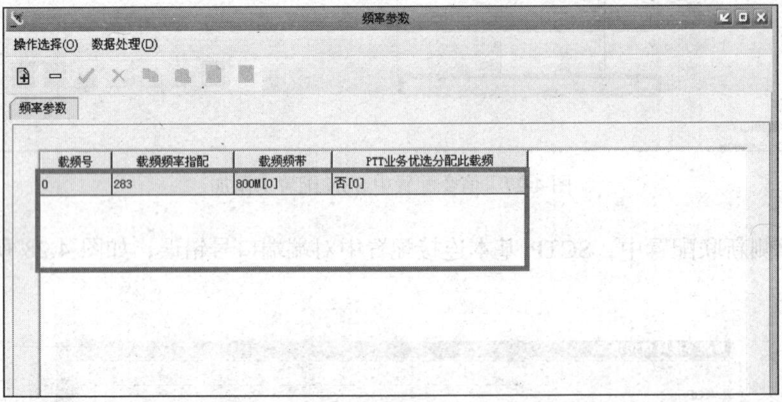

图 4-30　BSC 侧无线参数中未添加 DO 载频

经故障排除同步后，虚拟手机主被叫正常，可收发短信，可浏览网页，如图 4-31 所示；告警管理和动态管理的所有参数均正常，故障排除完毕。

图 4-31　虚拟手机异常现象显示示意图

第二篇

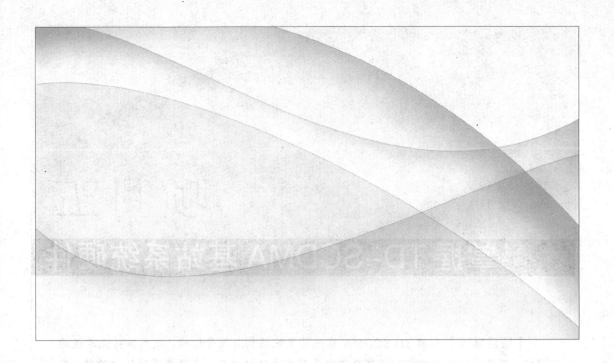

TD-SCDMA 基站系统运行与维护

项目五

掌握 TD-SCDMA 基站系统硬件

【项目描述】掌握 TD-SCDMA 系统的系统结构与硬件结构，熟悉各功能单板的功能，并灵活运用各功能组成部分进行系统信号流的分析。本项目通过认识硬件、熟悉单板功能、思考分析系统信号流和语音信令流，培养学习者分析问题、解决问题的能力。

任务 5.1 掌握 TD-SCDMA 系统结构

5.1.1 UTRAN 基本结构

UTRAN（UMTS Remestrial Radio Access Network，UMTS 陆地无线接入网）是 TD-SCDMA 网络中的无线接入网部分。如图 5-1 所示，UTRAN 由一组无线网络子系统（Radio Network Subsystem，RNS）组成，每一个 RNS 包括一个 RNC（Radio Network Controller，无线网络控制器）和一个或多个 Node B，Node B 和 RNC 之间通过 Iub 接口进行通信，RNC 之间通过 Iur 接口进行通信，RNC 则通过 Iu 接口和核心网（Core Network，CN）相连。

Iu 接口是一个开放的接口。从结构上来看，一个 CN 可以和几个 RNC 相连，而任何一个 RNC 和 CN 之间的 Iu 接口可以分成 3 个域：Iu-CS（电路交换域）、Iu-PS（分组交换域）和 Iu-BC（广播域），如图 5-2 所示。

Iu 接口主要负责传递非接入层的控制消息、用户信息、广播信息及控制 Iu 接口上的数据传递等，具体功能包括：RAB（Radio Access Bearer，无线接入承载）管理功能、无线资源管理功能、连接管理功能、用户平面管理功能、移动性管理功能、安全功能。

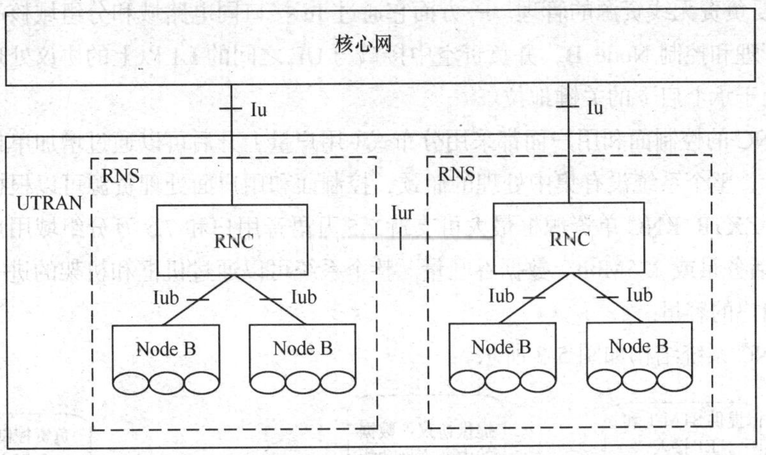

图 5-1　UTRAN 结构

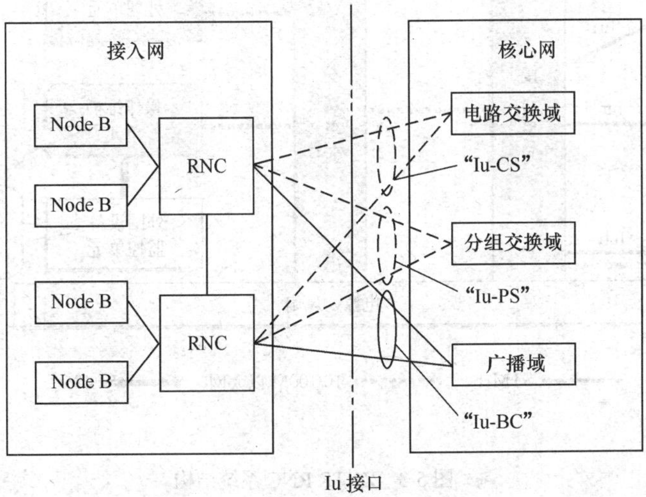

图 5-2　Iu 接口

Iub 接口是 RNC-Node B 之间的接口，用来传输 RNC 和 Node B 之间的信令及无线接口的数据。Iub 接口主要完成的功能包括：管理 Iub 接口的传输资源、Node B 逻辑操作维护（O&M）、传输操作维护（O&M）信令、系统信息管理、专用信道控制、公共信道控制、定时和同步管理。

Iur 接口是两个 RNC 之间的逻辑接口，用来传送 RNC 之间的控制信令和用户数据，同 Iu 接口一样，Iur 接口也是一个开放接口，但目前在 TD-SCDMA 系统中并未实现。Iur 接口的主要功能包括：支持基本的 RNC 之间的移动性、支持公共信道业务、支持专用信道业务、支持系统管理。

5.1.2　ZXTR RNC 系统结构

ZXTR RNC（V3.0）是中兴通讯公司根据 3GPP R4 版本协议研发的 TD-SCDMA 无线网络控制器，该设备提供协议所规定的各种功能，提供一系列标准的接口，支持与不同厂家的 CN、RNC 或者 Node B 互连。

RNC 主要负责无线资源的管理。一方面它通过 Iu 接口同电路域和分组域核心网相连；另一方面它负责管理和控制 Node B，并负责空中接口与 UE 之间的 L1 以上的协议处理。在无线接入网络中，它处于承上启下的关键地位。

ZXTR RNC 的控制面和用户面都采用分布式（用户量上升后可以通过增加单板实现容量线性增长）的设计，整个系统没有集中处理的瓶颈，控制面和用户面处理资源可以根据容量的增长需求线性扩展。ZXTR RNC 单资源框最大可支持 7.5 万语音用户和 7.5 万分组域用户，以及最大支持 3750 厄兰话务量或 225Mbit/s 数据吞吐量。整个系统可以通过机框和机架的进一步扩展，达到最大 100 万用户的容量。

ZXTR RNC 系统结构如图 5-3 所示。

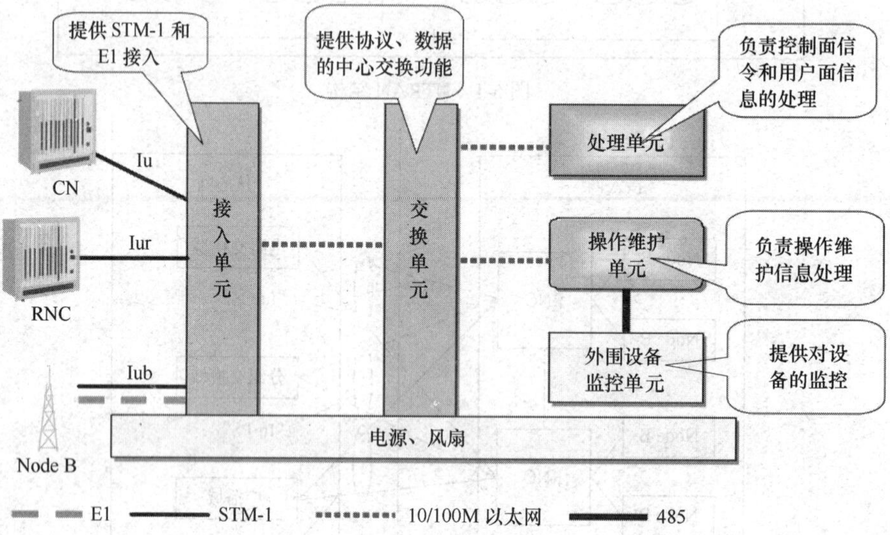

图 5-3 ZXTR RNC 系统结构

ZXTR RNC 由以下单元及其所含单板组成。

（1）接入单元：APBE（ATM Process Board Enhanced version）、IMAB（IMA Board）、SDTB（Synchronous Digital Trunk Board）、DTB（Digital Trunk Board）。

（2）交换单元：一级交换子系统 PSN（Packet Switch Network）和 GLI（Gigabit Line Interface）、二级交换子系统 UIMU（Universal Interface Module of BUSN）、UIMC（Universal Interface Module of BCTC）、CHUB（Control HUB）。

（3）处理单元：RCB（RNC Control plane processing Board）、RUB（RNC User plane processing Board）和 RGUB（RNC GTP-U Processor Board）。

（4）操作维护单元：ROMB（RNC Operating & Maintenance Board）和 CLKG（Clock Generator）。

（5）外围设备监控单元：PWRD（Power Distributor）单板和告警箱 ALB。

5.1.3 Node B 系统结构

Node B 采用 BBU+RRU 基带拉远系统，摆脱了配套设施限制，建网快速灵活，降低建网和运维费用。

BBU+RRU 系统结构如图 5-4 所示。

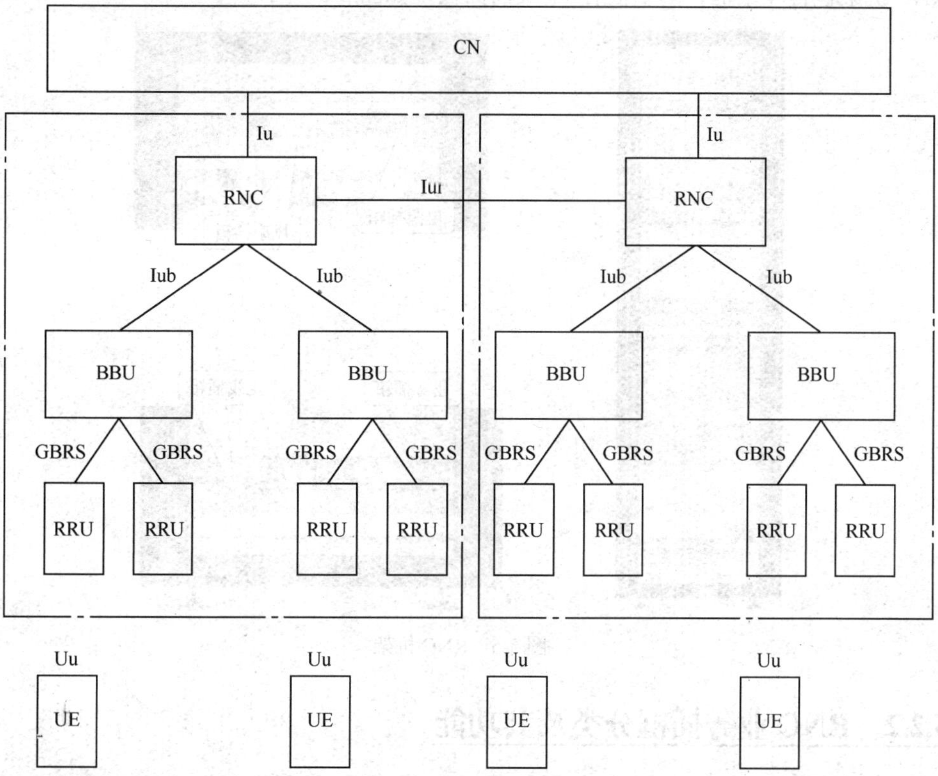

图 5-4　BBU+RRU 系统结构

1．BBU

3G 网络大量使用分布式基站架构，RRU（Radio Remote Unit，射频拉远模块）和 BBU（Building Base band Unit，室内基带处理单元）之间需要用光纤连接。一个 BBU 可以支持多个 RRU。采用 BBU+RRU 多通道方案，可以很好地解决大型场馆的室内覆盖。

2．RRU

RRU 的技术特点是将基站分为近端机（即无线基带控制 RS（Radio Server））和远端机（即 RRU）两部分，二者之间通过光纤连接。RS 可以安装在合适的机房位置，RRU 安装在天线端，这样，将以前的基站模块的一部分分离出来，通过将 RS 与 RRU 分离，可以将繁琐的维护工作简化到 RS 端，一个 RS 可以连接几个 RRU，既节省了空间，又降低了设置成本，提高了组网效率。同时，连接二者之间的接口采用光纤，损耗小。

任务 5.2　掌握 ZXTR RNC 硬件结构

5.2.1　ZXTR RNC 机架结构

从 RNC 的外观来看，它主要由插箱、RNC 机架、机框、前面板和背板五部分组成。其中，插箱包含电源插箱、风扇插箱、业务插箱（一级交换框、控制框、资源框）和走线插箱几种类型；一个 RNC 机架包含 4 个框，一个框有 17 块前面板，如图 5-5 所示。

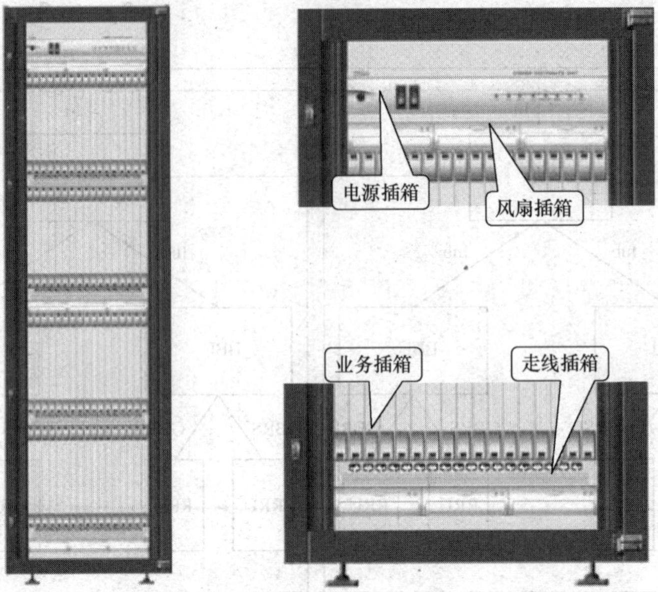

图 5-5　RNC 机架

5.2.2　RNC 业务插框分类及其功能

（1）控制框：提供控制流以太网汇接、处理以及时钟功能。背板为 BCTC，可以插 ROMB、UIMC、RCB、CHUB、GLI 和 CLKG 板及这些板的后插板。

（2）资源框：提供外部接入和资源处理功能，以及网关适配功能。背板为 BUSN，可以插 DTB、RUB、UIMU、RGUB、IMAB 和 APBE 板及这些板的后插板。

（3）一级交换框：提供一级交换子系统，针对用户面数据较大流量时的交换和扩展。背板为 BPSN，可以插 GLI、PSN 和 UIMC 板及这些板的后插板。

5.2.3　RNC 单板介绍

1. 控制框

控制框满配情况如图 5-6 所示。

控制框（BCTC）																	
后插板																	
	1	2	3	4	5	6	7	8	9	10	11	12	13	14	15	16	17
前插板	RCB	RCB	RCB	RCB	RCB	RCB	RCB	RCB	UIMC	UIMC	ROMB	ROMB	CLKG	CLKG	CHUB	CHUB	

图 5-6　控制框满配情况

备注：在没有配置交换框，资源框数量在 2～6 的情况下，控制框 1～4 号槽位可用来插 GLI 单板。

控制框各单板功能描述如下。

（1）RCB（RNC 控制面处理板）：完成控制面信令处理。

（2）UIMC（通用控制面处理板）：负责控制框和交换框的控制面数据的交换。

（3）ROMB（RNC 操作维护处理板）：完成系统全局处理，负责整个 RNC 的操作维护代理、各单板状态的管理和信息的搜索，维护整个 RNC 的全局性的静态数据；ROMB 上有 RPU 模块，负责路由协议处理。

（4）CLKG（时钟产生板）：完成 RNC 系统时钟功能和外部同步功能。

（5）CHUB（控制面互联板）：完成各资源框和交换框控制面汇聚功能。

2．交换框

交换框满配情况如图 5-7 所示。

交换框（BPSN）																	
后插板																	
	1	2	3	4	5	6	7	8	9	10	11	12	13	14	15	16	17
前插板	GLI	GLI	GLI	GLI	GLI	GLI	PSN	PSN	GLI	GLI	GLI	GLI	GLI	GLI	UIMC	UIMC	

图 5-7　交换框满配情况

交换框各单板功能描述如下。

（1）GLI（千兆线路接口板）：交换单元 GE 线接口功能，提供与资源框的连接。

（2）PSN（分组交换网板）：核心交换功能，提供双向各 40Gbit/s 用户数据交换能力。

（3）UIMC（通用控制面处理板）：负责控制框和交换框的控制面数据的交换。

3．资源框

资源框满配情况如图 5-8 所示。

资源框各单板功能描述如下。

（1）SDTB（光数字中继板）：完成系统信道 STM-1 接入。

（2）RUB（RNC 用户面处理板）。

（3）IMAB：完成 IMA 功能。

（4）APBE（Abis 接口处理板）：完成 4 路 STM-1 接入和系统 ATM 处理功能。

（5）UIMU（通用用户面处理板）：完成控制面和用户面百兆以太网交换以及电路交换功能。

（6）GIPI：完成 RNC 系统中的 PS 域 GTP-U 处理以及 OMC-B 功能。

系统只有一个资源框时的资源框（BUSN）

后插板	RDTB		RDTB		RDTB		RDTB				RGIM		RUIM	RUIM	RMNIC	RMNIC	RGIMI				
	1		2		3		4		5	6	7	8	9	10	11	12	13	14	15	16	17
前插板	DTB	SDTB	DTB	SDTB	DTB	SDTB	DTB	SDTB	IMAB	APBE	APBE	IMAB	UIMU	UIMU	RGUB	RGUB	APBE	RUB	RUB	RUB	RUB

系统资源框数目大于一个时的资源框（BUSN）

后插板	RDTB		RDTB		RDTB		RDTB				RGIM		RUIM	RUIM	RGIMI	RMNIC					
	1		2		3		4		5	6	7	8	9	10	11	12	13	14	15	16	17
前插板	DTB	SDTB	DTB	SDTB	DTB	SDTB	DTB	SDTB	IMAB	APBE	APBE	IMAB	UIMU	UIMU	APBE	RGUB	RUB	RUB	RUB	RUB	RUB

图 5-8　资源框满配情况

5.2.4　RNC 数据流向

（1）Iub 口信令流向

Node B→SDTB→UIMU→IMAB→UIMU→CHUB→UIMC→RCB

（2）Iu 口信令流向

CN→APBE→UIMU→CHUB→UIMC→RCB

（3）Uu 口信令流向

Node B→SDTB→UIMU→IMAB→UIMU→GLI→PSN→GLI→UIMU→RUB→UIMU→CHUB→UIMC→RCB

（4）用户面 CS 域流向

Node B→SDTB→UIMU→IMAB→UIMU→GLI→PSN→GLI→UIMU→RUB→UIMU→GLI→PSN→GLI→UIMU→APBE→CN

（5）用户面 PS 域流向

Node B→SDTB→UIMU→IMAB→UIMU→GLI→PSN→GLI→UIMU→RUB→GIPI→UIMU→GLI→PSN→GLI→UIMU→APBE→CN

（6）Node B 口信令流向

Node B→SDTB→UIMU→IMAB→UIMU→GLI→PSN→GLI→UIMU→GIPI→信号流向后台操作维护 OMCB

5.2.5　RNC 硬件连接

（1）RNC 前插板连线如图 5-9 所示。

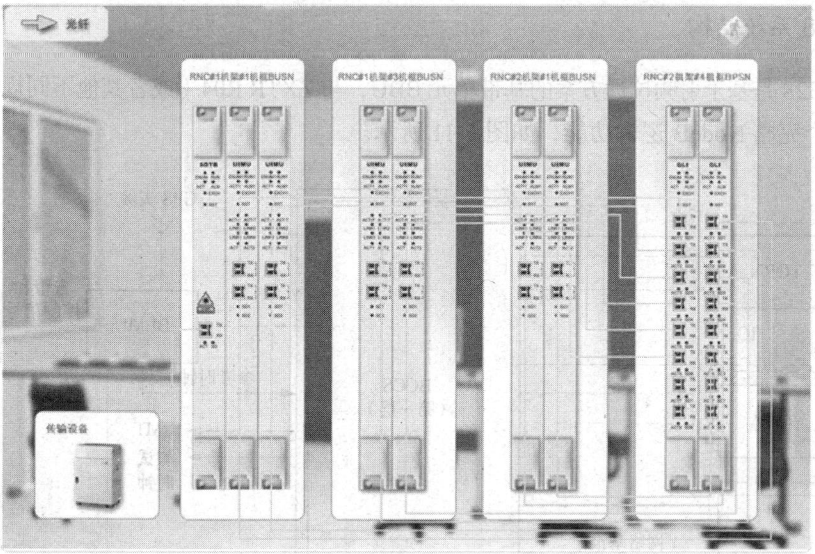

图 5-9　RNC 前插板连线

（2）RNC 后插板连线如图 5-10 所示。

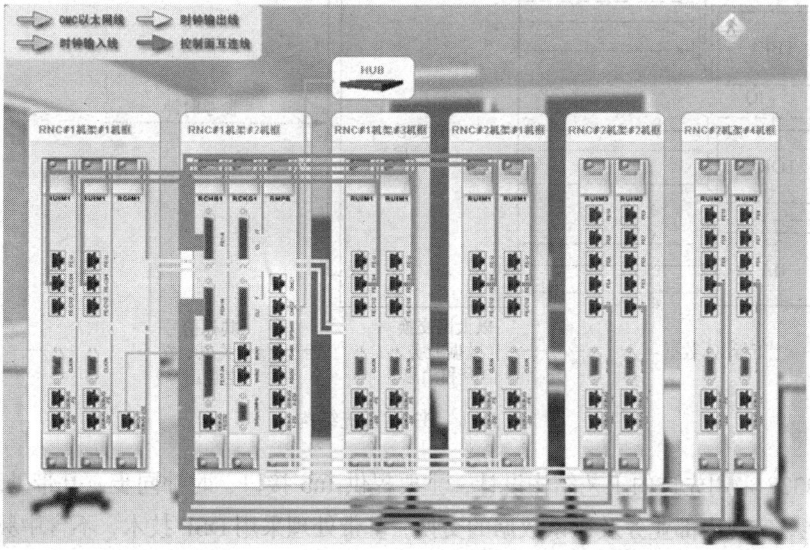

图 5-10　RNC 后插板连线

任务 5.3　掌握 Node B 硬件结构

Node B 部分采用 BBU+RRU 结构，ZXTR NodeB 采用 B328+R04 结构。下面分别介绍 B328

和 R04 的硬件结构及其连接。

5.3.1　B328 系统硬件结构

1．B328 系统结构

ZXTR B328 是基于射频拉远方案的基带单元 BBU，与 ZXTR R04（或者其他不同规格的 RRU）配合实现一个完整 NodeB 逻辑功能，如图 5-11 所示。

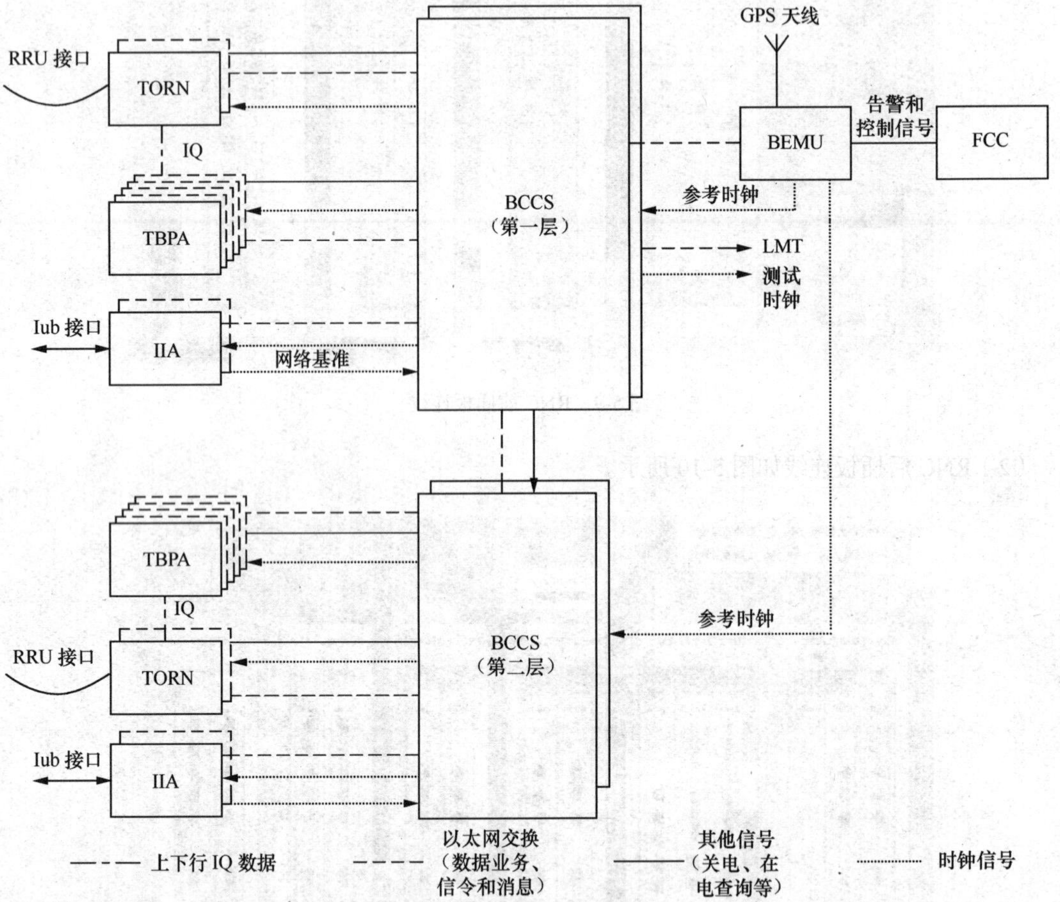

图 5-11　B328 系统结构

ZXTR B328 采用先进的工艺结构设计，主要提供 Iub 接口、时钟同步、基带处理、与 RRU 的接口等功能，实现内部业务及通讯数据的交换，基带处理采用 DSP 技术，不含中频、射频处理功能。

2．B328 单板配置

B328 满配情况如图 5-12 所示。

1	2	3	4	5	6	7	8	9	10	11	12	13	14	15	16	17	18
TBPA	TBPA	TBPA	TBPA	TBPA	TBPA	TORN	TORN	TBPA	TBPA	TBPA	TBPA	TBPA	TBPA	IIA	IIA	BCCS	BCCS

图 5-12　B328 满配情况

B328 各单板功能描述如下。

（1）BCCS：是基站的系统控制板，具有 Iub 接口协议处理功能、主控功能、时钟处理功能、以太网交换功能。

（2）IIA：是 B328 设备与 RNC 设备连接的数字接口板，实现与 RNC 的物理连接，提供 8 个 E1 和 2 个 STM-1 的接口。

（3）TBPA：主要由 CPU、DSP、FPGA 等组成，实现 3 载波 8 天线业务数据处理。

（4）TORN：实现 BBU 与 RRU 单元的光传输、IQ 交换，以及操作维护信令数据的插入与删除，提供 6 个 1.25 光接口支持 RRU 单元。每个光口支持 24 个 A×C。

3．B328 容量计算

（1）ZXTR B328 所处理的载扇数目是 BBU 所处理容量的最主要指标。

（2）Iub 口采用的接口方式包括 E1 和 STM-1，每块 IIA 最多支持 8 路 E1。

（3）一个 TORN 有 6 个 1.25 光接口，每个光接口的容量为 24A×C（载波天线）。

（4）基带板是否备份，如果基带板需要备份，需要多配置基带板。

4．典型配置案例

配置案例：需建设一个 S3/3/3 站点，每扇区采用 8 阵元天线，Iub 口采用 E1 传输，采用 B328+R04 组网，Node B 无级联。

由于支持 9 载扇，则需 9/3=3 块 TBPA 单板；3 扇区，需配置 6 个 R04，需 6 个光口，则需 1 块 TORN 单板。具体配置如图 5-13 所示。

1	2	3	4	5	6	7	8	9	10	11	12	13	14	15	16	17	18	19	20	21
TBPA	TBPA	TBPA				TORN								IIA		BCCS			BCCS	

图 5-13　配置案例

5.3.2　R04 硬件系统结构

1．R04 系统结构

R04 是 Node B 系统中的射频拉远单元，系统结构如图 5-14 所示。

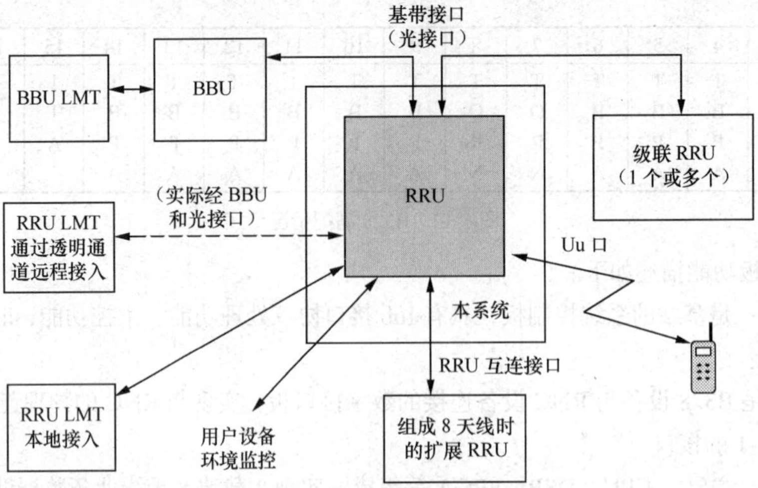

图 5-14　R04 系统结构

2．R04 的基本功能

（1）支持 4 天线的发射与接收。

（2）支持两个 RRU 组成一个 8 天线扇区。

（3）支持 RRU 级联功能。

（4）支持上下行时隙转换点配置功能（支持 BBU 对上下行时隙切换点的配置，主要包括：TS3 和 TS4 之间；TS2 和 TS3 之间；TS1 和 TS2 之间）。

（5）支持智能天线的校准。

（6）支持本地和远程操作维护功能。

5.3.3　B328、R04 配置与组网

B328、R04 之间硬件连接如图 5-15 所示。

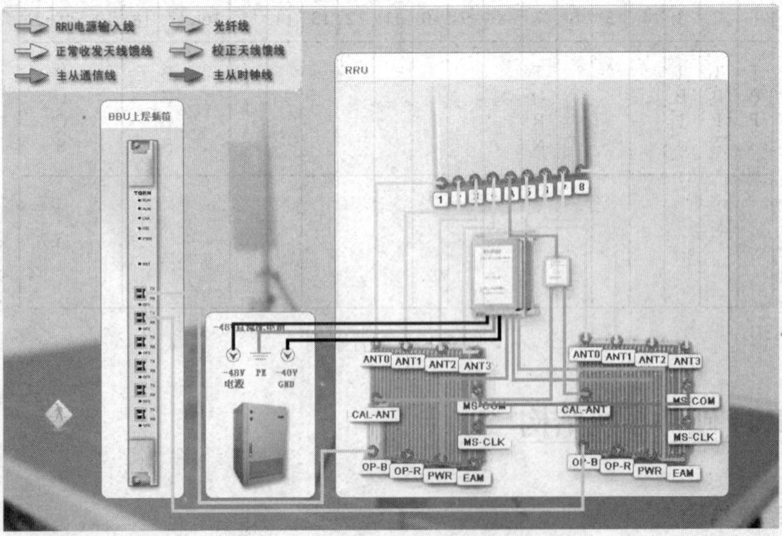

图 5-15　B328 与 R04 硬件连接

任务 5.4　掌握信令流程

5.4.1　UE 呼叫过程概述

UE 呼叫流程如图 5-16 所示。

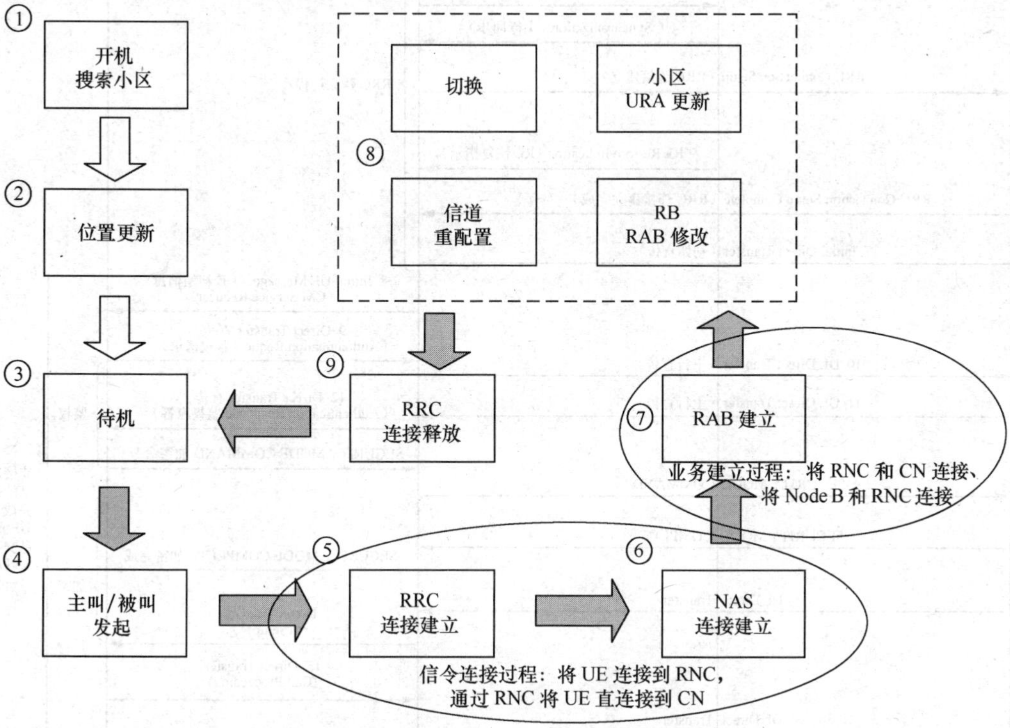

图 5-16　UE 呼叫流程

电路域呼叫包括由 UE 主动发起呼叫（MOC）和由网络发起呼叫（MTC），呼叫过程中，需要在 CN 与 UE 以及 UTRAN 与 UE 间进行信令交互。下面分别介绍主叫流程和被叫流程。

5.4.2　主叫流程

主叫流程包括：建立 RRC 连接；
建立 NAS 信令连接；
建立 RAB 连接；
振铃；
挂机；
释放 Iu 承载；
释放 RRC 连接；
释放 Iub 承载。

主叫流程如图 5-15 所示。

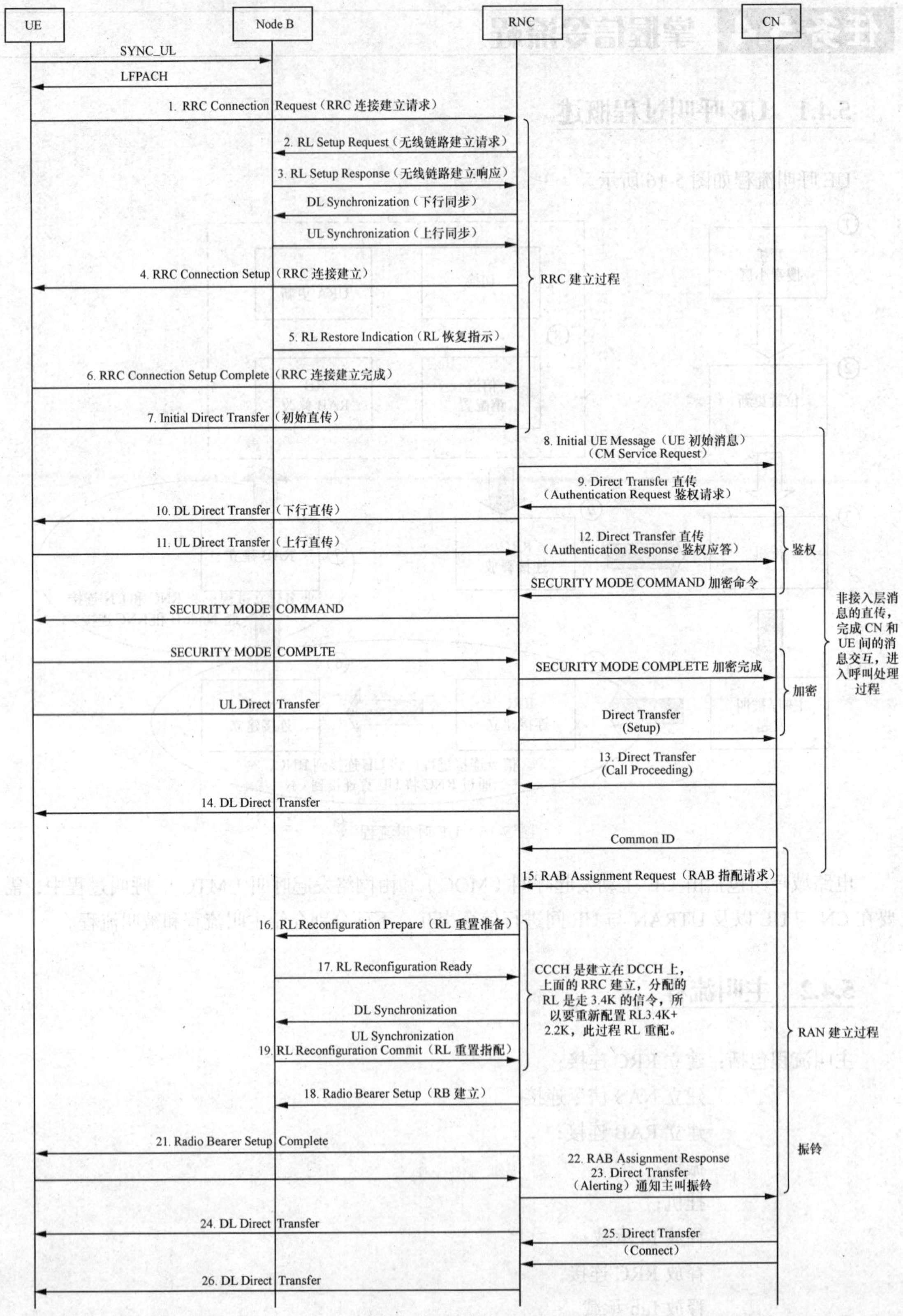

UE
Node B
RNC
CN
SYNC_UL
LFPACH
1. RRC Connection Request（RRC 连接建立请求）
2. RL Setup Request（无线链路建立请求）
3. RL Setup Response（无线链路建立响应）
DL Synchronization（下行同步）
UL Synchronization（上行同步）
4. RRC Connection Setup（RRC 连接建立）
RRC 建立过程
5. RL Restore Indication（RL 恢复指示）
6. RRC Connection Setup Complete（RRC 连接建立完成）
7. Initial Direct Transfer（初始直传）
8. Initial UE Message（UE 初始消息）
（CM Service Request）
9. Direct Transfer 直传
（Authentication Request 鉴权请求）
10. DL Direct Transfer（下行直传）
11. UL Direct Transfer（上行直传）
12. Direct Transfer 直传
（Authentication Response 鉴权应答）
鉴权
SECURITY MODE COMMAND 加密命令
SECURITY MODE COMMAND
非接入层消息的直传，完成 CN 和 UE 间的消息交互，进入呼叫处理过程
SECURITY MODE COMPLTE
SECURITY MODE COMPLETE 加密完成
加密
UL Direct Transfer
Direct Transfer
(Setup)
13. Direct Transfer
(Call Proceeding)
14. DL Direct Transfer
Common ID
15. RAB Assignment Request（RAB 指配请求）
16. RL Reconfiguration Prepare（RL 重置准备）
17. RL Reconfiguration Ready
CCCH 是建立在 DCCH 上，上面的 RRC 建立，分配的 RL 是走 3.4K 的信令，所以要重新配置 RL3.4K+2.2K，此过程 RL 重配。
DL Synchronization
UL Synchronization
19. RL Reconfiguration Commit（RL 重置指配）
RAN 建立过程
18. Radio Bearer Setup（RB 建立）
21. Radio Bearer Setup Complete
振铃
22. RAB Assignment Response
23. Direct Transfer
（Alerting）通知主叫振铃
24. DL Direct Transfer
25. Direct Transfer
（Connect）
26. DL Direct Transfer

图 5-17 主叫流程

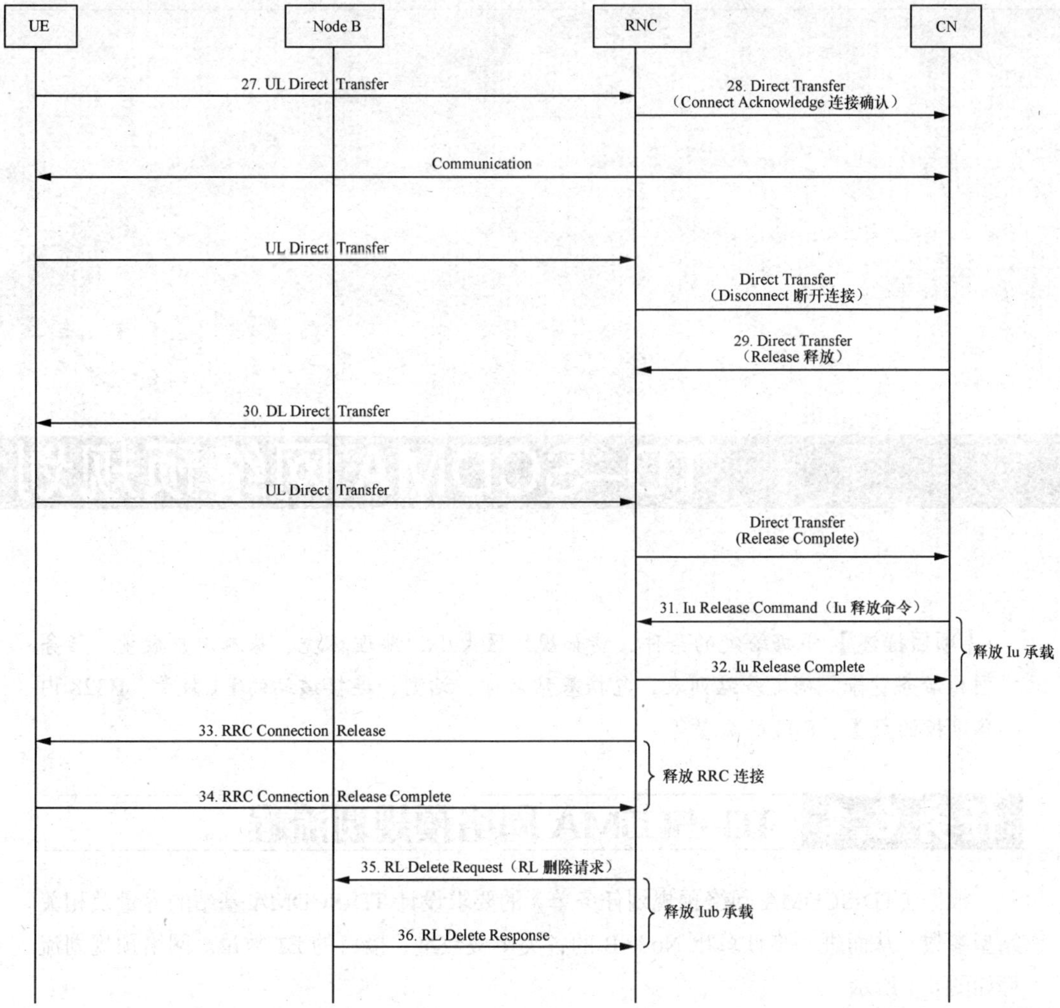

RRC：无线资源控制（Radio Resource Control）。

RAB：无线接入承载（Radio Access Bearer）。

RB：无线承载（Radio Bearer）。

图 5-17　主叫流程（续）

5.4.3　被叫流程

主叫流程与被叫流程的区别如下。

（1）被叫比主叫多一条 PagingType。

（2）主叫 RRC 建立好后上发 CM Service Request，而被叫是上发 RR Paging Response。

（3）主叫有鉴权加密过程，而被叫只有加密过程，无鉴权过程。

（4）主叫的 Setup 消息是 UE 上发给 RNC，而被叫的 Setup 则是 RNC 下发给 UE。Setup 里可以看 UE 号码。

（5）Setup 之后主叫是收到 Call Proceeding，而被叫则是上发 Call Confirmed。

（6）Alerting、Connect 和 Connect ACKnowledge 消息主、被叫上下相反。

项目六

TD-SCDMA 网络预规划

【项目描述】根据给定的条件，诸如规划区大小、地理环境、基本用户数量、话务模型和话务量等，确定基站列表，包括基站名称、站型、连接该站的E1数量、B328内部各单板的数量、R04的数量等。

任务 6.1 TD-SCDMA 网络预规划流程

根据《TD-SCDMA网络预规划任务单》的要求设计TD-SCDMA基站的容量及相关站型参数，从而进一步计算出Node B的各类单板数量、接口的E1数量。网络预规划流程如图6-1所示。

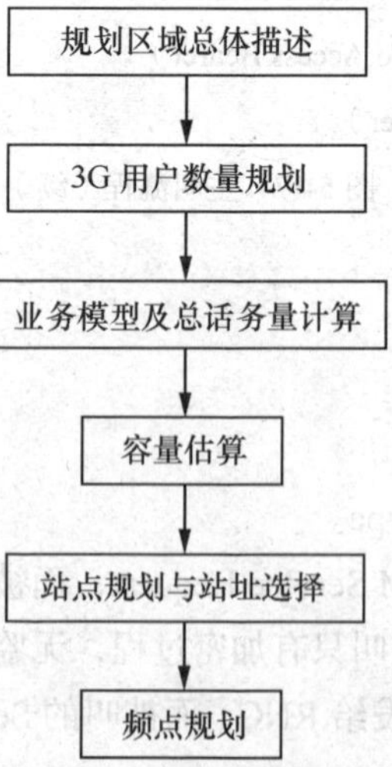

图 6-1 网络预规划流程

1. 3G 用户数量规划

根据题设要求进行 3G 用户数量的规划。如题设给出：在 3G 网络的建网初期，2G 用户数按人口的 80%计算，3G 用户数按 2G 人口的 25%计算。具体情况具体分析。

2. 业务模型及总话务量计算

根据业务模型求总话务量，总话务量=各种业务的单用户业务量总和（包括业务速率为 CS12.2K、CS64K、PS64K、PS128K、PS384K 等）。

也可以通过查厄兰表来求话务量，如阻塞率 B(GOS)为 0.02，信道数 N(ch)为 35，单用户业务量 Erl/subs 为 0.02，可求出总业务量为 26.43（Erl），其运算结果如图 6-2 所示。

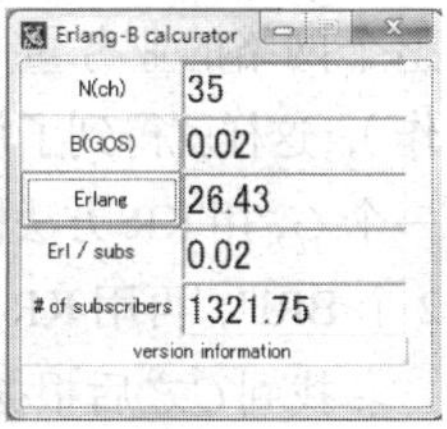

图 6-2 Erl_table

3. 容量估算

容量估算的方法有很多，按照题设计算方法进行运算，此处介绍两种方法。

（1）基于 BRU 需求量的混合业务容量估算方法

在 TD-SCDMA 中，一个信道就是载波、时隙、扩频码的组合，也叫做一个资源单位（Resourse Unit，RU），其中一个时隙内由 16 位扩频码划分的信道是最基本的资源单位，即 BRU。

一个信道占用的 BRU 个数是不一样的，一个 RU SF1 占用了 16 个 BRU，一个 RU SF8 则占用两个 BRU，而一个载波下所能提供的 BRU 的最大个数是固定的，因此，在 TD-SCDMA 中确定了所需的信道个数并不能确定具体的小区数量，要确定小区数量，必须确定 BRU 的需求量。

假设所有小区时隙比例均为 3:3，均为单载波。

原理：分别计算每种业务所需的容量，再进行相加。

举例：如表 6-1、表 6-2 所示。

表 6–1 BRU 计算

序 号	业 务 类 型	承载速率（bit/s）	BRU 占用数
1	CS12.2	12.2	2
2	CS64	64	8
3	PS64/64	64	8
4	PS64/128	61/128	8/16

表 6–2 小区等效厄兰数计算

序 号	业 务 类 型	预测业务量（bit/s）	等效厄兰（Erl）	每小区等效厄兰（Erl）
1	CS12.2	—	400	16.6
2	CS64	232.10	3.63	2.28
3	PS64/64	986.67	15.42	3.01
4	PS64/128	412.18	6.44/3.22	3.01/1.04

总共需要的基站数量：（各业务的等效厄兰/每小区等效厄兰，再将各小区进行相加）

上行：400/16.6 + 3.63/2.28 + 15.42/3.01 + 6.44/3.01 = 33

下行：400/16.6 + 3.63/2.28 + 15.42/3.01 + 3.22/1.04 = 34

此处基于 BRU 需求量的混合业务容量估算方法实质上是一种 Post Erlang 方法，估算的结果偏大。但是由于 TD 的码道数有限，这种误差较小。

4．KR 迭代容量估算方法

原理：KR 方法实际上是一种检验混合业务中各种业务阻塞率是否满足要求的方法。存在 K 种业务：第 k 种业务的业务量为 a_k，资源需求为 b_k，GoS 要求为 GoS_k，$k\in[1, K]$。a_k、b_k 和 GoS_k 已知，容量 C 未知。实际估算的时候我们采取的是尝试的方法，首先根据链路预算的结果可以得到覆盖估算的网络规模（基站数量），然后将整个网络的业务量平均到每个扇区（根据站点类型操作），这样就得到了每个扇区的 a_k，然后通过迭代寻找到一个 C，用 KR 方法检验 C 是否合适，不合适则每次增加 2 个 BRU，再用 KR 方法检验，直到找到合适的 C 为止。

找到 C 之后根据时隙比例配置就可以知道需要的载波数和码道负荷。若需要的载波过多，说明该网络是容量受限，需要增加站点数，然后重复上面的操作，否则就是覆盖受限。

KR 迭代法估算流程如图 6-3 所示。

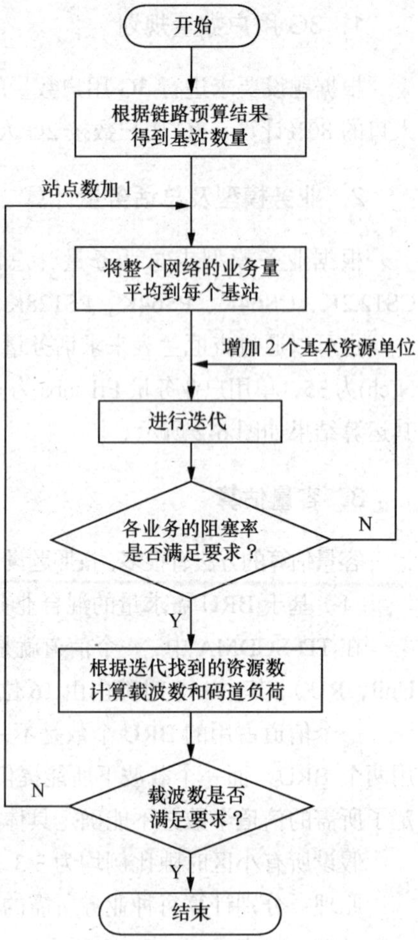

图 6-3　KR 迭代法估算流程

假设通过链路预算得到的基站数目为 $N1$，KR 混合业务容量估算得到的基站数量为 $N2$，那么小区数量为 $N = \max\{N1, N2\}$。

举例：

根据链路预算，得到某规划区域密集城区和一般城区的覆盖估算结果如表 6-3 所示（所有基站均为 3 扇区定向站）。

表 6-3　覆盖估算结果

	单站覆盖半径（km）	单站覆盖面积（km2）	规划区域总面积（km2）	需要的基站数量
密集城区	0.3846	0.2884	6.233	22
一般城区	0.4708	0.4323	78.697	183

通过单站覆盖半径计算出单站覆盖面积，再拿规划区域总面积/单站覆盖面积计算出所需要的基站数量。

其容量估算如表 6-4 和表 6-5 所示。

表 6-4　规划区域上行业务量

	密 集 城 区	一 般 城 区
CS12.2（Erl）	875.00	2200.00
CS64（Erl）	14.00	33.00
PS64/64（Erl）	15.19	19.84
PS64/128（Erl）	12.51	14.78
PS64/384（Erl）	0.44	0.53

表 6–5　　规划区域下行业务量

	密 集 城 区	一 般 城 区
CS12.2（Erl）	875.00	2200.00
CS64（Erl）	14.00	33.00
PS64/64（Erl）	17.88	23.53
PS64/128（Erl）	41.35	47.22
PS64/384（Erl）	5.48	6.20

把用覆盖计算出来的扇区数带入到 KR 算法中，再用设定的载波数带入尝试，若得到输出的码道负荷小于原先规定的门限即可认为该扇区和载波数是合理的。若此时的码道负荷超过了预先设定的门限则增加载波数再次带入 KR 算法中，直到找到合适的载波数为止，如表 6-6 所示。

表 6–6　　载波数计算

链路方向	上行				下行			
参数指标	扇区数	基站数	需要的载波数	码道负荷	扇区数	基站数	需要的载波数	码道负荷
密集城区	66	22	2	0.63	66	22	3	0.76
一般城区	549	183	1	0.58	549	183	2	0.63

KR 容量算法的优点：我们只需要寻找一个合适的 *C*，然后使用 KR 算法进行检验，使各混合业务的阻塞率满足要求即可。由于该方法并不是在各种业务之间进行折算，而是在各种业务已经混合的状态下分别计算各业务的阻塞率，因此该方法是真正意义上的混合业务算法，并且能够满足各业务自身的 QoS 要求。

5．频点规划

在第三代移动通信网络中，频点和扰码的规划成为移动通信网络规划的重要环节，它对网络的性能产生重要的影响。如果在网络整体规划时频点和扰码规划得不好，则会造成整个网络建成或扩容后某些性能指标不符合要求。

TD-SCDMA 的频点规划如图 6-4 所示。

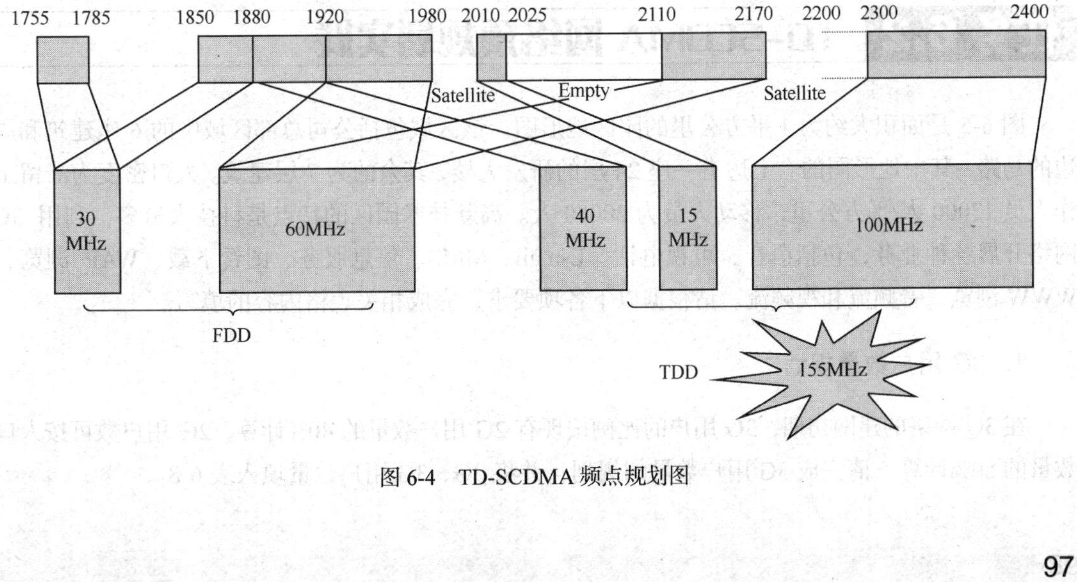

图 6-4　TD-SCDMA 频点规划图

对于 TD-SCDMA 系统，国家划分了总计 155MHz 的非对称频段，分为主要工作频段和补充工作频段：主要工作频段为 1880～1920MHz 和 2010～2025MHz，补充工作频段为 2300～2400MHz。根据目前的发展趋势，商用网的最初阶段应该使用 2010～2025MHz。商用的 TD-SCDMA 频段具体规划如表 6-7 所示。

表 6-7　　TD-SCDMA 频点规划

开始频点	保护带	F1	F2	F3	保护带	F4	F5	F6	F7	F8	F9	保护带	结束频点
		10055	10063	10071		10080	10088	10096	10104	10112	10120		
2010 MHz	0.2 MHz	2011.0 MHz	2012.6 MHz	2014.2 MHz	0.2 MHz	2016.0 MHz	2017.6 MHz	2019.2 MHz	2020.8 MHz	2022.4 MHz	2024.0 MHz	0.2 MHz	2025 MHz

在这个商用频段中可用频点为 9 个。

$f1$=2011MHz　(10055 号频点)2010+0.2+0.8
$f2$=2012.6MHz　(10063 号频点)2011+1.6
$f3$=2014.2MHz　(10071 号频点）2012.6+1.6
} 室内频点

$f4$=2016MHz　(10080 号频点）2014.2+0.2+1.6
$f5$=2017.6MHz　（10088 号频点）2016+1.6
$f6$=2019.2MHz　（10096 号频点）2017.6+1.6
} 室外频点

$f7$=2020.8MHz　（10104 号频点）2019.2+1.6
$f8$=2022.4MHz　（10112 号频点）2020.8+1.6
$f9$=2024MHz　（10120 号频点）2022.4+1.6
} 备用室外频点

其中 10104 号频点为保证 10120 号频点与外网的频点间隔，带宽资源有限，所以不加 0.2MHz 的保护间隔。

TD-SCDMA 共有 155MHz/5MHz × 3 = 93 个频点；商用 TD-SCDMA 频段共有 15MHz/5MHz × 3 = 9 个频点；以 5MHz 为基本带宽来进行划分，载波为 1.6MHz，频点就是以 1.6MHz 中心频率的编号（中心频率× 5）。

任务 6.2　TD-SCDMA 网络预规划实践

图 6-5 是面积大约为 1 平方公里的园区地形图。该区域包括公司总部区域中的 6 座建筑和周边的马路，其中地形图的右上边有一座 24 层的研发大楼，其余的为 7 层建筑。人口密度为滞留工作人员 12000 人/平方公里，移动人员为 20000 人。高新技术园区的特点是科技人员多，利用 3G 网络开展各种业务，包括语音、可视电话、E-mail、MMS、信息服务、图铃下载、WAP 浏览、WWW 浏览、音频流和视频流。请根据以下各项要求，完成相关表格内容的填写。

1．3G 用户数量规划

在 3G 网络的建网初期，3G 用户的比例按现有 2G 用户数量的 40%计算，2G 用户数可按人口数量的 80%计算。请完成 3G 用户数量的规划，并将 2G、3G 用户数量填入表 6-8。

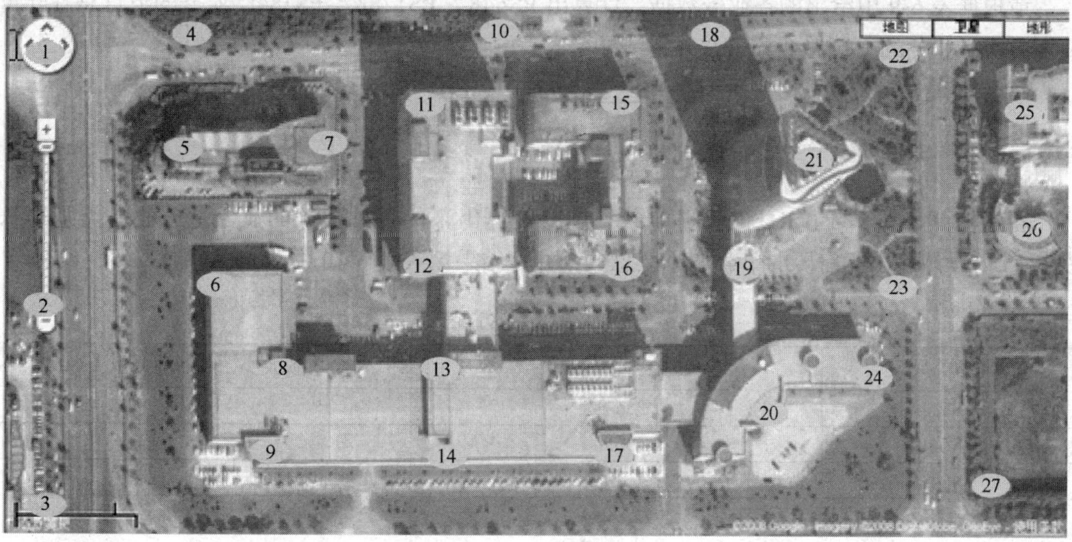

图 6-5　园区地形图

表 6-8　用户数规划

该区域人口总数	*32000*
2G 用户在该区域的人口数量	*25600*
3G 用户在该区域的人口数量	*10240*

2. 业务模型及总话务量计算

该区域为业务密集区，话务模型按经验值估算，各种业务的单用户业务量和渗透率如表 6-8 所示。其中数据业务：下行总吞吐量（kbit/s）=下行单用户业务量×人口总数；下行总业务量（Erl）=下行总吞吐量/业务速率。请完成表 6-9 各类业务话务量的计算。

表 6-9　各类业务话务量的计算

业务速率	CS12.2K	CS64K	PS64K			PS128K			PS384K	
业务类型	语音业务(Erl)	可视电话(Erl)	Email (bit/s)	MMS (bit/s)	信息服务(bit/s)	图铃下载(bit/s)	WAP 浏览(bit/s)	WWW 浏览(bit/s)	音频流(bit/s)	视频流(bit/s)
单用户业务量	0.025	0.002	49.041	16.347	12.26	22.869	101.64	288.97	107.51	193.51
渗透率	100%	20%	30%	50%	80%	60%	50%	30%	20%	20%
下行单用户业务量（乘渗透率）	*0.025*	*0.0004*	*14.712*	*8.1736*	*9.8083*	*13.721*	*50.82*	*86.691*	*21.502*	*38.703*
			32.69			*151.23*			*60.20*	
下行总吞吐量（kbit/s）	/	/	*334.7456*			*1548.5952*			*616.448*	
下行总业务量（Erl）	*256.00*	*4.096*	*5.2304*			*12.0984*			*1.605333333*	

请根据表 6-9 中给出的各业务数据，计算出 PS64K、PS128K、PS384K 业务的下行总吞吐量及表中所有业务的下行总业务量，并将结果填入表中。

最后计算出该区域总话务量为 *279.03* Erl。

3．容量估算

容量估算采用基于 BRU 的计算方式，请将计算出来的各种业务的业务量按业务类别填入表 6-10 中。计算出所需要的单载波小区总数，并将结果填入表 6-10 中。

表 6-10　单载波小区总数计算

业务类型	总业务量（Erl）	每个单载波小区等效业务量（Erl）
CS12.2	*256.00*	16.6
CS64	*4.096*	2.28
PS64	*5.2304*	3.01
PS128	*12.0984*	1.04
PS384	*1.6053333*	0.05
单载波小区总数	63	

4．站点规划和站址选择

目前 TD 建网采用的站型有 O1、O3、S1/1/1、S3/3/3 几种站型可选。

站址选择内容包括以下几点。

① 地点；

② 站型（全向站、定向站）；

③ 覆盖区域（室内覆盖、室外覆盖）；

④ 站点容量。

在图 6-6 中，已经预设了 27 个可能的站点，其中既有室内站也有室外站。队员可在其中选择最佳的方案，并完成规划基站列表和邻小区列表的填写。

（1）Node B 列表（全部以 B328 + R04 组网，室外站每个扇区采用 8 天线智能天线）

请根据站点设计类型计算出基站个数，同时计算出基站中各类单板数量{(63 − 1)/9 = 7，还有一个 O1 全向站，共 8 个基站}，并将结果填入表 6-11 中。

表 6-11　基站配置表

基站编号	基站名称	站型	小区编号	连该基站 E1 数量	TBPE 板数量	TORN 板数量	IIA 板数量	R04 数量
1	*基站 1*	*S3/3/3*	*1、2、3*	*4*	*3*	*1*	*1*	*6*
3	*基站 3*	*S3/3/3*	*4、5、6*	*4*	*3*	*1*	*1*	*6*
8	*基站 8*	*S3/3/3*	*7、8、9*	*4*	*3*	*1*	*1*	*6*
11	*基站 11*	*S3/3/3*	*10、11、12*	*4*	*3*	*1*	*1*	*6*
17	*基站 17*	*S3/3/3*	*13、14、15*	*4*	*3*	*1*	*1*	*6*
21	*基站 21*	*O1*	*16*	*4*	*1*	*1*	*1*	*2*
25	*基站 25*	*S3/3/3*	*17、18、19*	*4*	*3*	*1*	*1*	*6*
27	*基站 27*	*S3/3/3*	*20、21、22*	*4*	*3*	*1*	*1*	*6*

注意事项：

所选基站编号（按图 6-6 中所选建站地点的站点编号表示，例如：选择 8 号位置建站该站，点编号就是 8）；

所选基站名称（基站+站点编号，例如：站点编号为 5，该基站名称为基站 5）；

站型（O1、O3、S/3/3/3、S/2/2/2、S/1/1/1）；

小区编号（所有基站确定后按基站编号大小，从小到大依次选择。例如：基站 1 为 1、2、3，则基站 2 为 4、5、6）；

连接基站 E1 数量统一按照 4 路 E1 配置。

（2）邻区列表

根据前面站点规划和 Node B 列表，完成邻区列表，如表 6-12 所示。具体规划按照下面的连线法进行，则不容易出现漏配和多配。

① 按照规划区域大概定出基站布局图如图 6-6 所示；

② 把各基站的小区用小区编号标在其下方；

③ 通过大概的距离连接其各自的邻基站（本基站的互为邻小区，不需要画出来）；

④ 按照连线完成邻区列表。

表 6-12　邻区列表

小区编号	邻小区编号	小区编号	邻小区编号	小区编号	邻小区编号	小区编号	邻小区编号
1	2、3 4、5、6 7、8、9 10、11、12	7	1、2、3 4、5、6 8、9 10、11、12 13、14、15	13	7、8、9 10、11、12 14、15 16 20、21、22	19	13、14、15 16 17、18 20、21、22
2	1、3 4、5、6 7、8、9 10、11、12	8	1、2、3 4、5、6 7、9 10、11、12 13、14、15	14	7、8、9 10、11、12 13、15 16 20、21、22	20	13、14、15 16 17、18、19 21、22
3	1、3 4、5、6 7、8、9 10、11、12	9	1、2、3 4、5、6 7、8 10、11、12 13、14、15	15	7、8、9 10、11、12 13、14 16 20、21、22	21	13、14、15 16 17、18、19 20、22
4	1、2、3 5、6 7、8、9	10	1、2、3 7、8、9 11、12 13、14、15 16	16	10、11、12 13、14、15 17、18、19 20、21、22	22	13、14、15 16 17、18、19 20、21

续表

小区编号	邻小区编号	小区编号	邻小区编号	小区编号	邻小区编号	小区编号	邻小区编号
5	1、2、3 4、6 7、8、9	11	1、2、3 7、8、9 10、12 13、14、15 16	17	13、14、15 16 18、19 20、21、22		
6	1、2、3 4、5 7、8、9	12	1、2、3 7、8、9 10、11 13、14、15 16	18	13、14、15 16 17、19 20、21、22		

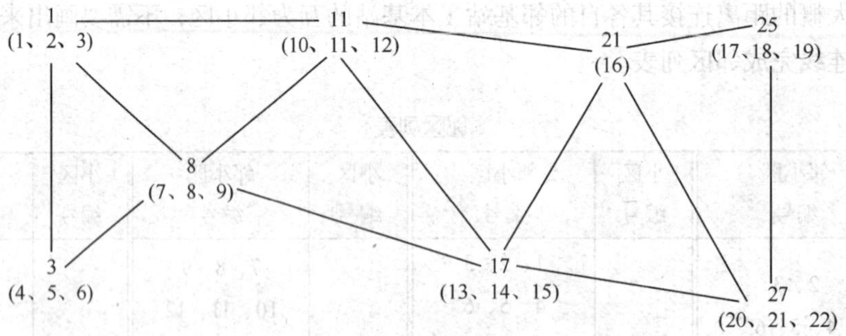

图 6-6　基站布局图

选择一个 S3/3/3/站型的基站，针对小区级别的参数进行规划，并填入表 6-13 小区参数规划。

Node B 小区级参数规划所选基站编号：　　　　RNCID=3

表 6-13　　　　小区参数规划

小 区 编 号	主 扰 码	本地小区编号	频　　点
321	*0*	*21*	*2016MHz、2017.6MHz、2019.2MHz*
322	*4*	*22*	*2016MHz、2017.6MHz、2019.2MHz*
323	*8*	*23*	*2016MHz、2017.6MHz、2019.2MHz*

说明：

① 主扰码根据 3GPP 协议码组表及扰码设定规则自行定义。

② 小区编号=RNC ID+NodeB ID+小区号，例如：一个小区所在 RNC 为 RNC5，基站编号为 2，该小区是该基站的第 2 小区，则该小区编号为 522，此处的小区编号与上题不同。

③ 本地小区编号=NodeB ID+小区号，例如：本地小区所在基站编号为 2，该小区是该基站的第 2 小区，则该小区编号为 22。

④ 频点（室内频点：2011MHz、2012.6MHz、2014.2MHz；室外频点：2016MHz、2017.6MHz、2019.2MHz）。

项目七

TD-SCDMA 设备开通与调测

【项目描述】根据对接参数表，完成 RNC 和 NODEB 的数据配置。从上述规划的基站列表中，任意选取一个基站，利用 OMC 网管软件，完成 RNC 管理网元和 NODEB 管理网元相关数据的配置，主要的对接参数从仿真软件里获取。

任务 7.1 RNC 数据配置

在仿真软件虚拟机房中，打开 RNC 设备的机柜如图 7-1 所示，直接进行设备硬件观察获取，完成 RNC 硬件设备的配置。

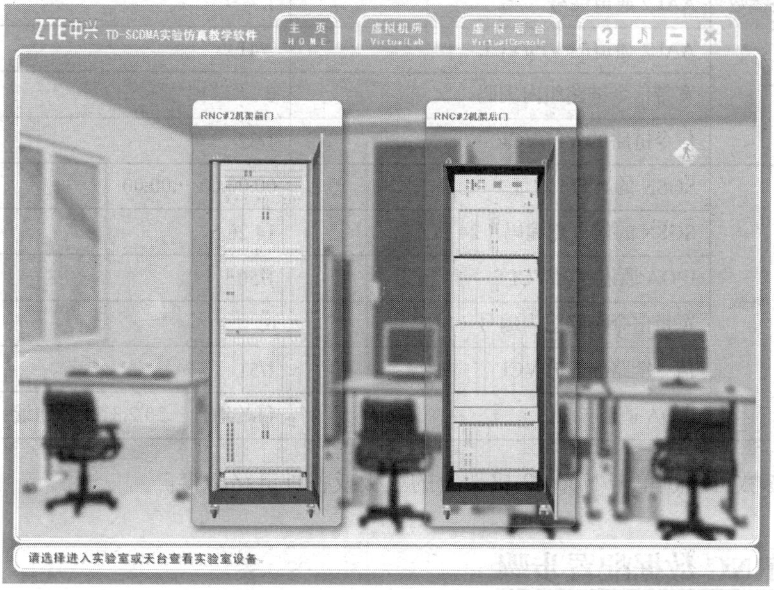

图 7-1 RNC 硬件设备示意图

打开仿真软件虚拟机房的 RNC 设备机柜，进行 RNC 配置的硬件观测，获取 RNC 的板卡配置情况。

配置 RNC 管理网元所需要用的对接参数，可以在仿真软件中进入“虚拟后台”，单击桌面上的“信息查看”，即可获取相关的已知对接参数表。根据对接参数表 7-1，提供的信息完成 RNC 管理网元数据的配置。

例：假设该 RNC 的 ID 为 RNC1，所提供的已知对接参数如表 7-1 所示。

表 7-1　RNC 管理网元数据配置实例

RNC 相关参数	操作维护单板 IP 地址	129.0.31.1
	移动国家码	460
	移动网络码	7
	局号	1
	14 位信令点	0.0.0
	24 位信令点	14.31.11
	ATM 地址编码计划	NSAP
	AIM 地址	00.00.00⋯.00.00
	APBE 板 IP 地址	20.2.2.33.4
	GIPE 板 IP 地址	139.1.100.101
	ROMB 板 IP 地址	136.1.1.1
IUCS 局向相关参数	MGW 的 ATM 地址	01.01.01⋯.00.00
	MGW 的信令点编码（24 位）	14.29.5
	MSC_S 的信令点编码（24 位）	14.27.5
	AAL2 通道编号	1
	AAL2 通道的 VPI/VCI	2/41
	宽带信令链路组内编码	0
	信令链路的 VPI/VCI	1/32
IUPS 局向相关参数	SGSN 的 ATM 地址	00.00.00⋯.00.00
	SGSN 的信令点编码（24 位）	14.26.5
	IPOA 通道 VPI/VCI	1/50
	宽带信令链路组内编号（SLC）	0
	信令链路的 VPI/VCI	1/51
	IPOA 通道	目的地址：20.2.31.4 源地址：20.2.31.1

Iub 局向参数可通过单击 Node B 机架上的单板或各种链路取得。

7.1.1　RNC 数据配置步骤

RNC 开通调试数据配置步骤如表 7-2 所示。

表 7-2　　RNC 开通调试数据配置步骤

步　骤	配 置 内 容	配 置 说 明
Step 1	开始	规范地进行配置
Step 2	数据准备	规范地进行配置
Step 3	创建子网	规范地进行配置
Step 4	创建 RNC 管理网元	规范地进行配置
Step 5	创建 RNC 全局资源	按照规划数据进行配置
Step 6	创建 RNC 机架及单板配置	快速创建机架
Step 7	修改单板接口信息	按照规划数据进行配置
Step 8	统一分配 IPUDP IP 地址	按照规划数据进行配置
Step 9	配置 ATM 通信端口	按照规划数据进行配置
Step 10	配置路径组	按照规划数据进行配置
Step 11	创建 Iu-CS 局向	按照对接数据进行配置
Step 12	创建 Iu-PS 局向	按照对接数据进行配置
Step 13	创建 Iub 局向	快速创建 Iub 局向
Step 14	创建静态路由	按照对接数据进行配置
Step 15	创建服务小区	按照规划数据，对接数据进行配置

（1）开始

① 双击虚拟桌面上的图标或图标进行启动服务器，双击虚拟桌面上的图标启动客户端；

② 选择［视图→配置管理］，弹出“配置资源树”窗口。

（2）数据准备

点开信息查看，分析所需要的数据，根据预规划的结果，选择所需的数据。

（3）创建子网

① 配置资源树窗口，右键单击选择［配置资源树→OMC→创建→TD UTRAN 子网］（如果已有配置，请选择[数据管理→数据恢复]，在“数据恢复”对话框中，单击存储路径后的“选择”按钮→选择“init.ztd”文件→单击“打开”→在“OMC”前单击“√”→确定），恢复初始设置。

② 单击［TD UTRAN 子网］，弹出对话框如图 7-2 所示。

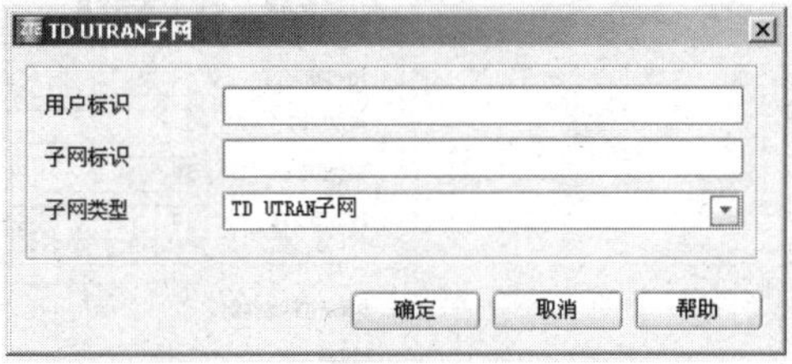

图 7-2　“TD UTRNAN 子网”对话框

和图 7-2 内容相关的关键参数，如表 7-3 所示。

表 7-3　　TD UTRAN 子网参数

TD UTRAN 子网	
用户标识	根据要求自定义
子网标识	对接参数，由用户定义子网的唯一标识，需要与 CN 分配给 RNC 的 ID 号保持一致

（4）创建 RNC 管理网元

① 配置资源树窗口，右键单击选择［配置资源树→OMC→子网用户标识→创建→TD RNC

管理网元］。

② 单击［TD RNC 管理网元］，弹出对话框如图 7-3 所示。

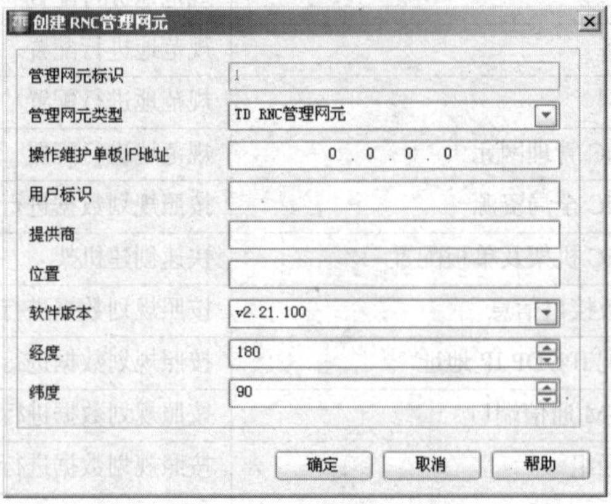

图 7-3　创建 RNC 管理网元对话框

和图 7-3 内容相关的关键参数，如表 7-4 所示。

表 7–4　　　　　　　　　　　　RNC 管理网元参数

操作维护单板 IP 地址	129.0.31. X（X 为 RNCID）
用户标识	自定义，标识 RNC 管理网元的用户
提供商	ZTE，标识 RNC 设备的提供商
位置	自定义，标识 RNC 的位置

（5）创建 RNC 全局资源

① 配置资源树窗口，右键单击选择［配置资源树→OMC→子网用户标识→管理网元用户标识→配置集标识→创建→RNC 全局资源］；

② 单击［RNC 全局资源］，弹出对话框如图 7-4 所示。

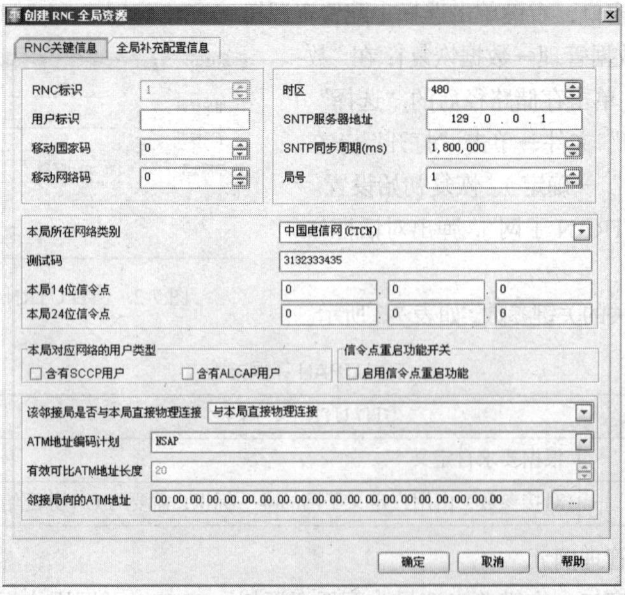

图 7-4　“创建 RNC 全局资源”对话框

和图 7-5 内容相关的关键参数，如表 7-5 所示。

表 7-5 RNC 全局资源参数

用户标识	自定义，RNC 全局资源
移动国家码	用于唯一标识移动用户（或系统）归属的国家，国际统一分配，中国为 460。 需要和 CN 侧保持一致
移动网络码	用于唯一标识某一国家（由 MCC 确定）内的某一个特定的 PLMN 网，中国移动的 GSM 是 00，联通的 GSM 是 01，TD 是 07，需要和 CN 侧保持一致
本局 24 位信令点	对接参数，需要与对端匹配
SNTP 服务器地址	129.0.31.1 一般设置成 OMC-SERVER 的 IP 地址
局号	设置成与 RNC 子网标识一致
邻接局向的 ATM 地址	本局 ATM 地址格式为 X.Y.Z.0.0…...0，XYZ 对应 RNCID，Z 对应个位，Y 对应十位，X 对应百位 例如 RNCID=1，则 ATM 地址为 00.00.01.00.00.00.00.00.00.00.00.00.00.00.00.00.00.00.00.00

（6）创建 RNC 机架及单板配置

创建机架有两种方式，分别是快速创建标准机架和手动创建标准机架。

① 快速创建标准机架

配置资源树窗口，鼠标右键单击［配置资源树→OMC→子网用户标识→管理网元用户标识→配置集标识→RNC 全局资源用户标识→设备配置］，在弹出的右键菜单里选择[创建]→[快速创建机架]，弹出如图 7-5 所示界面。根据容量选择模板类型（建网初期一般选择“小容量 RNC 机架配置”），单击“确定”按钮，完成机架创建。

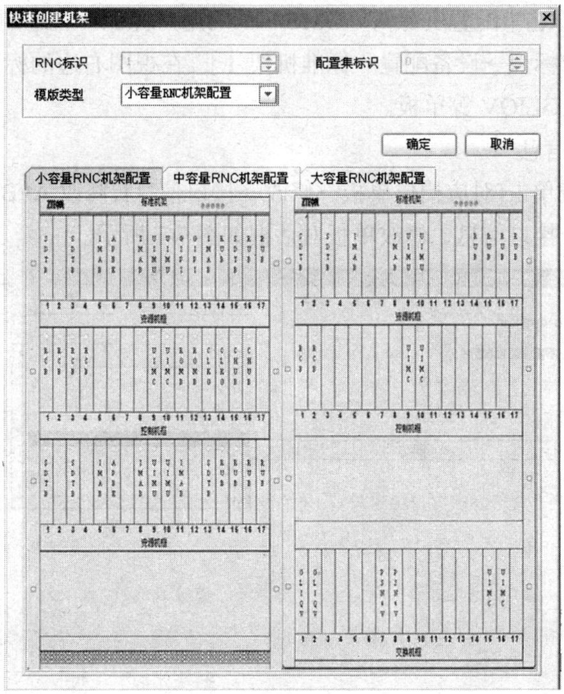

图 7-5 快速创建机架

② 手动创建标准机架

配置资源树窗口，右键单击［配置资源树→OMC→子网用户标识→管理网元用户标识→配置集标识→RNC 全局资源用户标识→设备配置]，在弹出的右键菜单里选择[创建]→[标准机架]，弹出如图 7-6 所示界面。

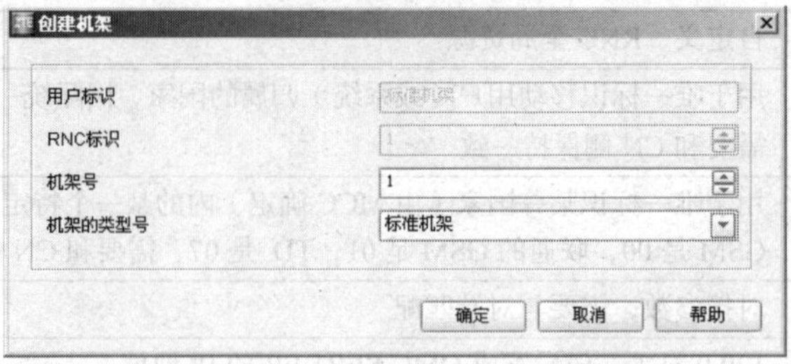

图 7-6　创建标准机架

可以在控制机框、资源机框和交换机框等 3 种机框上创建不同的单板，下面分别说明。

① 控制机框

配置资源树窗口，双击 [配置资源树→OMC→子网用户标识→管理网元用户标识→配置集标识→RNC 全局资源用户标识→设备配置→标准机架 1]，在视图右边的标准机架第二机框上，可创建 ROMB、UIMC、CLKG、ICM、RCB、CHUB 等单板。

② 资源机框

配置资源树窗口，双击 [配置资源树→OMC→子网用户标识→管理网元用户标识→配置集标识→RNC 全局资源用户标识→设备配置→标准机架 1]，在视图右边的标准机架第一机框上，可创建 UIMU、RUB、APBE、GIPI、DTB、IMAB、SDTB 等单板。

③ 交换机框

配置资源树窗口，双击 [配置资源树→OMC→子网用户标识→管理网元用户标识→配置集标识→RNC 全局资源用户标识→设备配置→标准机架 1]，在视图右边的标准机架第 4 机框上，可创建 PSN1V、PSN4V、GLIQV 等单板。

（7）修改单板接口信息

在标准机架中，右键单击[对应槽位单板→修改→接口信息]，修改 APBE（1/1/6）、GIPI（1/1/11）、ROMB（1/2/11）各单板接口信息，修改单板对话框如图 7-7 所示。

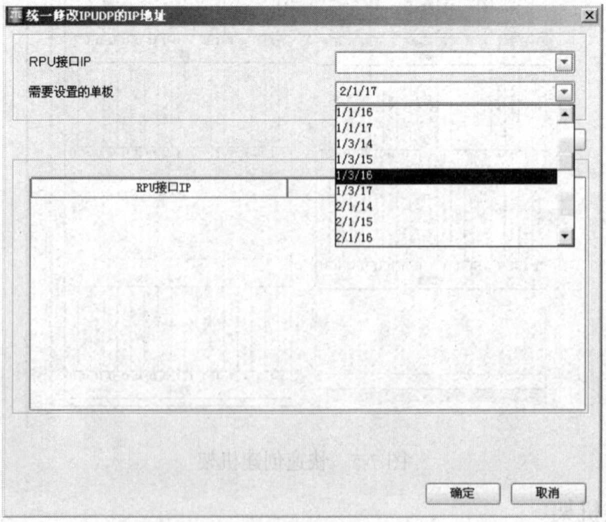

图 7-7　修改单板

与各单板接口信息相关的关键参数，如表 7-6 所示。

表 7-6　　单板接口信息

单板接口信息	
APBE	137.X.Y.2　255.255.255.0　255.255.255.255 X 表示 RNCID　Y 表示 RNC 内部接口 IP 数目
GIPI	139.1.100.10X　255.255.0.0　139.1.255.255（前两字节与 OMCB 服务器 IP 地址一致）X 表示 RNCID
ROMB	136.1.M.N　255.255.255.255　255.255.255.255 M 表示 RNCID　N 表示资源框数量

（8）统一分配 IPUDP IP 地址

配置资源树窗口，双击［配置资源树→OMC→子网用户标识→管理网元用户标识→配置集标识→RNC 全局资源用户标识→设备配置→统一分配 IPUDP IP 地址］，进行如图 7-8 所示配置。

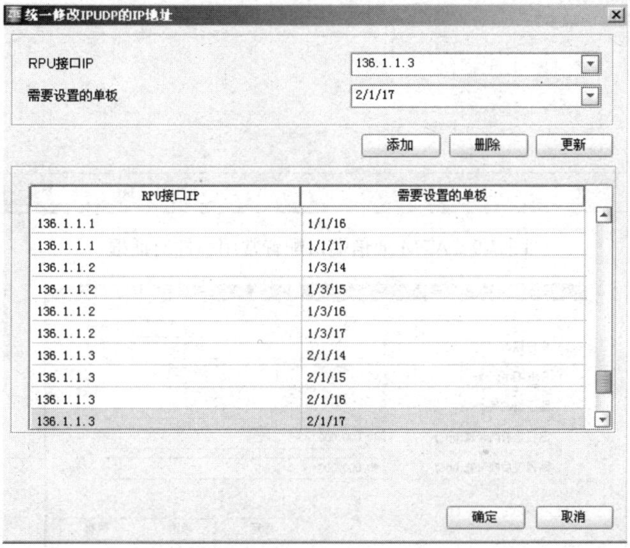

图 7-8　统一分配 IPUDP IP 地址

（9）配置 ATM 通信端口

① 配置资源树窗口，右键单击选择［配置资源树→OMC→子网用户标识→管理网元用户标识→配置集标识→RNC 全局资源用户标识→局向配置→创建→ATM 通信端口配置］。

② 单击［ATM 通信端口配置］，弹出对话框如图 7-9 所示。

（10）配置路径组

①配置资源树窗口，右键单击选择［配置资源树→OMC→子网用户标识→管理网元用户标识→配置集标识→RNC 全局资源用户标识→局向配置→创建→路径组配置］。

② 单击［路径组配置］，弹出对话框如图 7-10 所示。

（11）创建 Iu-CS 局向

① 配置资源树窗口，右键单击选择［配置资源树→OMC→子网用户标识→管理网元用户标识→配置集标识→RNC 全局资源标识→局向配置→创建→Iu-CS 局向配置］。

② ［创建 Iu-CS 局向］界面包含［基本信息］（见图 7-11）、［传输路径信息］（见图 7-12）、［AAL2 通道信息］（见图 7-13）、［宽带信令链路信息］（见图 7-14）四个页面，分别对各页面里的内容进行配置。

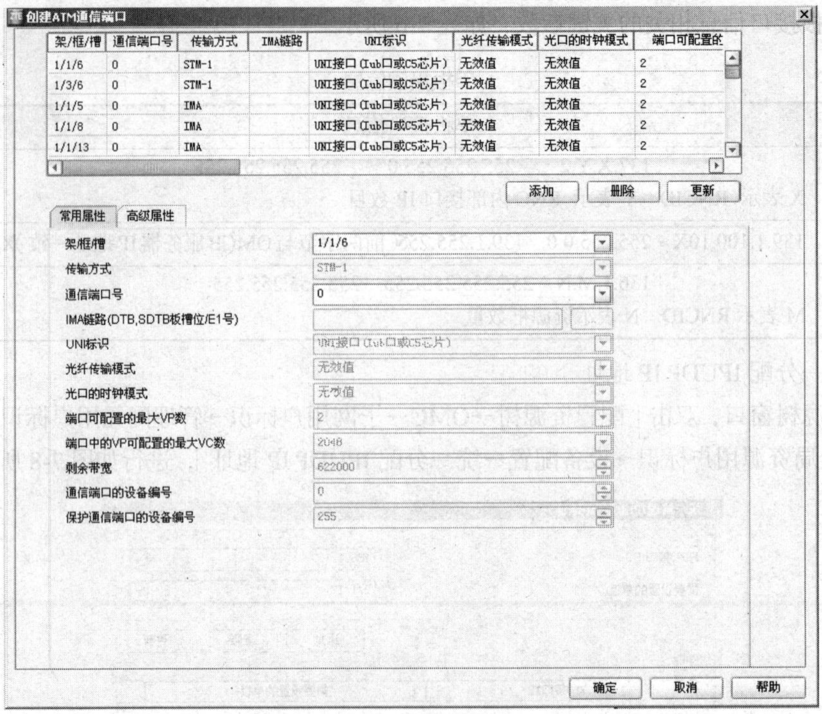

图 7-9　ATM 通信端口配置常用属性对话框

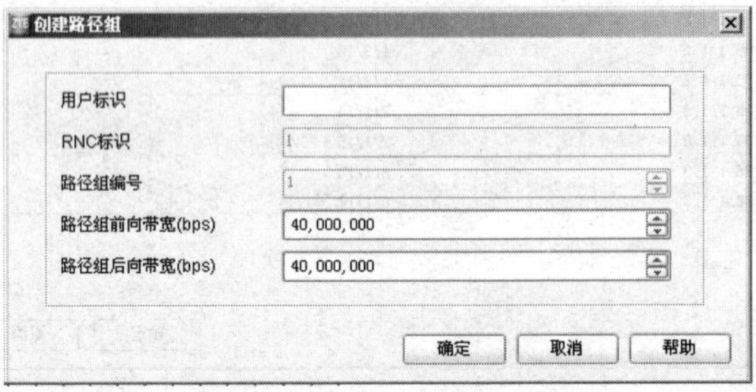

图 7-10　“创建路径组”对话框

Iu-CS 局向基本信息配置的关键参数，如表 7-7 所示。

表 7-7　　Iu-CS 局向基本信息配置的关键参数

Iu-CS 局向基本信息	
用户标识	自定义，Iu-CS 局向
局向类型	MGW 和 MSCServer 分离
ATM 地址编码计划	NSAP
邻接局向的 ATM 地址	01.01.01.00.00.00.00.00.00.00.00.00.00.00.00.00.00.00.00.00 由 CN 给出
子业务	国内信令点编码　（对接参数，需 CN 侧提供）
MGW 信令点编码类型	24 位信令点编码，此项为对接参数，需 CN 侧提供
MGW 信令点编码	14-29-5（对接参数，需 CN 侧提供）
MSCServer 信令点编码类型	24 位信令点编码，此项为对接参数，需 CN 侧提供
MSCServer 信令点编码	14-27-5（对接参数，需 CN 侧提供）

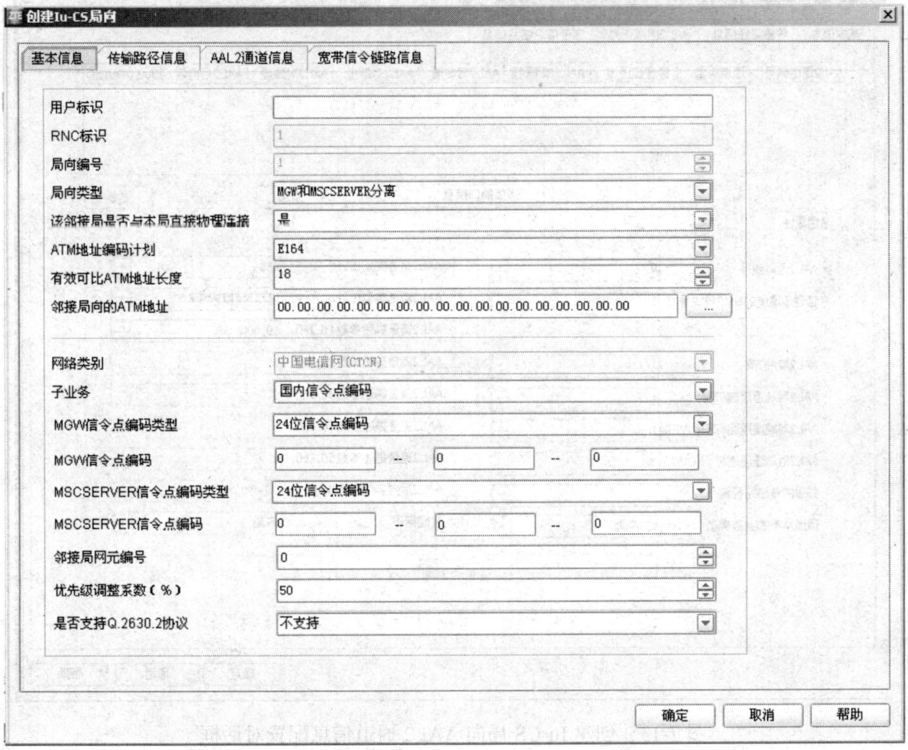

图 7-11　创建 Iu-CS 局向基本信息配置对话框

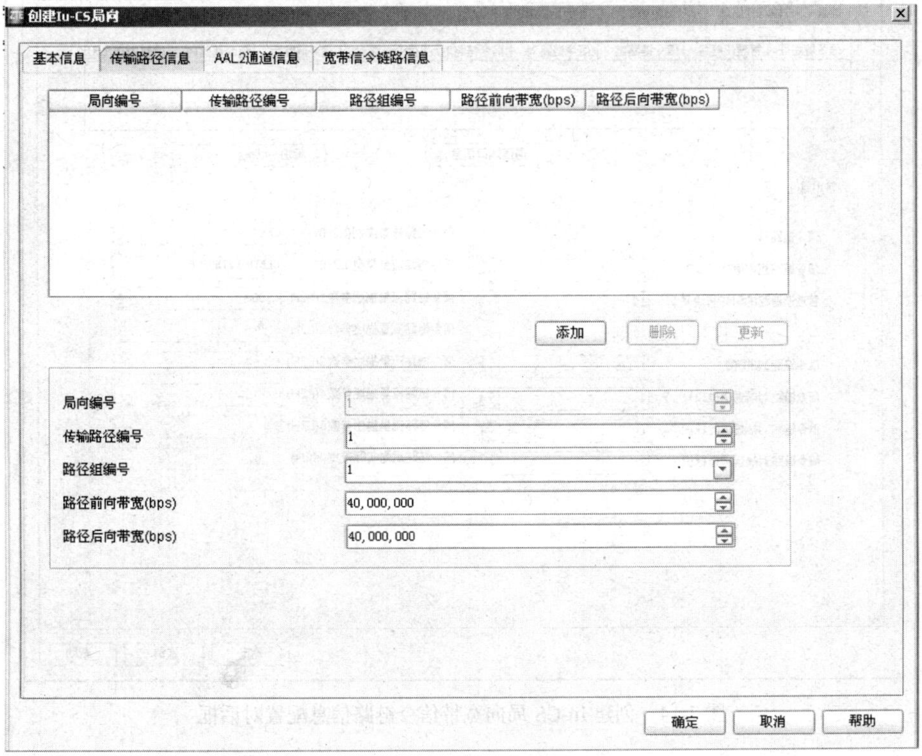

图 7-12　创建 Iu-CS 局向传输路径信息配置对话框

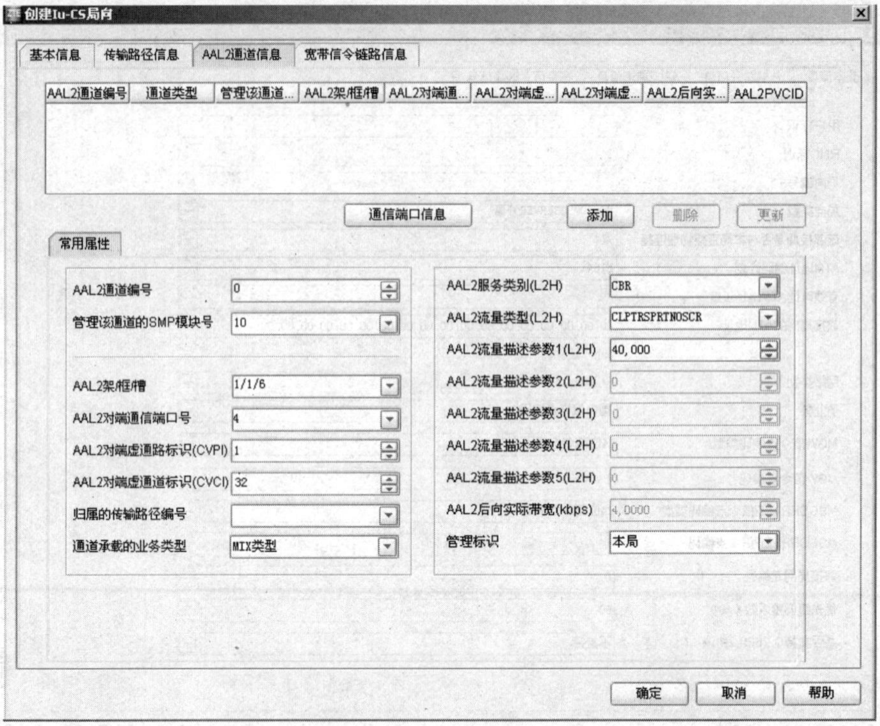

图 7-13 创建 Iu-CS 局向 AAL2 通道信息配置对话框

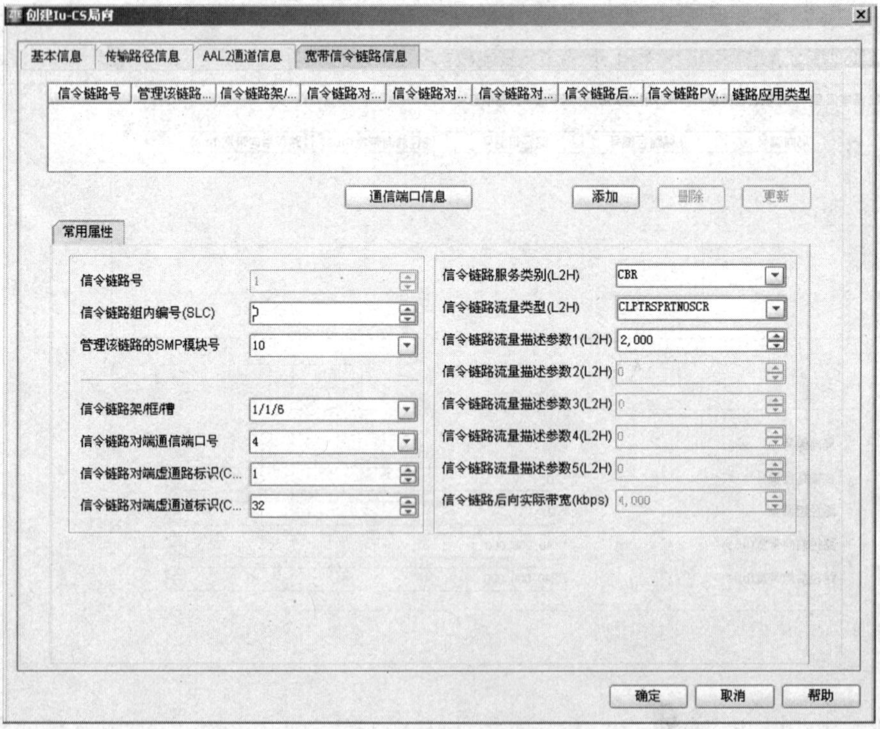

图 7-14 创建 Iu-CS 局向宽带信令链路信息配置对话框

Iu-CS 局向传输路径信息配置的关键参数，如表 7-8 所示。

表 7-8 Iu-CS 局向传输路径信息配置的关键参数

Iu-CS 局向传输路径信息	
路径组编号	必须和路径组设置中分配给 CS 业务的路径组编号一致
路径前/后向带宽	40000000，用户根据实际规划配置

IUCS 局向 AAL2 通道信息配置的关键参数，如表 7-9 所示。

表 7-9 Iu-CS AAL2 通道信息配置的关键参数

AAL2 通道编号	在一个局向内唯一标识一条 AAL2PVC，必须与对端网元配置一致，不能为 0
管理该通道的 SMP 模块号	APBE 板归属的模块号
AAL2 架/框/槽	连 IUCS 的 APBE 板的位置
AAL2 对端通信端口号	4
AAL2 对端虚通路标识（CVPI）	2（对接参数，需 CN 侧提供）
AAL2 对端虚通道标识（CVCI）	41（对接参数，需 CN 侧提供）

IUCS 局向宽带信令链路信息配置的关键参数，如表 7-10 所示。

表 7-10 Iu-CS 局向宽带信令链路信息配置的关键参数

信令链路组内编号（SLC）	0（对接参数，需 CN 侧提供）
管理该链路的 SMP 模块号	APBE 板归属的模块号
信令链路架/框/槽	连 IUCS 的 APBE 板的位置
信令链路对端通信光口号	4
信令链路对端虚通路标识（CVPI）	1（对接参数，需 CN 侧提供）
信令链路对端虚通道标识（CVCI）	32（对接参数，需 CN 侧提供）

（12）创建 IUPS 局向

① 配置资源树窗口，右键单击选择［配置资源树→OMC→子网用户标识→管理网元用户标识→配置集标识→RNC 全局资源标识→局向配置→创建→IUPS 局向配置］。

② 创建 IUPS 局向包含［基本信息］（见图 7-15）、［IPOA 信息］（见图 7-16）、［宽带信令链路信息］（见图 7-17）3 个界面，分别对各页面里的内容进行配置。

Iu-PS 局向基本信息配置的关键参数，如表 7-11 所示。

表 7-11 Iu-PS 局向基本信息配置的关键参数

局向类型	SGSN
子业务	国内信令点编码（对接参数，需 CN 侧提供）
ATM 地址编码计划	NSAP
邻接局向的 ATM 地址	00.00.00.00.00.00.00.00.00.00.00.00.00.00.00.00.00.00.00.00 对接参数，需 CN 侧提供
信令点编码类型	24 位信令点编码（对接参数，需 CN 侧提供）
信令点编码	14-26-5（对接参数，需 CN 侧提供）

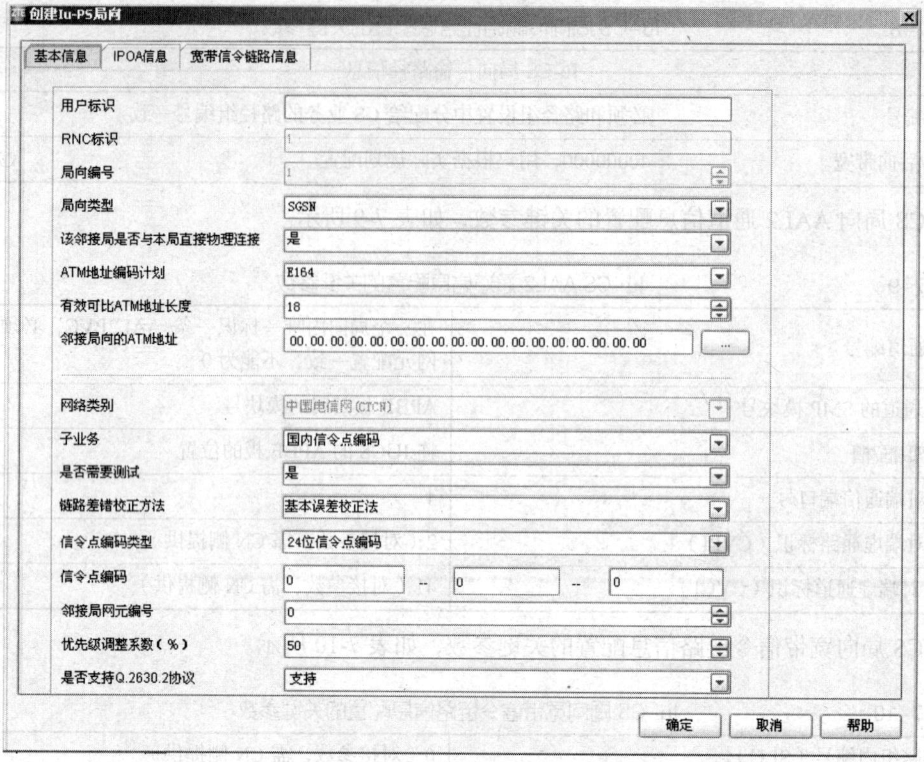

图 7-15　创建 Iu-PS 局向基本信息配置对话框

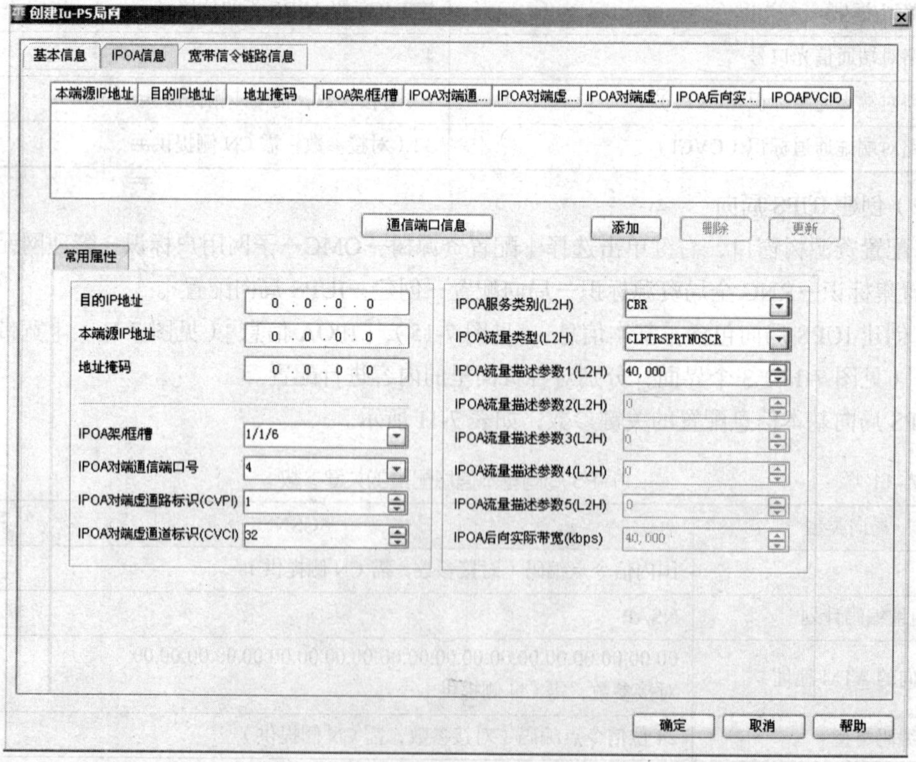

图 7-16　创建 Iu-PS 局向 IPOA 信息配置对话框

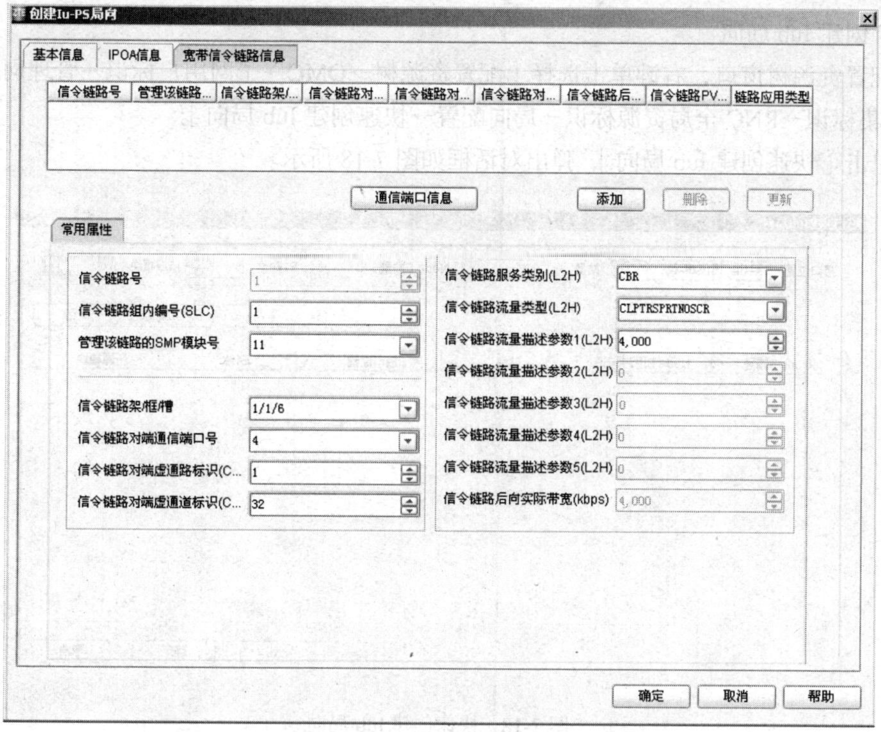

图 7-17　创建 Iu-PS 局向宽带信令链路信息配置对话框

Iu-PS 局向 IPOA 信息配置的关键参数，如表 7-12 所示。

表 7-12　　　　　　　　Iu-PS 局向 IPOA 信息配置的关键参数

目的 IP 地址	CN 的接口板 SIUP 端口地址 （对接参数，需 CN 侧提供）
本端源 IP 地址	RNC 的接口板 APBE 的相应端口地址 （对接参数，需 CN 侧提供）
地址掩码	255.255.255.0
IPOA 架/框/槽	1/1/6 连接 SGSN 的 APBE 板架框槽
IPOA 对端通信端口号	6 连接 SGSN 的 APBE 的相应端口
IPOA 对端虚通路标识（CVPI）	1（对接参数，需 CN 侧提供）
IPOA 对端虚通道标识（CVCI）	50（对接参数，需 CN 侧提供）

Iu-PS 局向宽带信令链路信息配置的关键参数，如表 7-13 所示。

表 7-13　　　　　　　　Iu-PS 局向宽带信令链路信息配置的关键参数

信令链路组内编号（SLC）	0（对接参数，需 CN 侧提供）
管理该链路的 SMP 模块号	111/1/6 APBE 的模块号
信令链路架/框/槽	1/1/6 连 SGSN 的 APBE 板架框槽
信令链路对端通信光口号	6 连 SGSN 的 APBE 的相应端口
信令链路对端虚通路标识（CVPI）	1（对接参数，需 CN 侧提供）
信令链路对端虚通道标识（CVCI）	42（对接参数，需 CN 侧提供）

（13）创建 Iub 局向

① 配置资源树窗口，右键单击选择［配置资源树→OMC→子网用户标识→管理网元用户标识→配置集标识→RNC 全局资源标识→局向配置→快速创建 Iub 局向］。

② 单击［快速创建 Iub 局向］，弹出对话框如图 7-18 所示。

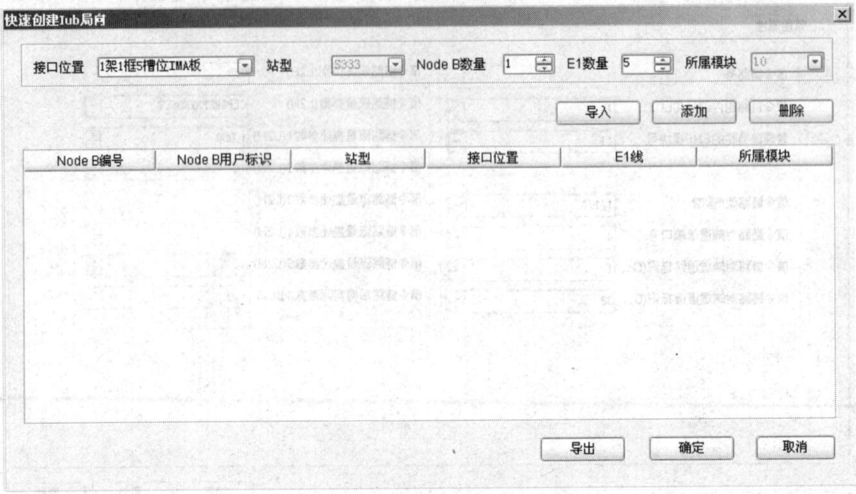

图 7-18　快速创建 Iub 局向

（14）创建静态路由

在配置资源树窗口，右键单击选择［配置资源树→OMC→子网用户标识→管理网元用户标识→配置集标识→双击“RNC 全局资源标识”→单击显示高级属性→静态路由］，进行配置，如图 7-19 所示。

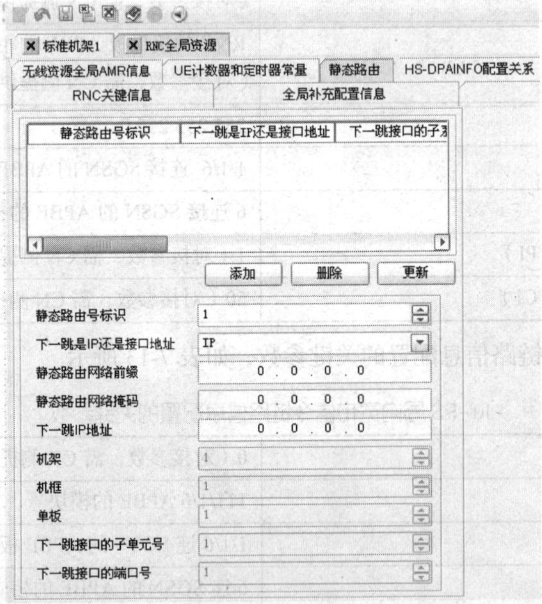

图 7-19　静态路由配置

和图 7-18 内容相关的关键参数，如表 7-14 所示。

表 7–14　　静态路由表

静态路由网络前缀	连 SGUP 的 IP 地址
静态路由网络掩码	网络前缀与网络掩码必须匹配，二者相与必须为 0
下一跳 IP 地址	CN 侧的 IPOA IP 地址（即 IPOA 目的 IP 地址）

（15）创建服务小区

① 配置资源树窗口，右键单击选择［配置资源树→OMC→子网用户标识→管理网元用户标识→配置集标识→RNC 全局资源标识→Node B 小区配置→Node B 用户标识→创建→服务小区］。

② ［创建服务小区］界面包含［关键参数信息］（见图 7-20）、［载频时隙和功率配置］（见图 7-21）两个页面，分别对各页面里的内容进行配置。

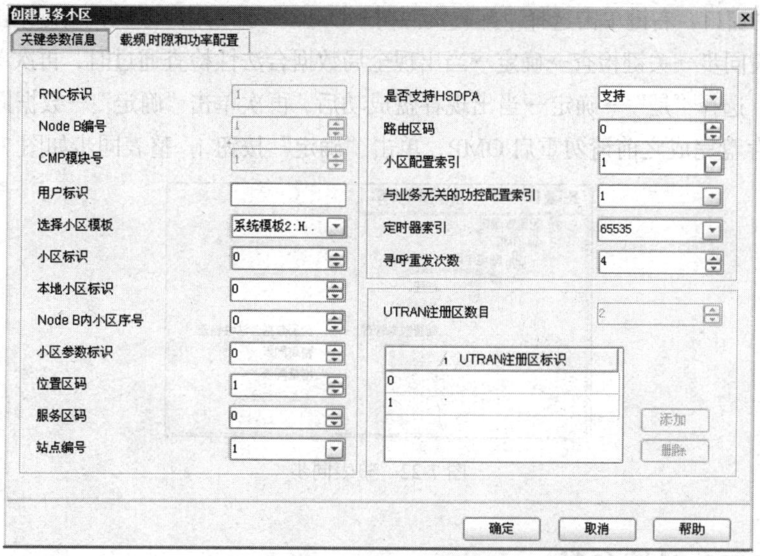

图 7-20　创建服务小区关键参数信息配置对话框

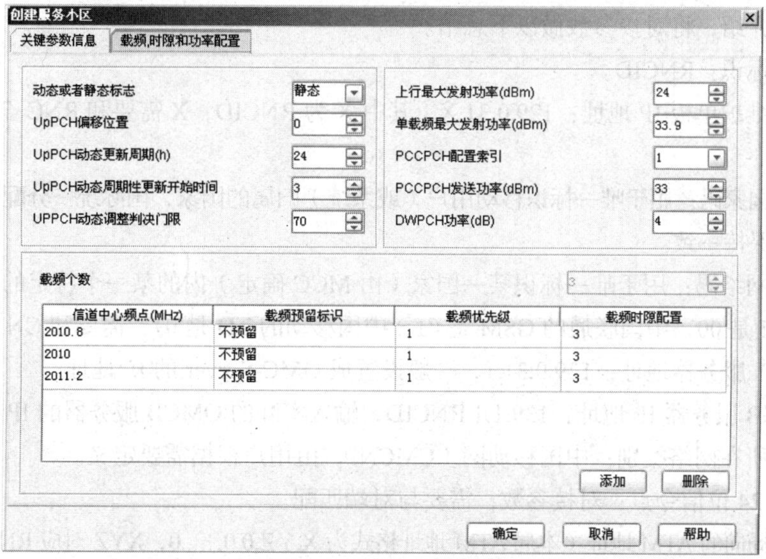

图 7-21　创建服务小区载频、时隙和功率配置对话框

和服务小区有关的参数，如表 7-15 所示。

表 7-15　　服务小区参数

小区标识	根据预规划的本地小区编号确定
本地小区标识	根据预规划的本地小区编号确定
NodeB 内小区序号	自定义
小区参数标识	根据预规划的主扰码确定
位置区码	7
服务区码	10（由 CN 提供）
路由区码	2（由 CN 提供）

（16）整表同步

配置资源树窗口，右键单击选择［配置资源树→OMC→子网用户标识→右键单击“管理网元用户标识”→整表同步→关键检查→确定→当出现全局数据合法性检查通过时，再次单击“确定”→出现是否同步，选择“是”→确定→当出现存盘成功后，再次单击“确定”→数据同步成功，RNC 正在存盘，在存盘完成之前请勿重启 OMP，单击“确定”按钮］，整表同步如图 7-22 所示。

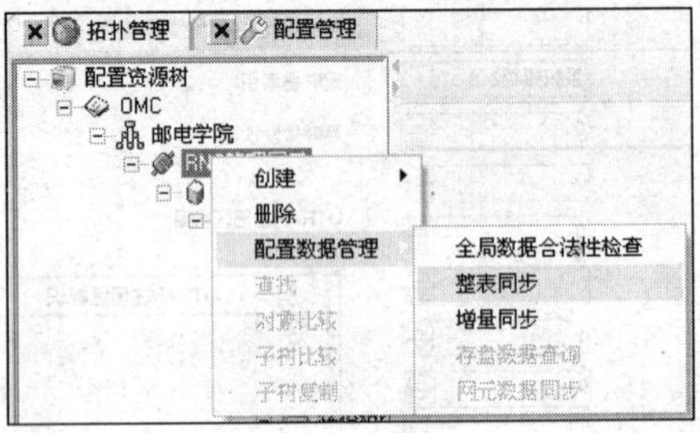

图 7-22　整表同步

7.1.2　RNC 对接参数

根据以上介绍，将对接参数做以下总结。

（1）子网标识：RNCID。

（2）操作维护单板 IP 地址：129.0.31.X，其中 X 为 RNCID，X 需要和 RNC 全局资源配置的局号保持一致。

（3）移动国家码：用于唯一标识移动用户（或系统）归属的国家，国际统一分配，中国为 460，需要和 CN 侧保持一致。

（4）移动网络码：用于唯一标识某一国家（由 MCC 确定）内的某一个特定的 PLMN 网，中国移动的 GSM 是 00，中国联通的 GSM 是 01，中国移动的 TD 是 07，需要和 CN 侧保持一致。

（5）SNTP 服务器地址：129.0.31.1，一般设置成 OMC-Server 的 IP 地址。

（6）OMCB 服务器 IP 地址：139.1.1.RNCID，输入实际的 OMCB 服务器的 IP 地址。

（7）本局所在网络类别：中国移动网（CMCN），由用户根据需要定义。

（8）本局 24 位信令点：对接参数，需要与对端匹配。

（9）邻接局向的 ATM 地址（本局 ATM 地址格式为 X.Y.Z.0.0……0，XYZ 对应 RNCID，Z 对应个位，Y 对应十位，X 对应百位。（例如 RNCID=1，则 ATM 地址为 00.00.01.00.00.00.00.00.00.00.00.00.

00.00.00.00.00.00.00.00）。

（10）静态路由网络前缀：静态路由的目的 IP，即 CN 侧的用户面 IP 地址。

（11）静态路由网络掩码：依据对接数据进行配置。

（12）下一跳 IP 地址：下一跳 IP 地址是 RNC 需要到达的 CN 侧的 IPOA IP 地址（即 IPOA 目的 IP 地址）。

（13）APBE：137.X.Y.2，255.255.255.0，255.255.255.255。（X 表示 RNCID，Y 表示 RNC 内部接口 IP 数目）

（14）GIPI：139.1.100.10X，255.255.0.0，139.1.255.255（前两字节与 OMCB 服务器 IP 地址一致）X 表示 RNCID

（15）ROMB：136.1.M.N，255.255.255.255，255.255.255.255（M 表示 RNCID，N 表示资源框数量）。

（16）IUCS 局向邻接局向的 ATM 地址：对接参数，由 CN 给出。

（17）MGW 信令点编码类型：24 位信令点编码，此项为对接参数，需 CN 侧提供。

（18）MGW 信令点编码：对接参数，需 CN 侧提供。

（19）MSC Server 信令点编码类型：24 位信令点编码，此项为对接参数，需 CN 侧提供。

（20）MSC Serve 信令点编码：对接参数，需 CN 侧提供。

（21）AAL2 通道编号：在一个局向内唯一标识一条 AAL2PVC，必须与对端网元配置一致，不能为 0。

（22）管理该通道的 SMP 模块号：APBE 板归属的模块号。

（23）AAL2 对端虚通路标识（CVPI）：对接参数，需 CN 侧提供。

（24）AAL2 对端虚通道标识（CVCI）：对接参数，需 CN 侧提供。

（25）IUPS 局向信令点编码：对接参数，需 CN 侧提供。

（26）IPOA 目的 IP 地址：CN 的接口板 SIUP 端口地址。

（27）IPOA 本端源 IP 地址：RNC 的接口板 APBE 的相应端口地址。

（28）IPOA 对端虚通路标识（CVPI）：对接参数，需 CN 侧提供。

（29）IPOA 对端虚通道标识（CVCI）：对接参数，需 CN 侧提供。

（30）信令链路组内编号（SLC）：对接参数，需 CN 侧提供。

（31）信令链路对端虚通路标识（CVPI）：对接参数，需 CN 侧提供。

（32）信令链路对端虚通道标识（CVCI）：对接参数，需 CN 侧提供。

（33）服务小区本地小区标识：根据预规划的本地小区编号确定。

（34）小区参数标识：根据预规划的主扰码确定。

（35）位置区码：由 CN 提供。

数据配置中比较重要的一些对接参数，如表 7-16 所示。

表 7–16　　TD–SCDMA 参数及读取位置

序　号	TD-CDMA 参数	TD-CDMA 参数读取位置
1	RNC 侧的 IMAB 单板的接口 IP 地址	RNC 侧 IUB50-Node B1 的 OMCB 通道中的本端源 IP 地址（140.1.100.100）
2	RNC 侧 RUB 单板的 IPUDP IP 地址（在设备配置中统一分配 IPUDP IP 地址）	RNC 侧的 ROMB 单板的接口 IP 地址（136.1.1.1、136.1.1.2、136.1.1.3）

续表

序　号	TD-CDMA 参数	TD-CDMA 参数读取位置
3	Iu-PS 局向的 IPOA 信息的本端源 IP 地址	RNC 侧的 APBE 单板接口 3 的 IP 地址（20.2.33.4）
4	Iu-CS 局向和 Iu-PS 局向的管理该通道的 SMP 模块号	RNC 侧的 APBE 单板的所属模块号（APBE 单板的所属模块是 11）
5	RNC 侧的静态路由的下一跳 IP 地址	Iu-PS 局向的 IPOA 信息的目的 IP 地址（20.2.33.3）

7.1.3 RNC 对接参数案例分析

在 2010 年“3G 基站建设维护及网络优化”全国职业院校技能竞赛“TD-SCDMA 建设与维护”子项中给出如图 7-23 所示的对接参数，要求选手根据对接参数图，分析各单板 IP 地址，并完成 RNC 与 NodeB 数据配置，打通虚拟电话。

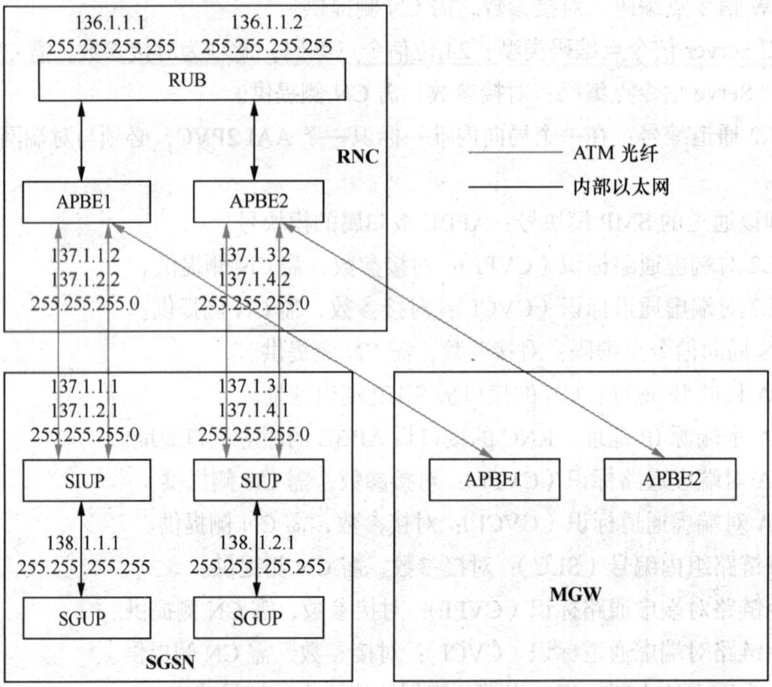

图 7-23　对接参数图

由图 7-23 可知，IUPS 局向采用 ATM 承载方式，其中对应的参数关系可以采用以下 4 种方案。

方案 1：ROMB 板接口 IP 地址为 136.1.1.1，掩码和广播 IP 地址为 255.255.255.255，APBE 板接口 IP 地址为 137.1.1.2，IPOA 目的 IP 为 137.1.1.1，源 IP 为 137.1.1.2，掩码为 255.255.255.0，静态路由的网络前缀为 138.1.1.1，网络掩码为 255.255.255.255，下一跳 IP 地址为 137.1.1.1。

方案 2：ROMB 板接口 IP 地址为 136.1.1.1，掩码和广播 IP 地址为 255.255.255.255，APBE 板接口 IP 地址为 137.1.2.2，IPOA 目的 IP 为 137.1.2.1，源 IP 为 137.1.2.2，掩码为 255.255.255.0，静态路由的网络前缀为 138.1.1.1，网络掩码为 255.255.255.255，下一跳 IP 地址为 137.1.2.1。

方案 3：ROMB 板接口 IP 地址为 136.1.1.2，掩码和广播 IP 地址为 255.255.255.255，APBE 板接口 IP 地址为 137.1.3.2，IPOA 目的 IP 为 137.1.3.1，源 IP 为 137.1.3.2，掩码为 255.255.255.0，

静态路由的网络前缀为 138.1.2.1，网络掩码为 255.255.255.255，下一跳 IP 地址为 137.1.3.1。

方案 4：ROMB 板接口 IP 地址为 136.1.1.2，掩码和广播 IP 地址为 255.255.255.255，APBE 板接口 IP 地址为 137.1.4.2，IPOA 目的 IP 为 137.1.4.1，源 IP 为 137.1.4.2，掩码为 255.255.255.0，静态路由的网络前缀为 138.1.2.1，网络掩码为 255.255.255.255，下一跳 IP 地址为 137.1.4.1。

选手可以采用以上 4 种方案中任何一种完成 RNC 与 NodeB 的数据配置。

任务 7.2　Node B 数据配置

《TD-SCDMA 网络预规划任务单》所规划的站点列表中，任意选取一个 Node B。然后打开仿真软件的“虚拟机房”，单击 BBU 机柜门，进入机框界面，并完成相应单板的配置，如图 7-24 所示。

配置所选的 Node B 管理网元数据时，Iub 接口的相关对接参数可以从 RNC 管理网元中获取，根据 TD-SCDMA 预规划任务单中所选的基站及进行的 Node B 小区级参数规划，完成 Node B 管理网元的数据配置。

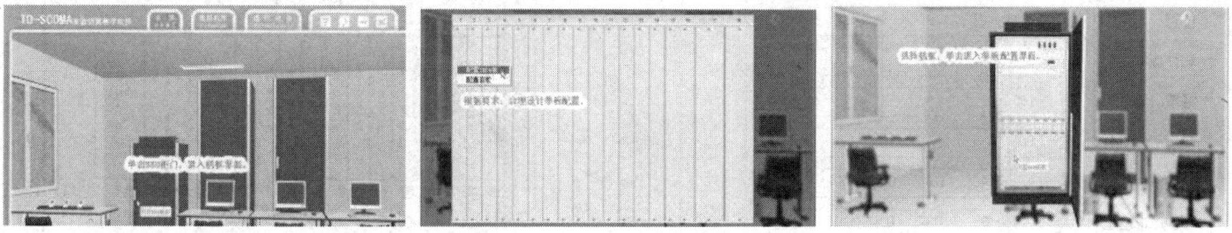

图 7-24　Node B 硬件配置示意图

7.2.1　Node B 数据配置步骤简述

Node B 开通调试数据配置步骤如表 7-17 所示。

表 7–17　Node B 开通调试数据配置步骤

步　骤	配 置 内 容	配 置 说 明
Step 1	创建 B328 管理网元	规范地进行配置
Step 2	创建模块	规范地进行配置
Step 3	快速创建 Node B 机架	按照规划数据进行配置
Step 4	配置单板	按照规划数据完成 TORN 板光纤维护和射频资源配置与ⅡA 板 E1 线维护
Step 5	配置承载链路	按照规划数据进行配置
Step 6	配置传输链路	按照对接数据进行配置
Step 7	配置 ATM 路由	默认
Step 8	创建物理站点	按照规划数据进行配置
Step 9	创建扇区	按照规划数据、对接数据进行配置
Step 10	创建本地小区	按照规划数据、对接数据进行配置

1. 配置 Node B 管理网元

（1）配置资源树窗口，选择 TD UTRAN 子网，单击右键，选择 [子网用户标识→创建→TD B328 管理网元→创建→Node B 管理网元]。

（2）单击［Node B 管理网元］，弹出对话框，如图 7-25 所示。

和图 7-25 内容相关的关键参数，如表 7-18 所示。

表 7–18　　B328 管理网元参数

模块一 IP 地址	140.13.0.1 ，IUB50-OMCB 通道的目的 IP 地址

2. 创建模块

（1）配置资源树窗口，右键单击选择［配置资源树→OMC→子网用户标识→配置集→创建→模块］。

（2）单击［模块］，弹出对话框如图 7-26 所示。

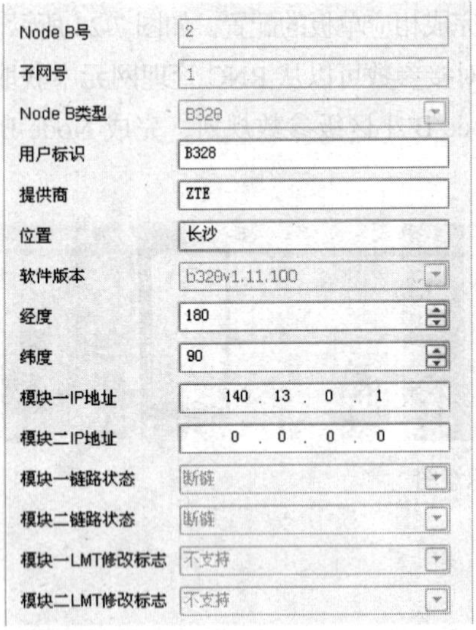

图 7-25　创建 Node B 管理网元配置对话框

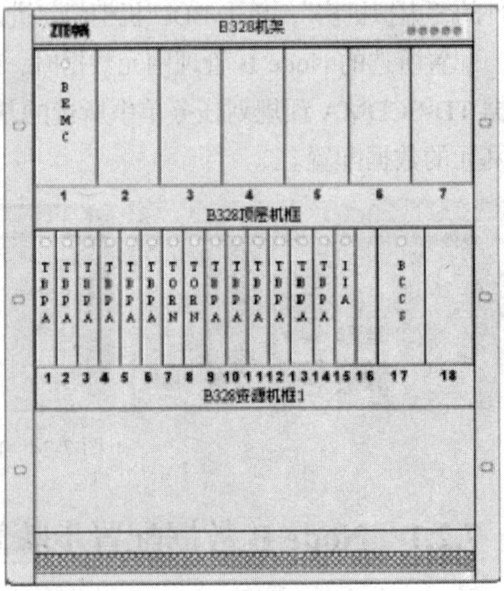

图 7-26　E1 线维护

和图 7-26 内容相关的关键参数，如表 7-19 所示。

表 7–19　　B328 模块一 ATM 地址配置

B328 模块一	
ATM 地址	对应 Iub50 中基本信息的邻接局向的 ATM 地址

3. 快速创建 Node B 机架

（1）配置资源树窗口，右键单击选择［配置资源树→OMC→子网用户标识→配置集→设备配置→创建→快速创建机架］

（2）双击“B328 机架”，如图 7-27 所示。

（3）删除多余单板（如采用 8 阵元天线，S3/3/3 站型，则删除槽位 4、5、6、8、9、10、11、12、13、14、16、18 的单板）。

4. 配置单板

（1）IIA（1/2/15）单板配置

创建完成单板后，在 IIA 单板上需要配置线缆，线缆类型有两种，一种 E1 线缆，另一种 STM-1 线缆，本虚拟机房采用 E1 线连接。

① 在配置管理页面右侧的机架配置页面，选择 IIA 单板，单击右键，系统弹出快捷对话框，选择［E1 线维护］。

② 系统弹出 E1 线设置对话框，如图 7-28 所示。

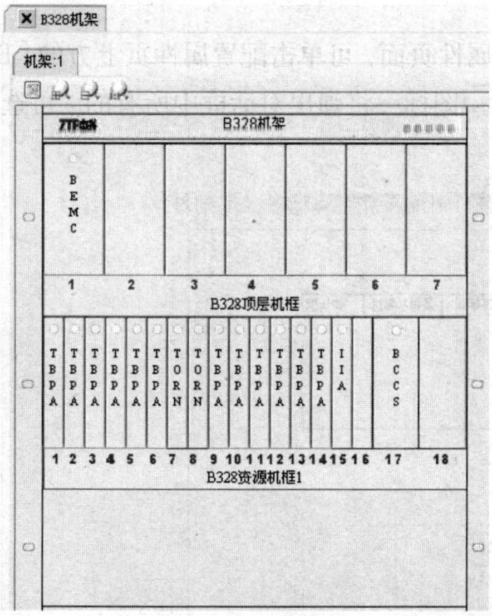

图 7-27　快速创建机架

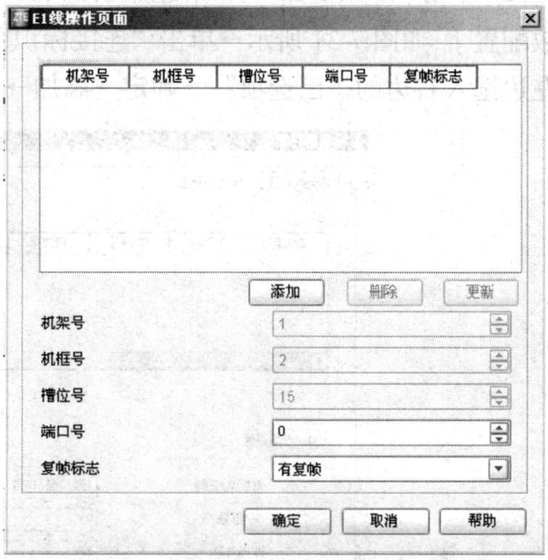

图 7-28　E1 线设置

（2）TORN（1/2/7）单板配置

① 在配置管理页面右侧的机架配置页面，选择 TORN 单板，单击右键，系统弹出快捷对话框，选择［光纤维护］。

② 系统弹出“光纤操作页”对话框，完成光纤维护操作，如图 7-29 所示。

③ 在配置管理页面右侧的机架配置页面，选择 TORN 单板，单击右键，系统弹出快捷对话框，选择［光纤上的射频资源］。

④ 系统弹出“光纤上的射频资源配置”对话框，完成光纤上的射频资源分配，如图 7-30 所示。

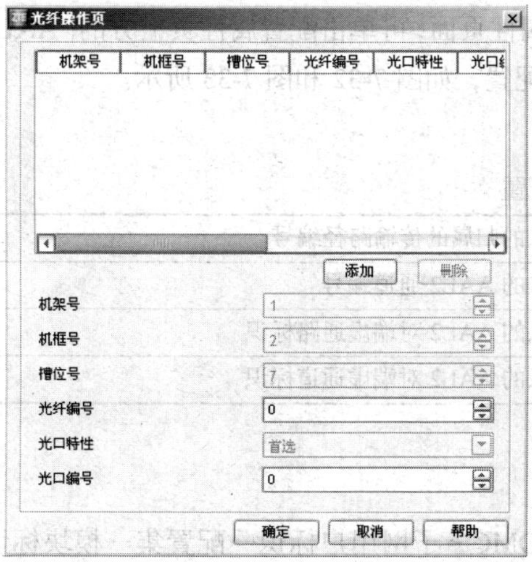

图 7-29　“光纤操作页”对话框

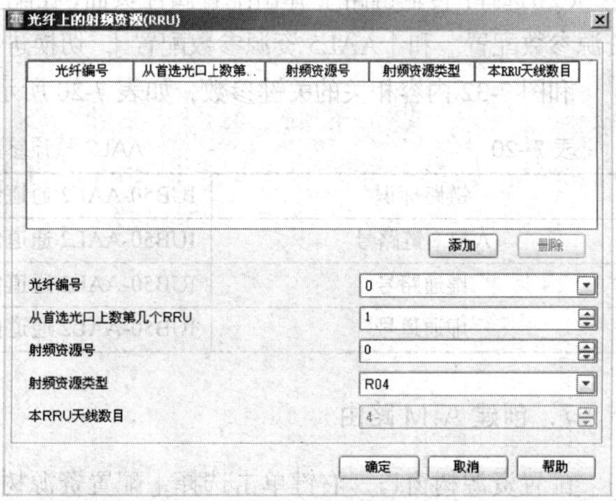

图 7-30　“光纤上的射频资源”对话框

5. 配置承载链路

（1）配置资源树窗口，右键单击选择［配置资源树→OMC→子网用户标识→配置集→模块标识→ATM 传输→创建→承载链路］。

（2）单击［承载链路→弹出配置属性页面，在配置属性页面，可单击配置属性页上方的［IMA 参数配置］，如图 7-31 所示→单击“连接标识”后的图标→将弹出对话框中所有的“可选项”从左边选入右边的“已选项”→确定→添加→确定］。

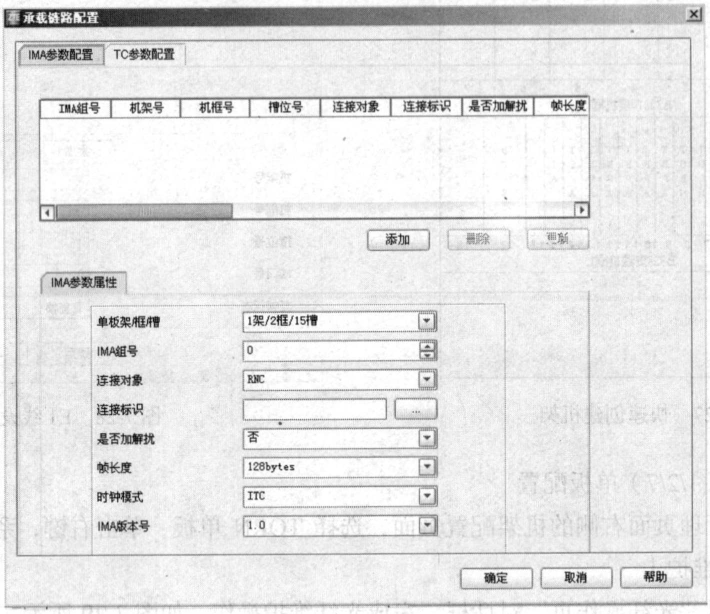

图 7-31 承载链路配置

6. 配置传输链路

（1）配置资源树窗口，右键单击选择［配置资源树→OMC→子网用户标识→配置集→模块标识→ATM 传输→创建→传输链路］。

（2）选择［传输链路］，弹出配置属性页面，在配置属性页面，可单击配置属性页上方的［AAL2 资源参数配置］和［AAL5 资源参数配置］，切换进行配置，如图 7-32 和图 7-33 所示。

和图 7-32 内容相关的关键参数，如表 7-20 所示。

表 7–20 AAL2 资源参数配置

链路标识	IUB50-AAL2 通道信息的归属的传输路径编号
AAL2 链路号	IUB50-AAL2 通道信息的 AAL2 通道编号
虚通路号	IUB50-AAL2 通道信息的 AAL2 对端虚通路标识
虚通道号	IUB50-AAL2 通道信息的 AAL2 对端虚通道标识

7. 创建 ATM 路由

配置资源树窗口，右键单击选择［配置资源树→OMC→子网用户标识→配置集→模块标识→ATM 传输→创建→ATM 路由→确定］。

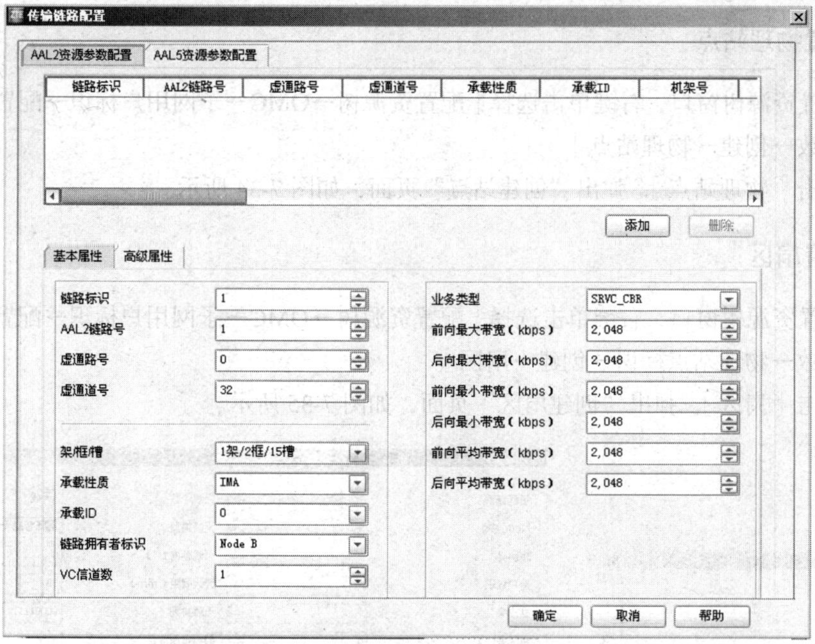

图 7-32　传输链路 AAL2 资源参数配置对话框

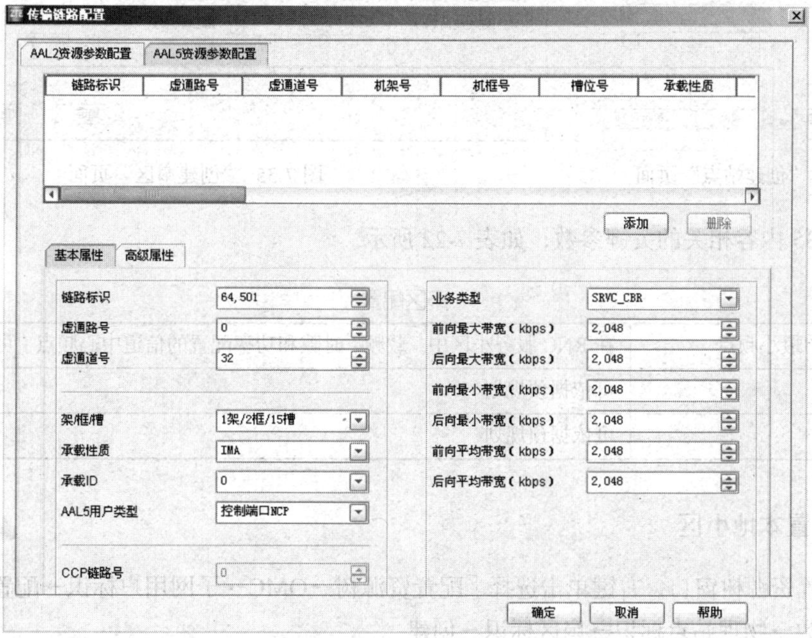

图 7-33　传输链路 AAL5 资源参数配置对话框

和图 7-33 内容相关的关键参数，如表 7-21 所示。

表 7-21　　AAL5 资源参数配置

虚通路号	Iub50 中宽带信令链路信息的信令链路对端虚通路标识 CVPI
虚通道号	Iub50 中宽带信令链路信息的信令链路对端虚通道标识 CVCI
AAL5 用户类型	Iub50 中宽带信令链路信息的链路应用类型
CCP 链路号	Iub50 中宽带信令链路信息的 Node B 链路号

8. 配置物理站点

（1）配置资源树窗口，右键单击选择［配置资源树→OMC→子网用户标识→配置集→模块标识→无线参数→创建→物理站点］。

（2）单击［物理站点］，弹出“创建站点”页面，如图 7-34 所示。

9. 配置扇区

（1）配置资源树窗口，右键单击选择［配置资源树→OMC→子网用户标识→配置集→模块标识→无线参数→物理站点标识→创建→扇区］。

（2）单击［扇区］，弹出“创建扇区”页面，如图 7-35 所示。

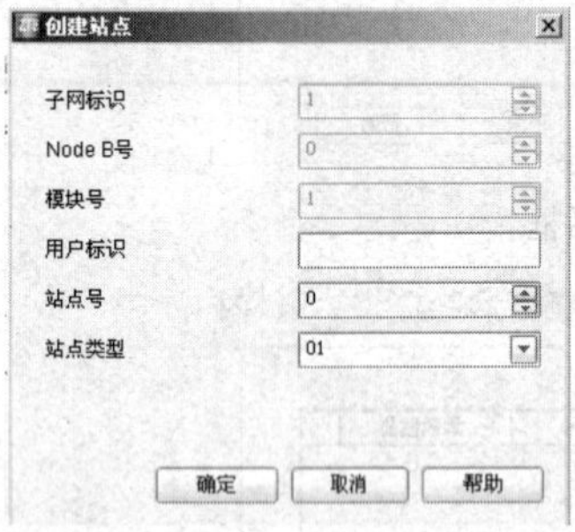

图 7-34 “创建站点”页面

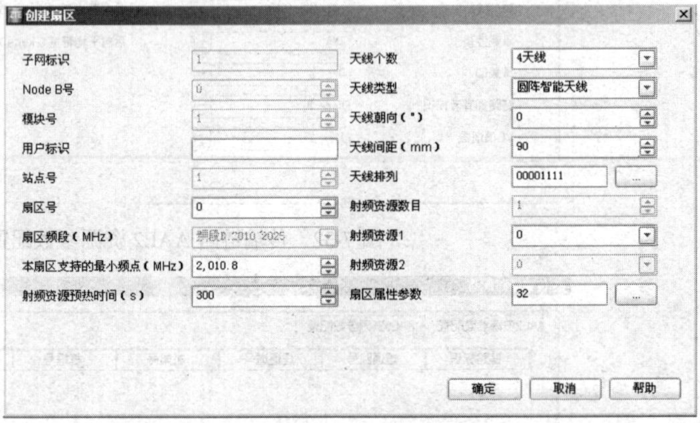

图 7-35 “创建扇区”页面

和图 7-35 内容相关的关键参数，如表 7-22 所示。

表 7–22 扇区配置

本扇区支持的最小频点	在 RNC 服务小区中，载频、时隙和功率配置的信道中心频点（可依据预规划）
天线类型	可依据预规划
天线朝向	可依据预规划

10. 配置本地小区

（1）配置资源树窗口，右键单击选择［配置资源树→OMC→子网用户标识→配置集→模块标识→无线参数→物理站点标识→扇区标识→创建］。

（2）单击［本地小区］，弹出“创建本地小区和载设资源页面，如图 7-36 所示。

和图 7-34 内容相关的关键参数，如表 7-23 所示。

表 7–23 本地小区参数

本地小区号	在 RNC 服务小区中，关键参数信息的本地小区标识
用户标识	RNC 服务小区中关键参数信息的本地小区标识（也可以自定义）
载波资源号	RNC 服务小区→关键参数信息的载频个数→载频时隙配置

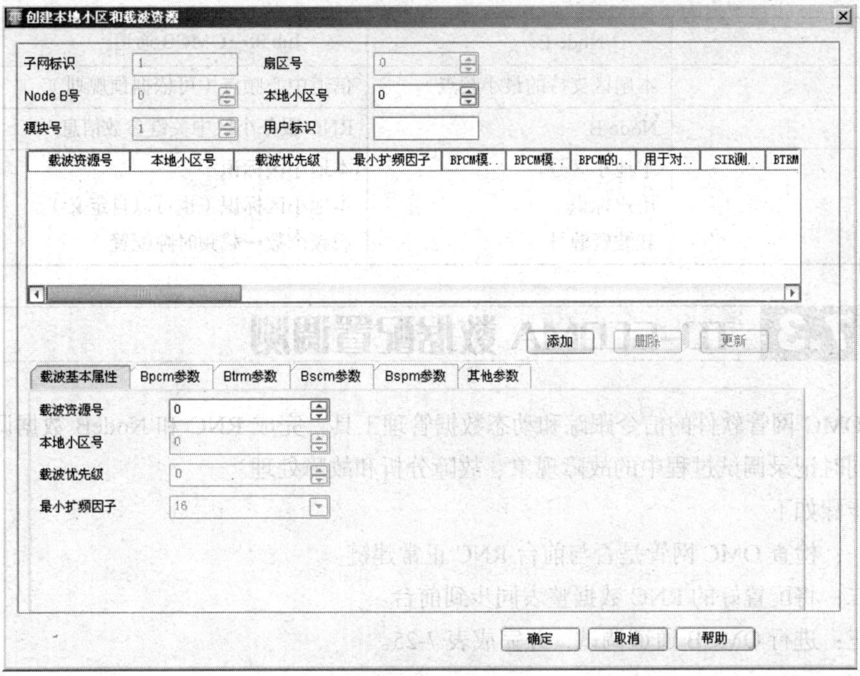

图 7-36　“创建本地小区和载波资源”页面

7.2.2　Node B 对接参数

根据以上信息，将对接参数总结如表 7-24 所示。

表 7-24　Node B 对接参数配置

	Node B	Iub50→OMCB 通道
Node B 网元	模块一 IP 地址	目的 IP 地址
	Node B	Iub50-基本信息
模块一	ATM 地址	邻接局向的 ATM 地址
	Node B	Iub50-AAL2 通道信息
AAL2 资源参数配置	链路标识 AAL2 链路号 虚通路号 虚通道号	归属的传输路径编号 AAL2 通道编号 AAL2 对端虚通路标识 AAL2 对端虚通道标识
	Node B	IUB50 中宽带信令链路信息
AAL5 资源参数配置	链路标识 虚通路号 虚通道号 AAL5 用户类型 CCP 链路号	信令链路对端虚通路标识 CVPI 信令链路对端虚通道标识 CVCI 链路应用类型 Node B 链路号
	Node B	RNC 服务小区中载频、时隙和功率配置

续表

	Node B	Iub50→OMCB 通道
扇区	本扇区支持的最小频点	信道中心频点（可依据预规划）
	Node B	RNC 服务小区中关键参数信息
本地小区	本地小区号 用户标识 载波资源号	本地小区标识 本地小区标识（也可以自定义） 载频个数→载频时隙配置

任务 7.3 TD-SCDMA 数据配置调测

利用 OMC 网管软件的信令跟踪和动态数据管理工具，完成 RNC 和 NodeB 数据调试，并打通电话。同时记录调试过程中的故障现象、故障分析和故障处理。

调试步骤如下。

步骤一：检查 OMC 网管是否与前台 RNC 正常建链。

步骤二：将配置好的 RNC 数据整表同步到前台。

步骤三：进行 OMCB 通道调试，并完成表 7-25。

表 7–25 OMCB 通道调试

顺　序	调试检查内容	是/否	失败的原因及处理过程
1	OMC 网管是否与前台 Node B 正常建链		
2	是否可以将配置好的 Node B 数据整表同步到前台		

步骤四：进行 I_u-CS 局向调试，并完成表 7-26。

表 7–26 I_u–CS 局向调试

顺　序	调试检查内容	是/否	不能正常建立的原因及处理过程
1	链路可达		
2	至 MGW 信令点 可达		
3	至 MSC-S 信令点可达		

步骤五：进行 Iub 局向调试，并完成表 7-27。

表 7–27 Iub 局向调试

顺　序	调试检查内容	是/否	不能正常建立的原因及处理过程
1	NCP 链路可达		
2	CCP 链路可达		
3	ALCAP 链路可达		
4	小区状态 （建立+解闭塞）		
5	公共信道 （建立+解闭塞）		

步骤六：进行 UE 呼叫，并完成表 7-28。

表 7-28　　UE 呼叫

顺　　序	调试检查内容	是/否	失败的原因
1	RRC 建立正常		
2	IU 口信令链接正常		
3	RAB 指配成功		

可以通过整表同步、告警管理、动态数据管理、信令跟踪进行拨打调试

1．整表同步

数据配置完成后，通过整表同步将数据同步到 RNC。

在［配置管理］视图管理网元节点右键单击选择［RNC 管理网元用户标识→配置数据管理→整表同步］。也可在 RNC 管理网元用户属性页面单击按钮进行整表同步操作。

单击［整表同步］，弹出“是否先进行全局数据的合法性检查？”的确认对话框，如果不进行全局数据的合法性检查则弹出“整表同步”对话框，如图 7-37 所示。

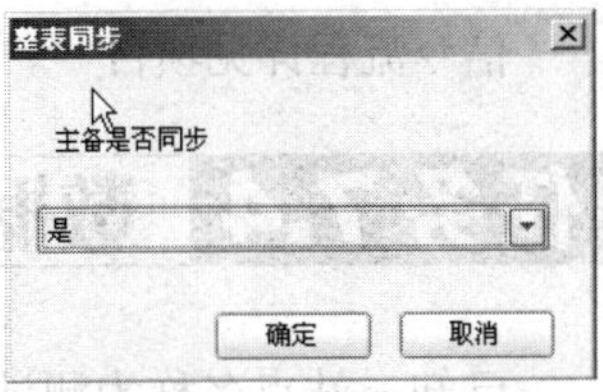

图 7-37　“整表同步”对话框

单击 <确定> 按钮完成整表同步。

2．动态数据管理

（1）在主视图上单击[视图→动态数据管理]，进入动态数据管理视图。

（2）双击动态管理树中的“动态数据管理”或“Node B 动态数据管理”节点，开始动态数据跟踪。

3．告警管理

（1）在主视图上单击[视图→告警管理]，进入告警管理视图。

（2）进入告警视图后，可以查看当前实时告警信息，如图 7-38 所示。

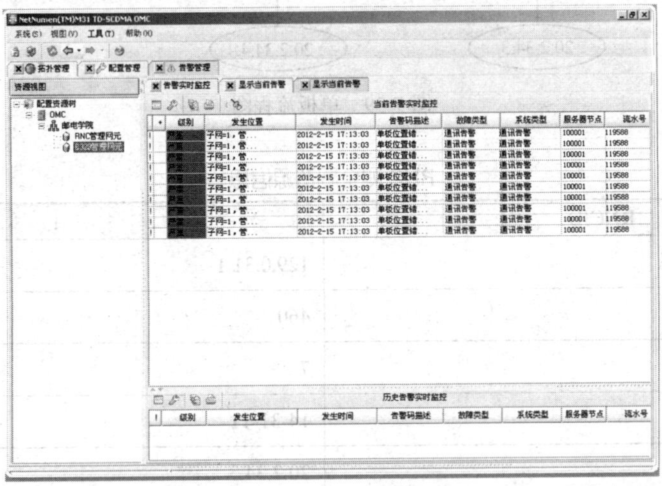

图 7-38　实时告警图

（3）右键单击告警管理树，可在弹出的菜单中选择“显示告警机架”，查看 RNC 机架告警和 Node B 机架告警。

4．信令跟踪

下面介绍建立特定 UE 的信令跟踪的步骤。

（1）从“文件”菜单中，选择“新建特定 UE 相关的跟踪任务”。

（2）在弹出的界面中，选择一种跟踪模式，在“任务信息”中，单击鼠标右键，从弹出菜单中选择“添加”来添加跟踪任务项，填写 UE 标识类型为 IMSI（如 UE 标识为 460123456789766），选择添加，关闭之后单击创建任务，弹出界面。

（3）右键单击跟踪任务，单击开始信令跟踪，单击激活信令显示窗口，拨打虚拟手机进行信令跟踪查看。

信令流程详见项目一。

任务 7.4 数据配置典型案例实践

已知一站点名称为测试站点，该基站以 B328+R04 组网，为 S3/3/3 站型，每个扇区采用 8 天线智能天线阵，连接基站 E1 数量为 8，频点分别为 10088、10114、10120，发射功率为 2dB，图 7-39 和表 7-29～表 7-32 所示为部分参数信息，其他参数详见软件中的信息参数表。

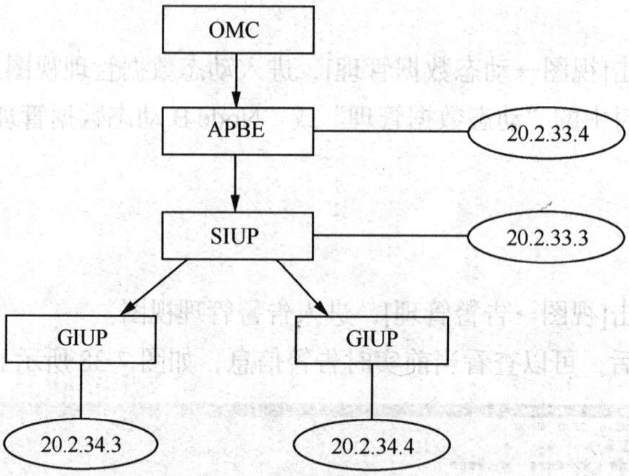

图 7-39 单板流程图

表 7-29 RNC 侧全局资源信息

RNCID	1
操作维护单板 IP 信息	129.0.31.1
移动国家码	460
移动网络码	7
本局 24 位信令点	14-31-11
静态路由网络前缀	20.2.34.3

表 7-30 硬件信息

APBE 板接口 IP 地址	1/1/6，端口号 3，IP 地址：20.2.33.4
GIPI 板接口 IP 地址	1/1/11，端口号 1，IP 地址：139.1.100.101

表 7-31 IUCS 信息

ATM 地址编码计划	NSAP
ATM 地址	01.01.01.00.00.00.00.00.00.00.00.00.00.00.00.00.00.00.00.00
MGW 信令点编码	14-29-5
MSC-Server 信令点编码	14-27-5

表 7-32 IUPS 信息

ATM 地址编码计划	NSAP
ATM 地址	00.00.00.00.00.00.00.00.00.00.00.00.00.00.00.00.00.00.00.00
24 位信令点编码	14-26-5

利用已知信息作该基站的开通调测。

（1）单板信息

由已知条件，可得单板信息如表 7-33 所示。

表 7-33 Node B 单板数量

TBPA	TORN	IIA	BCCS
3	1	1	1

（2）频点信息：

10088 的中心频率为 10088/5=2017.6；

10114 的中心频率为 10114/5=2022.8；

10120 的中心频率为 10120/5=2024。

（3）发射功率：33dBm

（4）APBE 板 IP 地址：20.2.33.4。

（5）IPOA 目的 IP 地址：20.2.33.3；源 IP 地址：20.2.33.4。

（6）静态路由网络前缀：10.1.2.3；下一跳 IP 地址：20.2.33.3。

整理好以上信息，结合信息参数表中的信息，按照数据配置流程做该基站的数据配置，步骤如下。

（1）右键单击 OMC→创建 TD UTRAN 子网（用户标识：测试站点；子网标识：1）。

（2）右键单击测试站点→创建 TD RNC 管理网元（操作维护单板 IP 地址：129.0.31.1；用户标识：RNC 管理网元；提供商：ZTE；位置：长沙）。

（3）右键单击配置集→创建 RNC 全局资源（用户标识：RNC 全局资源；移动国家码：460；移动网络码：7；本局 24 未信令点：14-31-11）。

（4）右键单击设备配置→快速创建机架或者创建标准机架（在虚拟机房打开 RNC 机柜，按照机柜内的单板进行配置）。

（5）修改 APBE 单板接口信息（接口的端口号：3；接口的 IP 地址：20.2.33.4；接口 IP 掩码：255.255.255.0；广播地址 255.255.255.255）。

（6）修改 GIPI 单板接口信息（接口的端口号：1；接口的 IP 地址：139.1.100.101；接口 IP 掩码：255.255.0.0；广播地址 139.1.255.255）。

（7）修改 ROMB 单板接口信息（接口的端口号：1/2/3；接口的 IP 地址：136.1.1.1/2/3；接口 IP 掩码：255.255.255.255；广播地址 255.255.255.255）。

（8）右键单击设备配置→统一分配 IPUDP IP 地址（将 136.1.1.1 分配给 1/1/（14、16 和 17）；将 136.1.1.2 分配给 1/3/（14～17）；将 136.1.1.3 分配给 2/1/（14～17）。

（9）创建 ATM 通信端口（选择添加通信端口号 4 和 6）。

（10）创建路径组配置（用户标识：路径组，单击确定）。

（11）IUCS 局向配置基本信息配置（用户标识：IUCS 局向；局向类型：MGW 和 MSCServer 分离；ATM 地址编码计划：NSAP；邻接局向的 ATM 地址：00.00.01.00.00.00.00.00.00.00.00.00.00.00.00.00.00.00.00.00；MGW 信令点编码：14-29-5；MSCS 信令点编码：14-27-5）。

（12）IUCS 局向配置传输路径配置（单击添加）。

（13）IUCS 局向配置 AAL2 通道信息配置（AAL2 通道编号：1；管理该通道的 SMP 模块号：11；AAL2 对端通信端口号：4；AAL2 对端虚通路标识 CVPI：2；AAL2 对端虚通道标识 CVCI：41）。

（14）IUCS 局向配置宽带信令链路信息配置（信令链路组内编号 SLC：0；管理该通道的 SMP 模块号：11，信令链路对端通信端口号：4；信令链路对端虚通路标识 CVPI：1；信令链路对端虚通道标识 CVCI：32）。

（15）IUPS 局向配置基本信息配置（用户标识：IUPS 局向；局向类型：SGSN；ATM 地址编码计划：NSAP；邻接局向的 ATM 地址：00.00.00.00.00.00.00.00.00.00.00.00.00.00.00.00.00.00.00.00；信令点编码：14-26-5）。

（16）IUPS 局向配置 IPOA 信息配置（目的 IP 地址：20.2.33.3；本端源 IP 地址：20.2.33.4；地址掩码：255.255.255.0；IPOA 对端通信端口号：6；IPOA 对端虚通路标识 CVPI：1；IPOA 对端虚通道标识 CVCI：50）。

（17）IUCS 局向配置宽带信令链路信息配置（信令链路组内编号 SLC：0；管理该通道的 SMP 模块号：11；信令链路对端通信端口号：6；信令链路对端虚通路标识 CVPI：1；信令链路对端虚通道标识 CVCI：42）。

（18）右键单击局向配置→快速创建 Iub 局向（E1 数量：8）→添加，确定。

（19）双击 RNC 全局资源→单击显示高级属性→单击静态路由进行配置（静态路由网络前缀：20.2.34.3；静态路由网络掩码：255.255.255.0；下一跳 IP 地址：20.2.33.3）。

（20）右键单击 Node B1→创建服务小区。服务小区参数如表 7-34 所示。

表 7-34　　服务小区参数

用户标识	小区标识	本地小区标识	Node B 内小区序号	小区参数标识	位置区码	服务区码	路由区码	信道中心频点（MHZ）
服务小区 1	10	10	0	0	7	10	2	2017.6、2022.8、2024
服务小区 2	11	11	1	4	7	10	2	2017.6、2022.8、2024
服务小区 3	12	12	2	8	7	10	2	2017.6、2022.8、2024

（21）右键单击 RNC 管理网元→配置数据管理→整表同步→确定。

（22）右键单击测试站点→创建 TD B328 管理网元（模块一 IP 地址：140.13.0.1）。

（23）右键单击配置集→创建模块（用户标识：模块 1；ATM 地址：00.00.00.00.00.00.00.00.00.00.00.00.00.00.00.00.00.00.00.01）。

（24）右键单击设备配置→快速创建机架→删除 4～6、8～14、16 和 18 槽位的单板。

（25）单击 TORN→进行光纤维护（添加光纤编号和光口编号 0～5）→进行光纤上的射频资源分配（添加光纤编号和射频资源类型 0～5）。

（26）右键单击 IIA→进行 E1 线维护（添加端口号 0～7）。

（27）右键单击 ATM 传输→创建承载链路。

（28）右键单击 ATM 传输→创建传输链路→进行 AAL2 资源参数配置如表 7-35 所示→进行 AAL5 资源参数配置如表 7-36 所示。

表 7-35 AAL2 资源参数配置

链 路 标 识	AAL2 链路号	虚 通 路 号	虚 通 道 号
1	1	1	150
2	2	1	151
3	3	1	152

表 7-36 AAL5 资源参数配置

链 路 标 识	虚 通 路 号	虚 通 道 号	AAL5 用户类型	CCP 链路号
64，501	1	46	控制端 NCP	0
64，502	1	50	通信端 CCP	1
64，503	1	40	承载 ALCAP	1

（29）右键单击 ATM 传输→单击添加。

（30）右键单击无线参数→创建物理站点（用户标识：测试站点；站点号：1；站点类型：S3/3/3）

（31）右键单击测试站点→创建扇区如表 7-37 所示。

表 7-37 扇区创建参数

用 户 标 识	扇 区 号	天 线 个 数	天 线 类 型	天 线 朝 向	射频资源 1	射频资源 2
扇区 1	1	8 天线	线阵智能天线	0	0	1
扇区 2	2	8 天线	线阵智能天线	120	2	3
扇区 3	3	8 天线	线阵智能天线	240	4	5

（32）右键单击扇区→创建本地小区，扇区的对应本地小区如表 7-38 所示。

表 7-38 扇区的对应本地小区

本地小区号	用 户 标 识	载波资源号
10	本地小区 1	0、1、2
11	本地小区 2	0、1、2
12	本地小区 3	0、1、2

（33）右键单击 B328 管理网元→整表同步→确定。

通过动态数据管理、告警管理、信令跟踪工具，拨打测试虚拟手机，检查基站能否正常开通。

项目八

TD-SCDMA 故障排除

【项目描述】 利用 TD-SCDMA 系统的 OMC 后台网管软件进行动态数据管理、告警管理、信令跟踪等操作，有效进行硬件、软件故障分析和定位，完成硬件、软件故障排除，填写相应的故障处理单，并在仿真软件上排除故障，使手机可以完成各种业务演示。

任务 8.1　典型硬件故障案例分析

8.1.1　Node B 接口通信故障

1. 传输断

故障现象：

（1）从 RNC 侧观察到站点相关的接口单板上指示灯告警。

（2）从 B328 侧观察到 IIA 板的 ALM 灯红亮、红闪。

故障分析：

RNC、B328 或传输设备中，任何一种设备有问题都会导致此故障现象。

故障处理：

（1）检查 RNC 到 B328 的线路是否正常。

（2）用自环判断传输是否正常，必须双向环回。即从 RNC 侧环回，检查 B328 指示灯是否正常；从 B328 侧环回，检查 RNC 侧的指示灯是否正常。

（3）如果无法明显判断线路哪一段出现问题，则将 RNC 到 B328 的线路分成若干段，从 RNC 最近的一段开始进行自环测试，如果告警消失，接着进行下一段自环测试，如果又出现告警，则可以把故障定位在这一段。

2．传输质量差

故障现象：

后台观测到 RNC 和 B328 之间链路时断时通。

故障分析：

可能存在帧失步告警、19.44 M 时钟告警、同步或信元定界丢失，这些都会产生传输误码。

故障处理：

（1）检查传输布线是否符合要求。

（2）检查站点、DDF 架、RNC 和传输的接地是否良好。

（3）从 RNC 开始逐段对 E1 线路（或光纤）进行自环并且检测 E1 线路（或光纤）误码是否异常，如果异常，那么问题就出在该段，请更换该段连接线或连接设备。

（4）使用传输测试仪器来进行传输指标测试。

3．IIA 光口板不通

故障现象：

（1）IIA 面板上光口收发指示灯异常。

（2）后台有 B328 与 RNC 通信中断告警。

（3）用户业务无法接入。

故障分析：

（1）IIA 硬件故障。

（2）RNC 侧硬件故障。

（3）传输故障。

故障处理：

（1）用一路工作正常的光纤对 IIA 板的光口进行自环，如果自环成功，说明光口工作正常；如果不成功，说明此光口不正常，需要更换 IIA 板。

（2）用同样的方法，对 RNC 的 Iub 接口板上的相应光口进行自环测试，如果不正常需要更换单板。

（3）更换连接 RNC 和 Node B 之间的光纤。

4．BBU/RRU 间通信中断

故障现象：

BBU 和 RRU 间通讯中断，用户不能接入。

故障分析：

（1）传输故障。

（2）BCCS 板、TORN 板以及与之相连的光纤出现故障。

故障处理：

（1）查看 TORN 上对应的光接口有无告警。如有告警，先解决光传输故障；如果光传输正常，按以下步骤继续排查。

（2）倒换 BCCS 单板，确认是否能解决故障。

（3）复位 TORN 单板，确认是否能解决故障。

（4）复位 BCCS 单板，确认是否能解决故障。
（5）更换光纤，确认是否能解决故障。
（6）更换 TORN 单板，确认是否能解决故障。
（7）更换 BCCS 单板，确认是否能解决故障。

8.1.2 Node B 内部通信故障

1. GPS 通信链路断

故障现象：
GPS 出现通信断告警。
故障分析：
BCCS、GPS 卡（位于 BEMU 中）及与之相连的串口线缆故障。
故障处理：
（1）倒换 BCCS 单板，确认是否能解决问题。
（2）复位 BEMU 模块，确认是否能解决问题。
（3）更换 BCCS 和 BEMU 之间的串口线缆，确认是否能解决问题。
（4）更换 BEMU 模块，确认是否能解决问题。
（5）更换 BCCS 单板，确认是否能解决问题。

2. GPS 子卡故障

故障现象；
后台有 GPS 时钟告警。
故障分析：
（1）首先可能是线路连接错误。
（2）GPS 子卡安装不可靠。
（3）GPS 子卡电源供应故障。
故障处理：
（1）确认外接天线正确连接到 BEMU 相应的 GPS 接口上，接口标志为 GPS。
（2）确认 BEMU 电源正常。
（3）如果以上现象均正常，请更换 BEMU。

任务 8.2 典型软件故障排除

8.2.1 故障现象描述

通过观察 OMC 后台网管软件的动态数据管理、告警管理、信令跟踪和虚拟手机，得出各种故障现象。

动态数据管理包含 RNC 网元和 Node B 网元。RNC 网元包含服务小区管理（小区相关、信道相关）、AAL2 通道管理（Iub 局向、Iu-CS 局向）、七号管理（MGW、MSCServer、SGSN）和局向管理（AAL2 通道、宽带信令、ATMPVC），如图 8-1 所示。

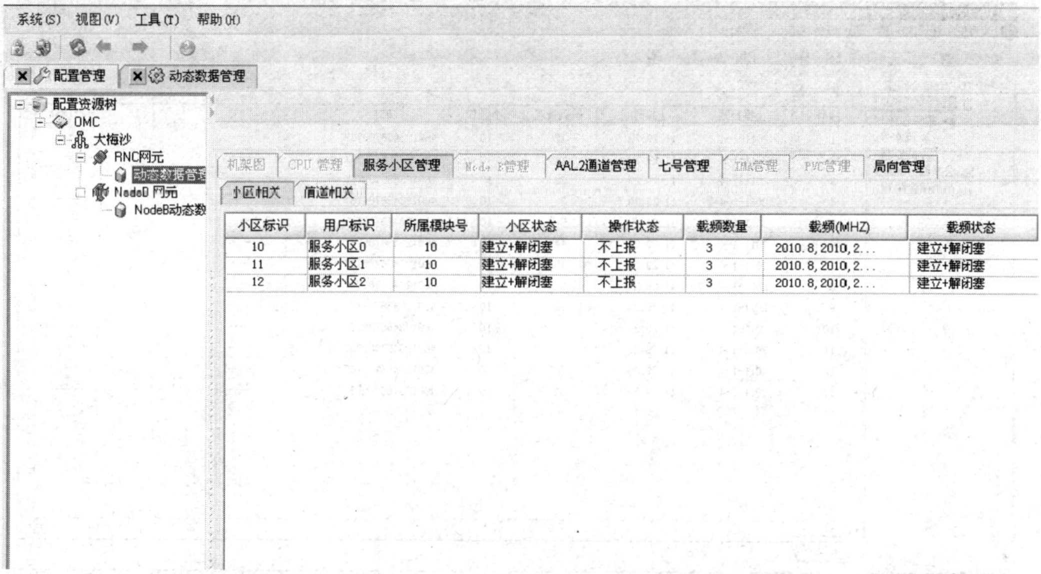

图 8-1　动态数据管理

在 RNC 网元中可观察到的故障现象：服务小区未建立+解闭塞、信道未建立+解闭塞，Iub 局向阻塞、Iu-CS 局向阻塞，MGW 信令点不可达、MSCServer 信令点不可达、SGSN 信令点不可达，AAL2 通道阻塞、宽带信令链路的 MTP3B 拥塞、宽带信令链路不可达、ATMPVC 非正常状态、断链或接口板位置错误。

在 Node B 网元中可观察到的故障现象：单板异常。

告警管理包含 RNC 网元和 Node B 网元，如图 8-2 所示。

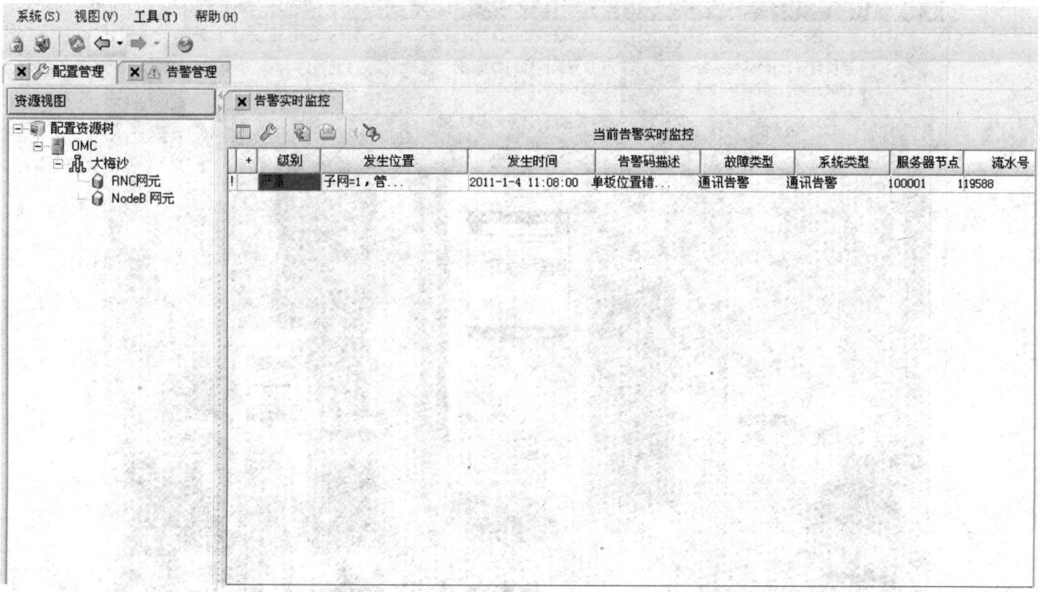

图 8-2　告警管理

在告警管理中可观察到的故障现象：严重告警、重要告警和主要告警。

信令跟踪包含特定 UE 相关的跟踪、公共部分的跟踪和全局信令跟踪，如图 8-3 所示。

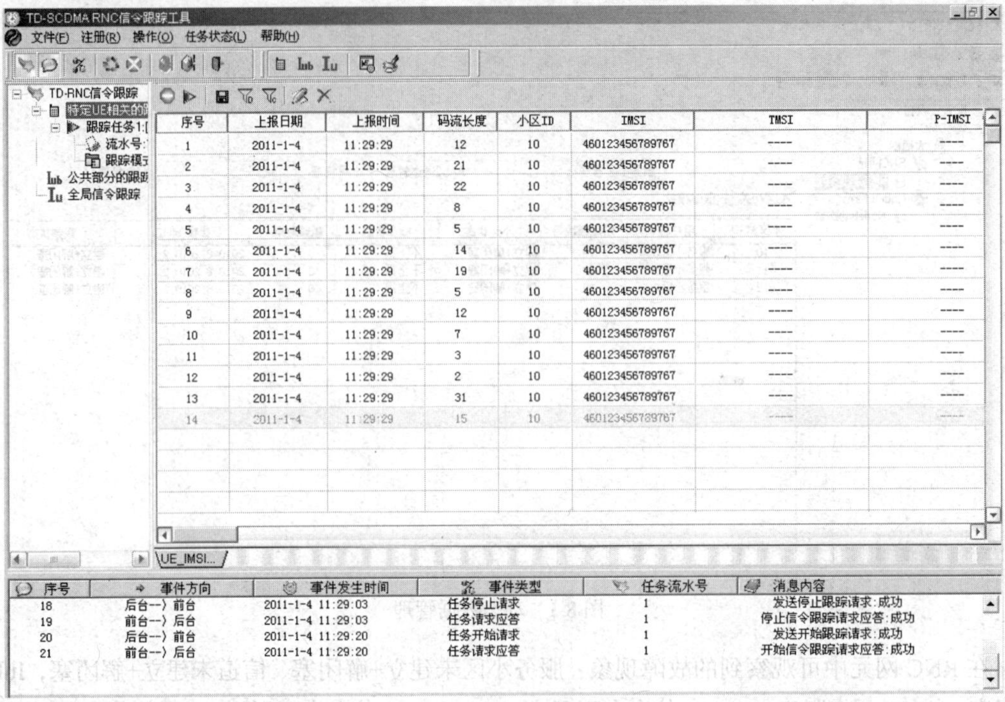

序号	上报日期	上报时间	码流长度	小区ID	IMSI	TMSI	P-IMSI
1	2011-1-4	11:29:29	12	10	460123456789767	----	----
2	2011-1-4	11:29:29	21	10	460123456789767	----	----
3	2011-1-4	11:29:29	22	10	460123456789767	----	----
4	2011-1-4	11:29:29	8	10	460123456789767	----	----
5	2011-1-4	11:29:29	5	10	460123456789767	----	----
6	2011-1-4	11:29:29	14	10	460123456789767	----	----
7	2011-1-4	11:29:29	19	10	460123456789767	----	----
8	2011-1-4	11:29:29	5	10	460123456789767	----	----
9	2011-1-4	11:29:29	12	10	460123456789767	----	----
10	2011-1-4	11:29:29	7	10	460123456789767	----	----
11	2011-1-4	11:29:29	3	10	460123456789767	----	----
12	2011-1-4	11:29:29	2	10	460123456789767	----	----
13	2011-1-4	11:29:29	31	10	460123456789767	----	----
14	2011-1-4	11:29:29	15	10	460123456789767	----	----

序号	事件方向	事件发生时间	事件类型	任务流水号	消息内容
18	后台--〉前台	2011-1-4 11:29:03	任务停止请求	1	发送停止跟踪请求:成功
19	前台--〉后台	2011-1-4 11:29:03	任务请求应答	1	停止信令跟踪请求应答:成功
20	后台--〉前台	2011-1-4 11:29:20	任务开始请求	1	发送开始跟踪请求:成功
21	前台--〉后台	2011-1-4 11:29:20	任务请求应答	1	开始信令跟踪请求应答:成功

图 8-3　信令跟踪

在信令跟踪中可观察到的故障现象：RAB 指配失败、位置更新拒绝、RRC 连接拒绝和公共信道未建立。

虚拟手机包含电路域呼叫和分组域浏览网页，如图 8-4 所示。

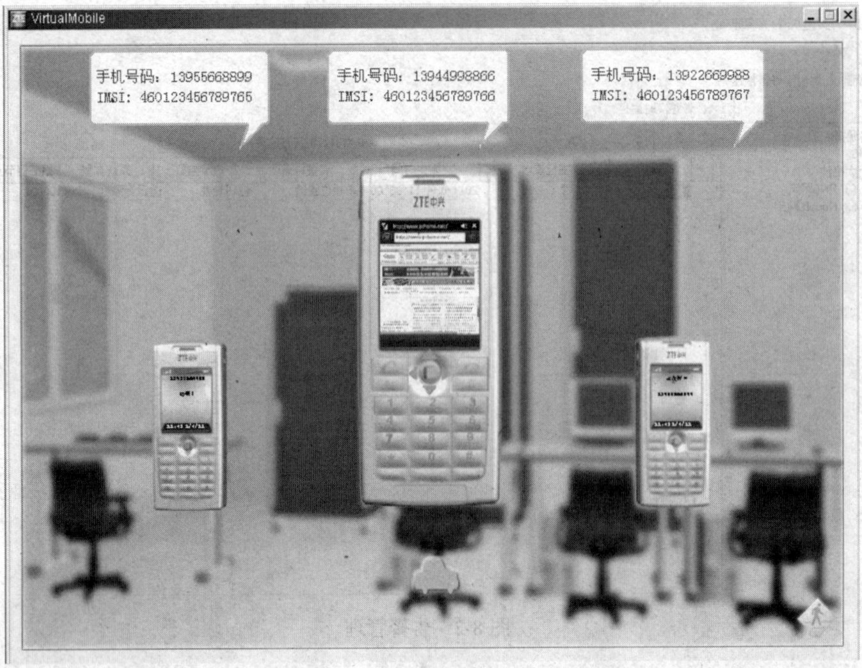

图 8-4　虚拟手机

在虚拟手机中可观察到的故障现象：仅限紧急呼叫、无网络、网络有故障（打不通电话和不可发短信）、不可浏览网页。

8.2.2 故障分析与定位

通过 OMC 后台网管软件的动态数据管理、告警管理和信令跟踪的各种故障现象来进行故障分析与定位。具体故障点对应的故障现象详情如表 8-1 所示。

表 8-1 故障分析与定位

序号	故 障 点	故 障 现 象	故障设置举例
1	RNC 管理网元中操作维护 IP 地址错误	（1）RNC 侧网元间链路不可用 （2）动态数据管理出现异常（接口板异常或断链） （3）手机出现无网络（不能打电话、不能发短信、互联网业务不通）	将 129.0.31.1 改为 129.0.31.0
2	RNC 全局资源中移动国家码错误	（1）仅限于紧急呼叫 （2）互联网业务不通（若将其改正确之后还不能上网，则查看静态路由）	将 460 改为 466
3	RNC 全局资源中移动网络号错误	（1）仅限紧急呼叫 （2）互联网业务不通（若将其改正确之后还不能上网，则查看静态路由）	将 7 改为 6
4	RNC 全局资源中本局 24 位信令点错误	（1）动态数据管理的七号管理中 SGSN 信令点不可达 （2）互联网业务不通	将 14.31.11 改为 14.0.11
5	RNC 全局资源的静态路由网络前缀或者静态路由网络掩码错误	互联网业务不通	将 20.2.34.0 改为 20.1.34.0 或者将 255.255.255.0 改为 255.255.255.255
6	RNC 侧机架中 1/1/5 槽位 IMAB 单板 IP 地址位未配置或配置错误	B328 侧的网元间链路不可用（即引起 OMCB 通道建立失败） 备注：单板 IMAB 的 IP 地址对应 BSC 侧 Iub 局向中 OMCB 通道中的目的源 IP 地址，以及其下面对应的槽位等	将140.13.100.100改为140.13.100.10
7	APBE 单板的 IP 地址错误	互联网业务不通	将 20.2.33.4 改为 10.2.33.4
8	GIPI 单板的 IP 地址未配置或者错误一	（1）B328 侧的网元间链路不可用（即引起 OMCB 通道建立失败） （2）服务小区管理的信道都未建立 （3）局向管理的宽带信令链路中类型为 NCP、CCP、ALCAP 的都链路不可达 （4）仅限紧急呼叫 （5）互联网业务不通	将 139.1.100.102 改为 20.2.33.4（将 139.1.100.102 改为 139.2.10.12 或者将139.1.100.102改为139.1.10.12）
9	GIPI 单板的 IP 地址错误二	无异常现象	将 139.1.100.102 改为 139.1.100.12
10	ATM 通讯端口配置与信息查看不一致	无异常现象	添加 5 和 7

续表

序号	故 障 点	故 障 现 象	故障设置举例
11	Iu-CS 局向的 ATM 地址编码计划与信息查看不一致	（1）网络有故障（电话打不出去，信息也发不出去） （2）RAB 指配失败	将 NSAP 改为 E164
12	Iu-CS 局向中，邻接局向 ATM 地址错误	（1）网络有故障（电话打不出去、信息也发不出去） （2）RAB 指配失败	前 3 个 0 未改为 1
13	Iu-CS 局向中，MGW 信令点编码错误	（1）网络有故障（电话打不出去，信息也发不出去） （2）动态数据管理的七号管理中 MGW 和 MSC Server 信令不可达	将 14.29.5 改为 14.28.5
14	Iu-CS 局向中，MSC Server 信令点编码错误	无异常现象	将 14.27.5 改为 14.20.5
15	Iu-CS 局向中，未添加传输路径信息	导致 Iu-CS 局向的 AAL2 通道信息内的归属的传输路径编号为空，无法继续进行操作	未添加传输路径信息
16	Iu-CS 局向的 AAL2 通道信息中，AAL2 通道编号错误	（1）网络有故障（电话打不出去，信息也发不出去） （2）RAB 指配失败	将通道编号由 1 改为 0
17	Iu-CS 局向的 AAL2 通道信息中，AAL2 对端虚通路标识 CVPI 或者 CVCI 错误	（1）局向管理的 AAL2 通道内局向编号 1 阻塞 （2）AAL2 通道管理的 Iu-CS 局向编号 1 阻塞 （3）局向管理的 ATMPVC 内的 PVCID1 处于非正常状态 （4）网络有故障（电话打不出去，信息也发不出去） （5）RAB 指配失败（SLC 错误时也会出现）	将 CVPI 的 2 改为 1，将 CVCI 的 41 改成 40
18	Iu-CS 局向的宽带信令链路信息中，CVPI、CVCI 或者 SLC 配置错误	（1）局向管理的宽带信令链路中链路编号 1 的链路业务中断 （2）局向管理的 ATMPVC 中的 PVCID2 处于非正常状态 （3）拨打电话时，只有一台电话出现故障，其他两台可以互通 （4）动态数据管理的七号管理中 MGW 和 MSC Server 信令不可达	将 CVPI 的 1 改为 0、将 CVCI 的 32 改为 33、将 SLC 的 0 改为 1
19	Iu-PS 局向中，信令点编码错误	（1）动态数据管理的七号管理中 SGSN 信令不可达 （2）互联网业务不通	将 14.26.5 改为 14.23.5
20	Iu-PS 局向的 IPOA 信息中，目的 IP 地址、本端源 IP 地址配置错误	无异常现象	将 20.2.33.3 和 20.2.33.4 改为 20.2.33.4 和 20.2.34.4

续表

序号	故 障 点	故 障 现 象	故障设置举例
21	Iu-PS 局向的 IPOA 信息中，CVPI、CVCI 配置错误	无异常现象	将 1/50 改为 0/51
22	Iu-PS 局向的宽带信令链路信息中，CVPI、CVCI 或者 SLC 配置错误	（1）局向管理的宽带信令链路中链路编号为 5 的处于业务中断状态 （2）局向管理的 ATMPVC 中 PVC ID4 处于非正常状态 （3）动态数据管理的七号管理中 SGSN 信令不可达 （4）互联网业务不通	将 CVPI 的 1 改为 0，将 CVCI 的 42 改为 43，将 SLC 的 0 改为 1
23	RNC 侧小区中所有的位置区码配置错误	（1）服务小区管理的信道都未建立 （2）仅限于紧急呼叫 （3）互联网业务不通 （4）位置更新拒绝	将所有的位置区码 7 都改为 8
24	RNC 侧小区单载频最大发射功率大于 Node B 侧	该服务小区和该小区的信道都未建立	
25	RNC 侧各载波上下行时隙配置不一致	该服务小区和该小区的信道都未建立	
26	B328 中，模块一 IP 地址与 RNC 侧不一致	（1）B328 侧的网元间链路不可用（即引起 OMCB 通道建立失败） （2）B328 侧的单板都显示异常 （3）告警管理显示性能数据延迟告警和网元与 OMC 服务断链告警（重要告警和严重告警）	将 140.13.0.1 改为 140.13.0.0
27	B328 机架中，TORN 单板未进行光纤维护	导致不能进行射频资源的分配，无法继续操作	TORN 未进行光纤维护
28	B328 机架中，TORN 单板未分配射频资源	不能添加扇区	TORN 未分配射频资源
29	B328 机架中，IIA 单板未进行 E1 线维护	导致下一步的承载链路配置的连接标识无可选项，无法继续进行操作	IIA 单板未进行 E1 线维护
30	B328 模块中，ATM 地址错误	（1）服务小区管理内所有的信道未建立 （2）局向管理的宽带信令链路中类型为 NCP、CCP、ALCAP 的都链路不可达 （3）仅限于紧急呼叫 （4）互联网业务不通 （5）RRC 连接拒绝	未将最后一个 0 改为 1
31	承载链路中，未分配 E1 资源	导致下一步的传输链路配置中无承载 ID，无法进行操作	在承载链路中未做添加
32	传输链路的 AAL2 资源参数配置中，链路标识或 AAL2 链路号全部错误，虚通路号或虚通道号全部错误	（1）服务小区管理的信道都未建立 （2）仅限于紧急呼叫 （3）互联网业务不通 （4）公共信道未建立	将链路标识、链路号 1、1，　2、2，3、3 改为 4、4，5、5，6、6 将虚通路号 1、1、1 都改为 2、2、2 将虚通道号 150、151、152 都改为 154、155、156

续表

序号	故 障 点	故 障 现 象	故障设置举例
33	传输链路的 AAL5 资源参数配置中，链路标识全部错误	无异常现象	将 64501、64502、64503 分别改为 64504、64505、64506
34	传输链路的 AAL5 资源参数配置中，虚通路号或者虚通道号全部错误	（1）服务小区管理的信道都未建立 （2）仅限于紧急呼叫 （3）局向管理的宽带信令链路不可达 （4）互联网业务不通 （5）RRC 连接失败（CCP 信令的 CVPI、CVCI 配置错误） （6）公共信道未建立（ALCAP 信令的 CVPI、CVCI 配置错误）	将虚通路号 1、1、1 都改为 2、2、2 将虚通道号 46、50、40 分别改为 41、42、43
35	传输链路的 AAL5 资源参数配置中，CCP 信令的 CCP 链路号错误	（1）服务小区管理的信道都未建立 （2）仅限于紧急呼叫 （3）互联网业务不通 （4）RAB 指配失败	未将 CCP 链路号 0 改为 1
36	传输链路的 AAL5 资源参数配置中，少添加一条链路	（1）服务小区管理的所有信道未建立 （2）局向管理的宽带信令链路中的该链路不可达 （3）仅限于紧急呼叫 （4）互联网业务不通	未添加 ALCAP 链路
37	Node B 侧建立扇区时，天线个数选择“4 天线”	无异常现象	三个扇区天线个数都选择“4 天线”
38	Node B 侧建立扇区时，射频资源 1、射频资源 2 顺序混乱	无异常现象	扇区 1 用 1 和 4 扇区 2 用 2 和 0 扇区 3 用 5 和 3
39	Node B 侧本地小区 1 中，出现少添加或多添加频点	（1）小区标识为 10 的小区未建立，载频未建立 （2）小区标识为 10 的信道未建立 备注：此频点对应服务小区载频、时隙和功率配置中的信道中心频点	在本地小区中只配 1 个频点或者添加 5 个频点
40	B328 侧的所有本地小区的频点都只添加了 1 个或 2 个，或者都添加了 5 个或 6 个，或者所有本地小区号都与 RNC 侧的不一致	（1）服务小区管理显示所有的小区和载频未建立 （4）服务小区所有的信道未建立 （5）仅限于紧急呼叫 （6）互联网业务不通	三个本地小区的频点都只添加了 1，或者都添加了 5 个，或者本地小区号由 10、11、12 改为 1、2、3
41	Node B 侧本地小区 1 中，本地小区号与 RNC 侧本地小区标识不一致	（1）服务小区为 0 的小区未建立，载频未建立 （2）小区标识为 10 的信道未建立	RNC 侧的本地小区号为 10；B328 侧的本地小区标识为 15
42	移动台不在服务区内	（1）导致三个移动台无法进行互通和发短信 （2）互联网业务不通	将三个移动台都移开自己的服务区

根据故障现象进行故障排除时需将表 8-1 的所有故障现象进行总结，典型的故障现象及其定

位总结如表 8-2 所示。

表 8-2 典型故障现象及其定位

序号	故障现象	故障点
1	仅限于紧急呼叫	（1）RNC 全局资源中移动网络号错误 （2）RNC 全局资源中移动国家码错误 （3）RNC 侧所有小区中的位置区码配置错误 （4）RNC 侧的 GIPI 单板未配置或所配置的 IP 地址错误 （5）B328 侧模块中 ATM 地址错误 （6）B328 侧传输链路的 AAL2 资源参数配置中的 AAL2 链路号或者虚通路号或者虚通道号都错误 （7）B328 侧传输链路的 AAL5 资源参数配置中的虚通路号或者虚通道号错误 （8）B328 侧传输链路的 AAL5 资源参数配置中的 CCP 链路号错误 （9）B328 侧的传输链路中的 NCP、CCP、ALCAP 的任一条未建立 （10）B328 侧的本地小区号都与 RNC 侧的不一致 （11）RNC 侧小区载频配置与 Node B 侧都不一致
2	网络有故障（打不通电话和不可发短信）	（1）Iu-CS 局向中，邻接局向 ATM 地址错误 （2）Iu-CS 局向的 AIM 地址编码计划与 CN 侧不一致 （3）Iu-CS 局向中 MGW 信令点编码错误 （4）Iu-CS 局向中的 AAL2 通道信息中，AAL2 通道编号错误 （5）IU-CS 局向的 AAL2 通道信息中， CVPI 或者 CVCI 错误
3	服务小区管理的信道未建立	（1）RNC 侧的 GIPI 单板未配置或所配置的 IP 地址错误 （2）RNC 侧所有小区中的位置区码配置错误 （3）B328 侧模块中 ATM 地址错误 （4）B328 侧传输链路的 AAL2 资源参数配置中的 AAL2 链路号或者虚通路号或者虚通道号都错误 （5）B328 侧传输链路的 AAL5 资源参数配置中的虚通路号或者虚通道号都错误 （6）B328 侧传输链路的 AAL5 资源参数配置中的 CCP 链路号错误 （7）B328 侧的传输链路中的 NCP、CCP、ALCAP 的任一条未建立 （8）B328 侧的本地小区号与 RNC 侧的不一致 （9）B328 侧的本地小区的频点只配了 1 个、2 个，或者配了 4 个、5 个
4	整表同步后，B328 侧网元间链路不可达（OMCB 通道建立失败）	（1）RNC 侧的 GIPI 单板未配置或所配置的 IP 地址错误 （2）RNC 侧的 IMAB 单板接口信息与 CN 侧不一致 （3）B328 侧模块一 IP 地址与 RNC 侧的不一致
5	整表同步后，RNC 侧网元间链路不可达	RNC 管理网元中操作维护 IP 地址错误
6	小区未建立	（1）RNC 侧小区单载频最大发射功率大于 Node B 侧 （2）RNC 侧各载波上下行时隙配置不一致 （3）RNC 侧小区载频配置与 Node B 侧不一致 （4）RNC 侧本地小区标识与 Node B 侧本地小区号不一致
7	局向管理的宽带信令链路不可达	（1）RNC 侧的 GIPI 单板未配置或所配置的 IP 地址错误 （2）B328 模块中，ATM 地址错误 （3）B328 侧传输链路的 AAL5 资源参数配置中，虚通路号或者虚通道号错误 （4）B328 侧的传输链路中的 NCP、CCP、ALCAP 的任一条未建立

续表

序号	故障现象	故障点
8	互联网业务不通	当虚拟手机处于仅限紧急呼叫的状态时，一定会导致互联网业务不通，除此之外，还有以下可能的故障点： （1）RNC 管理网元中操作维护 IP 地址错误 （2）RNC 全局资源的本局 24 位信令点与 CN 侧不一致 （3）RNC 侧静态路由的网路前缀或网路掩码错误 （4）RNC 侧的 APBE 单板接口信息与 CN 侧不一致 （5）Iu-PS 局向中，信令点编码与 CN 侧不一致 （6）Iu-PS 局向的宽带信令链路信息中，SLC/CVPI/CVCI 配置与 CN 侧不一致 （7）移动台不在服务区内
9	七号管理 SGSN 信令点不可达	（1）RNC 全局资源中移动国家码与 CN 侧不一致 （2）RNC 全局资源中移动网络号与 CN 侧不一致 （3）RNC 全局资源的本局 24 位信令点与 CN 侧不一致 （4）RNC 侧静态路由的网路前缀或网路掩码错误 （5）Iu-PS 局向中，信令点编码与 CN 侧不一致 （6）Iu-PS 局向的宽带信令链路信息中，SLC/CVPI/CVCI 配置与 CN 侧不一致
10	RAB 指配失败	（1）Iu-CS 局向的 ATM 地址编码计划与信息查看不一致 （1）Iu-CS 局向中，邻接局向 ATM 地址与 CN 侧不一致 （3）Iu-CS 局向的 AAL2 通道信息中，AAL2 通道编号与 CN 侧不一致 （4）Iu-CS 局向的 AAL2 通道信息中，AAL2 对端虚通路标识 CVPI、CVCI 与 CN 侧不一致 （5）传输链路的 AAL5 资源参数配置中，CCP 链路号与 RNC 侧不一致
11	位置更新拒绝	RNC 侧小区中所有的位置区码配置错误
12	RRC 连接拒绝	（1）B328 模块中，ATM 地址错误 （2）B328 传输链路的 AAL5 资源参数配置中，CCP 信令的 CVPI、CVCI 配置错误
13	公共信道未建立	（1）B328 传输链路的 AAL2 资源参数配置中，链路标识、虚通路号、虚通道号全部错误 （2）B328 传输链路的 AAL5 资源参数配置中，ALCAP 信令的 CVPI、CVCI 配置错误

8.2.3 故障处理

通过故障分析与定位进行故障处理，故障处理完毕后检查动态数据管理、告警管理、信令跟踪各项参数是否均正常，虚拟手机是否正常（可主被叫、收发短信和浏览网页），若各项参数和虚拟手机均正常，则故障处理完毕。

任务 8.3 典型故障排除案例

8.3.1 案例一

1．故障现象

经数据同步后，故障现象如下。

虚拟手机：

（1）仅限紧急呼叫。

（2）互联网业务不通（网络有故障），如图 8-5 所示。

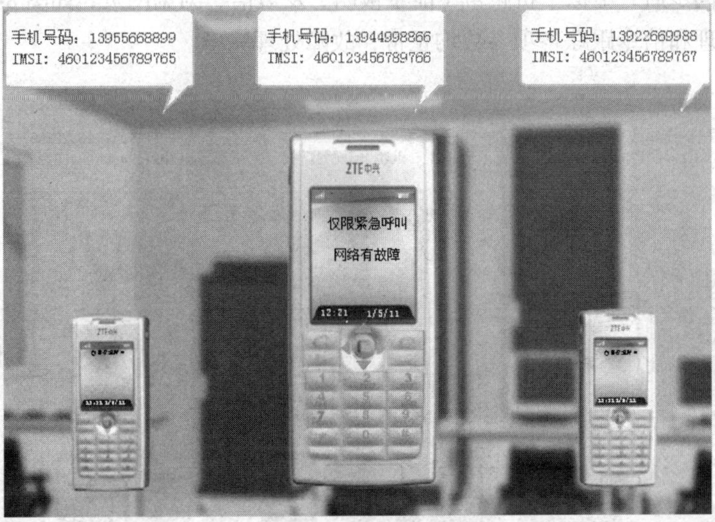

图 8-5 虚拟手机故障现象

动态数据管理：所有 CCTRCH 和 FPACH 信道“未建立+解闭塞”，如图 8-6 所示。

小区相关 | 信道相关

小区标识	信道标识	信道类型	信道状态	操作状态
10	1	CCTRCH	未建立+解闭塞	不上报
10	2	FPACH	未建立+解闭塞	不上报
11	1	CCTRCH	未建立+解闭塞	不上报
11	2	FPACH	未建立+解闭塞	不上报
12	1	CCTRCH	未建立+解闭塞	不上报
12	2	FPACH	未建立+解闭塞	不上报

图 8-6 CCTRCH 和 FPACH 信道

告警管理：无。

信令跟踪：无法进行。

2．故障分析

根据故障现象分析，可能存在以下故障点。

（1）B328 侧传输链路 AAL2 链路配置错误。

（2）B328 侧模块一 ATM 地址错误。

（3）RNC 侧所有服务小区的位置区码均错误。

（4）RNC 侧机架中的 1/1/6 槽位 APBE 单板接口 IP 地址错误或者未配置。

（5）RNC 侧全局资源的静态路由未配置。

3．故障处理

根据故障分析，查看相应参数配置，进行以下步骤的处理。

（1）查看 B328 侧传输链路，发现 AAL2 链路配置错误，将其全部删除重新创建（1-1-1-150、

2-2-1-151、3-3-1-152）。

（2）查看 RNC 侧机架中的 1/1/6 槽位 APBE 单板，发现其接口 IP 地址错误，将 120.2.33.4 改为 20.2.33.4。

经故障处理同步后，虚拟手机正常（能主被叫、发短信、浏览网页，如图 8-7 所示），动态数据管理、告警管理和信令跟踪各项参数均正常，故障处理完毕。

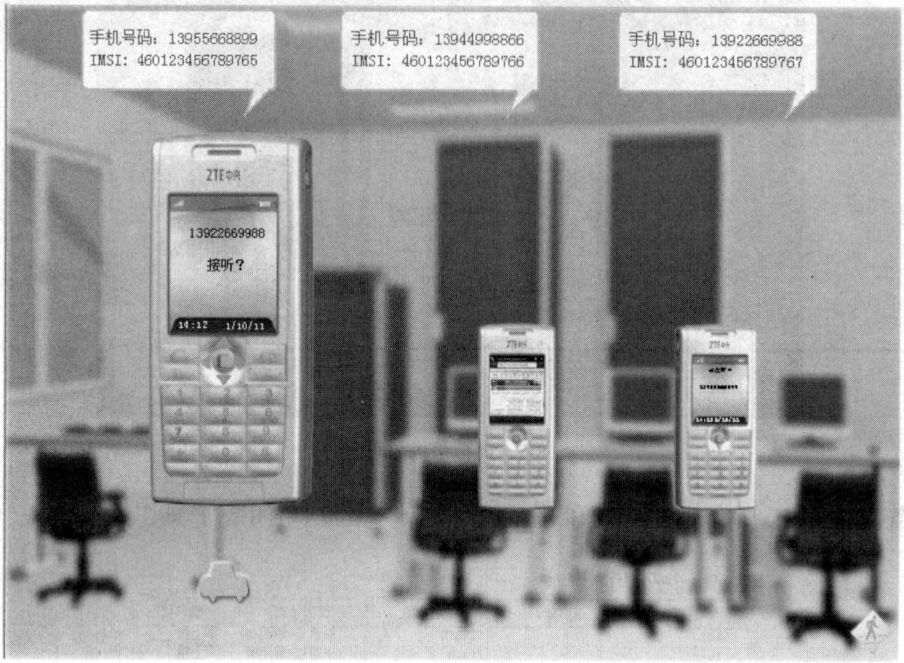

图 8-7 故障处理完毕

8.3.2 案例二

1. 故障现象

经数据同步后，故障现象如下。

虚拟手机：

（1）仅限紧急呼叫。

（2）互联网业务不通（网络有故障），如图 8-8 所示。

动态数据管理：

（1）小区标识 12 的服务小区 2“未建立+解闭塞”，如图 8-9 所示。

（2）所有 CCTRCH 和 FPACH 信道“未建立+解闭塞”，如图 8-10 所示。

（3）SGSN 信令点不可达，如图 8-11 所示。

（4）链路编号为 2 的 MTP3B 处于业务中断状态，链路编号为 5 的 ALCAP 链路处于链路不可达状态，如图 8-12 所示。

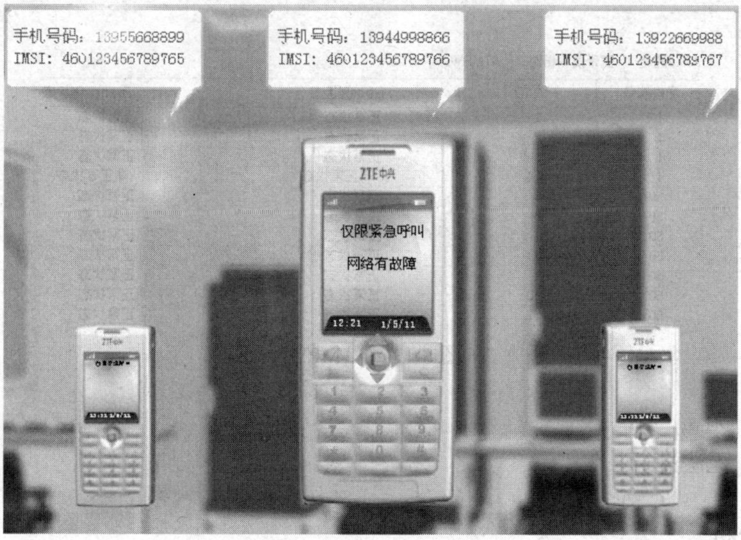

图 8-8　虚拟手机故障现象

机架图 | CPU 管理 | 服务小区管理 | Node B管理 | AAL2通道管理 | 七号管理 | IMA管理 | PVC管理 | 局向管理

小区相关 | 信道相关

小区标识	用户标识	所属模块号	小区状态	操作状态	载频数量	载频(MHZ)	载频状态
10	服务小区0	10	建立+解闭塞	不上报	3	2010.8, 2010, 2...	建立+解闭塞
11	服务小区1	10	建立+解闭塞	不上报	3	2010.8, 2010, 2...	建立+解闭塞
12	服务小区2	10	未建立+解闭塞	不上报	2	2010.8, 2011.2	未建立+解闭塞

图 8-9　服务小区管理

小区相关 | 信道相关

小区标识	信道标识	信道类型	信道状态	操作状态
10	1	CCTRCH	未建立+解闭塞	不上报
10	2	FPACH	未建立+解闭塞	不上报
11	1	CCTRCH	未建立+解闭塞	不上报
11	2	FPACH	未建立+解闭塞	不上报
12	1	CCTRCH	未建立+解闭塞	不上报
12	2	FPACH	未建立+解闭塞	不上报

图 8-10　CCTRCH 和 FPACH 信道

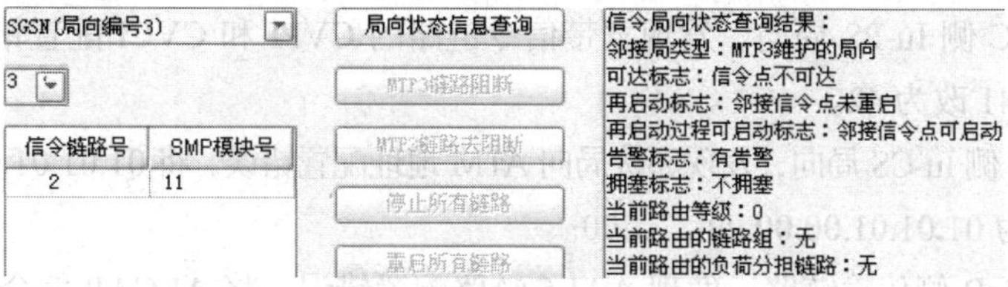

图 8-11　SGSN 信令点

AAL2通道 | 宽带信令链路 | ATMPVC | IMA组 | IMA链路

局向编号	链路编号	链路类型	模块编号	链路状态
1	1	MTP3B	10	服务状态(不拥塞)
1	2	MTP3B	11	业务中断状态
50	3	NCP	10	链路可达
50	4	CCP	10	链路可达
50	5	ALCAP	10	链路不可达

图 8-12　宽带信令链路

（5）ATMPVCID4 处于非正常状态，如图 8-13 所示。

AAL2通道 | 宽带信令链路 | ATMPVC | IMA组 | IMA链路

局向编号	PVCID	Root侧状态	Branch侧状态
1	1	正常状态	正常状态
1	2	正常状态	正常状态
1	3	正常状态	正常状态
1	4	非正常状态	非正常状态
50	5	正常状态	正常状态
50	6	正常状态	正常状态
50	7	正常状态	正常状态
50	8	正常状态	正常状态
50	9	正常状态	正常状态
50	10	正常状态	正常状态
50	11	正常状态	正常状态

图 8-13　ATMPVC

告警管理：无。

信令跟踪：无法进行。

2．故障分析

根据故障现象分析，可能存在以下故障点。

（1）RNC 侧服务小区 2 载频少添加或者添加错误。

（2）B328 侧的本地小区号与 RNC 侧不一致。

（3）RNC 侧 Iu-CS 局向 AAL2 通道编号错误。

（4）RNC 侧全局资源静态路由未配置或者配置错误。

（5）RNC 侧 Iu-PS 局向宽带信令链路的 CVPI 和 CVCI 配置错误。

（6）B328 侧模块的 ATM 地址错误。

（7）B328 侧传输链路 AAL5 链路中未添加 ALCAP 信令链路或者添加错误。

（8）RNC 侧 IUCS 局向邻接局向 ATM 地址配置错误。

3．故障处理

根据故障分析，查看相应数据配置，进行以下步骤处理。

（1）查看 RNC 侧服务小区 2，发现其载频少添加了一个，添加 2010MHz 载频。

（2）查看 RNC 侧 Iu-PS 局向，发现宽带信令链路的 CVPI 和 CVCI 配置错误，将 CVPI 由 2 改为 1，CVCI 由 41 改为 42。

（3）查看 RNC 侧 Iu-CS 局向，发现邻接局向 ATM 地址配置错误，将 01.01.01.00……08.00.00.00.00.00.00.00.00 改为 01.01.01.00.00.00……00。

（4）查看 NodeB 侧传输链路，发现 AAL5 链路配置错误，将 ALCAP 信令进行添加。

（5）查看 RNC 侧全局资源，发现静态路由的下一跳 IP 地址配置错误，将 20.2.33.4 改为 20.2.33.3。

经故障处理同步后，虚拟手机正常（能主被叫、发短信、浏览网页，如图 8-14 所示），动态数据管理、告警管理和信令跟踪各项参数均正常，故障处理完毕。

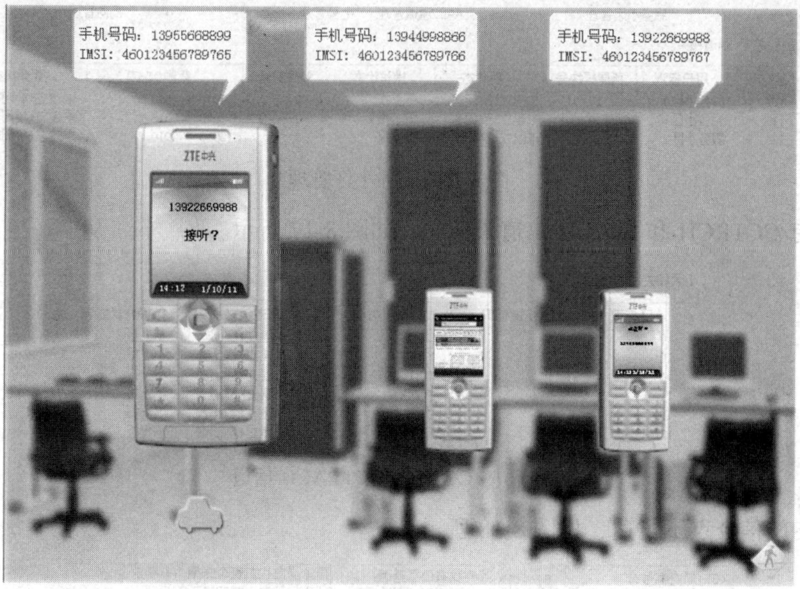

图 8-14 故障处理完毕

8.3.3 案例三

1. 故障现象

经数据同步后，故障现象如下。

虚拟手机：

（1）仅限紧急呼叫。

（2）互联网业务不通（网络有故障），如图 8-15 所示。

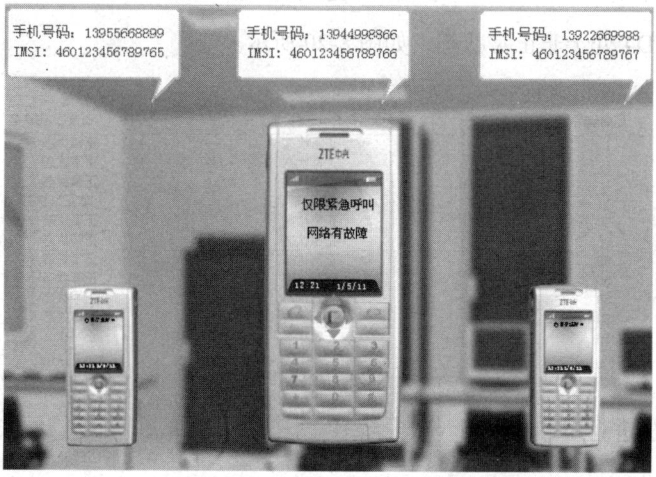

图 8-15 虚拟手机故障现象

动态数据管理：

（1）所有服务小区“未建立+解闭塞”，如图 8-16 所示。

小区标识	用户标识	所属模块号	小区状态	操作状态	载频数量	载频(MHZ)	载频状态
10	服务小区0	10	未建立+解闭塞	不上报	3	2010.8, 2010, 2...	未建立+解闭塞
11	服务小区1	10	未建立+解闭塞	不上报	3	2010.8, 2010, 2...	未建立+解闭塞
12	服务小区2	10	未建立+解闭塞	不上报	3	2010.8, 2010, 2...	未建立+解闭塞

图 8-16　服务小区管理

（2）所有 CCTRCH 和 FPACH 信道未建立，如图 8-17 所示。

小区标识	信道标识	信道类型	信道状态	操作状态
10	1	CCTRCH	未建立+解闭塞	不上报
10	2	FPACH	未建立+解闭塞	不上报
11	1	CCTRCH	未建立+解闭塞	不上报
11	2	FPACH	未建立+解闭塞	不上报
12	1	CCTRCH	未建立+解闭塞	不上报
12	2	FPACH	未建立+解闭塞	不上报

图 8-17　CCTRCH 和 FPACH 信道

（3）SGSN 信令点不可达，如图 8-18 所示。

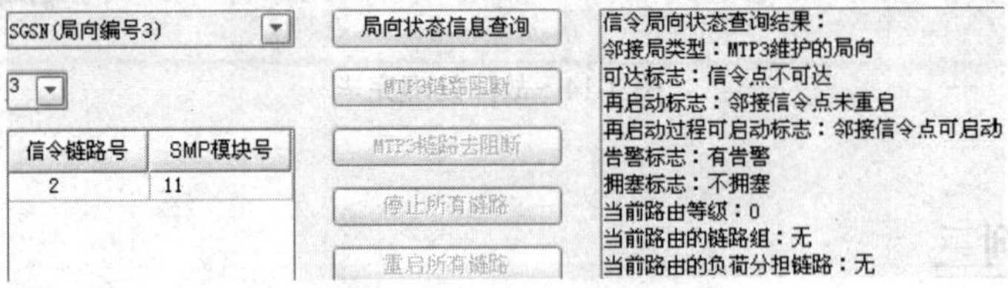

图 8-18　SGSN 信令点

（4）宽带信令链路 2 处于业务中断状态，如图 8-19 所示。

局向编号	链路编号	链路类型	模块编号	链路状态
1	1	MTP3B	10	服务状态(不拥塞)
1	2	MTP3B	11	业务中断状态
50	3	NCP	10	链路可达
50	4	CCP	10	链路可达
50	5	ALCAP	10	链路可达

图 8-19　宽带信令链路

（5）ATMPVCID4 处于非正常状态，如图 8-20 所示。

局向编号	PVCID	Root侧状态	Branch侧状态
1	1	正常状态	正常状态
1	2	正常状态	正常状态
1	3	正常状态	正常状态
1	4	非正常状态	非正常状态
50	5	正常状态	正常状态
50	6	正常状态	正常状态
50	7	正常状态	正常状态
50	8	正常状态	正常状态
50	9	正常状态	正常状态
50	10	正常状态	正常状态
50	11	正常状态	正常状态

图 8-20　ATMPVC

信令跟踪：无法进行。

告警管理：无。

2．故障分析

根据故障现象分析，可能存在以下故障点。

（1）B328 侧本地小区 1 本地小区号错误。

（2）B328 侧本地小区 2 和 3 频点个数配置错误。

（3）RNC 侧 Iu-CS 的 AAL2 通道的通道编号错误。

（4）Iu-PS 的 SLC 错误。

（5）B328 侧 CCP 链路的 CCP 链路号错误。

（6）所有服务小区的位置区码错误。

（7）B328 侧 AAL2 资源配置所有虚通道号配置错误。

（8）RNC 侧移动台国家码或者移动台网络号错误。

（9）RNC 侧静态路由未配置。

3．故障处理

根据故障分析后，查看相应参数，进行以下步骤的处理。

（1）查看 B328 侧本地小区 1 本地小区号与 RNC 侧不一致，将 1 改为 10。

（2）查看 B328 侧本地小区 2 和 3，发现频点个数配置错误，将本地小区 2 添加一个频点，本地小区 3 删除一个频点。

（3）查看 RNC 侧 Iu-CS 的 AAL2 通道，发现其通道编号错误，将 0 改为 1。

（4）查看 Iu-PS 的 SLC，发现其错误，将 1 改为 0。

（5）查看 B328 侧 AAL5 资源配置的 CCP 链路，发现 CCP 链路号错误，删除 CCP 链路并重新创建，将 0 改为 1。

（6）查看 RNC 侧移动台国家码，发现其错误，将 461 改为 460。

（7）查看 RNC 侧静态路由，发现其未配置，配置静态路由。

经故障处理同步后，虚拟手机正常（能主被叫、发短信、浏览网页，如图 8-21 所示），动态数据管理、告警管理和信令跟踪各项参数均正常，故障处理完毕。

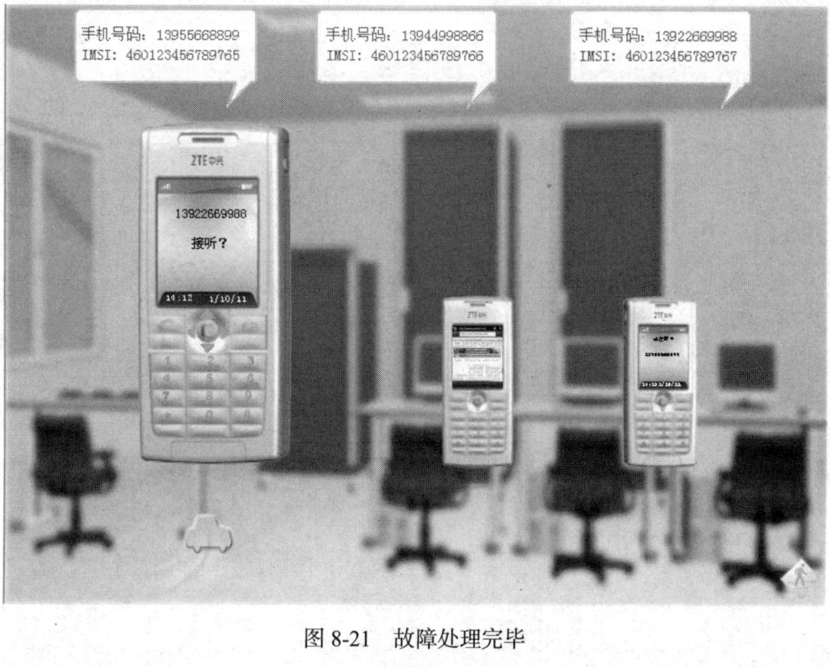

图 8-21　故障处理完毕

第三篇

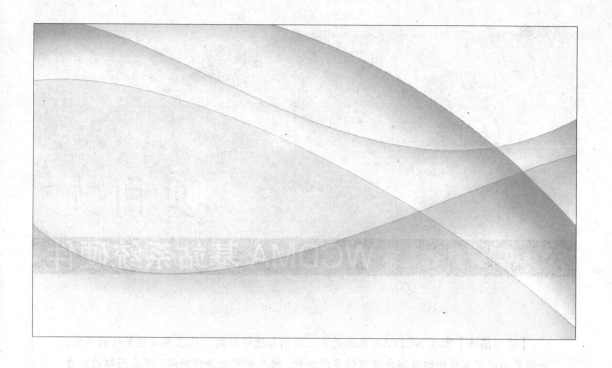

WCDMA 基站系统

运行与维护

项目九

WCDMA 基站系统硬件

【项目描述】掌握 WCDMA 系统的系统结构与硬件结构，熟悉各功能单板的功能，并能灵活运用各功能组成部分进行信号流分析。培养学习者分析问题、解决问题的能力。

任务 9.1　掌握 WCDMA 基站系统结构

WCDMA 由欧洲 ETSI 和日本 ARIB 提出，它的核心网基于 GSM-MAP，同时可通过网络扩展方式提供基于 ANSI-41 的运行能力。WCDMA 系统能同时支持电路交换业务（如 PSTN、ISDN）和分组交换业务（如 IP）。灵活的无线协议可在一个载波内同时支持语音、数据和多媒体业务，通过透明或非透明传输来支持实时和非实时业务。

WCDMA 的核心网基于 GSM/GPRS 网络演进，保持 GSM/GPRS 网络的兼容性；核心网可以基于 TDM、ATM、IP 技术，并向全 IP 的网络演进；核心网逻辑上分为电路域和分组域两部分，分别完成电路型业务和分组型业务；MAP 技术和 GPRS 隧道技术是 WCDMA 体制移动性管理机制的核心。

1. WCDMA 的体系结构

UMTS 是采用 WCDMA 空中接口的第三代移动通信系统。通常把 UMTS 称为 WCDMA 移动通信系统，其标准由 3GPP 具体定义。它由核心网（Core Network，CN）、通用陆地无线接入网（UMTS Terrestnial Radio Access Network，UTRAN）和用户设备（User Equipment，UE）三部分组成，结构如图 9-1 所示。CN 和 UTRAN 之间的接口为 Iu 接口，UTRAN 和 UE 之间的接口为 Uu 接口。

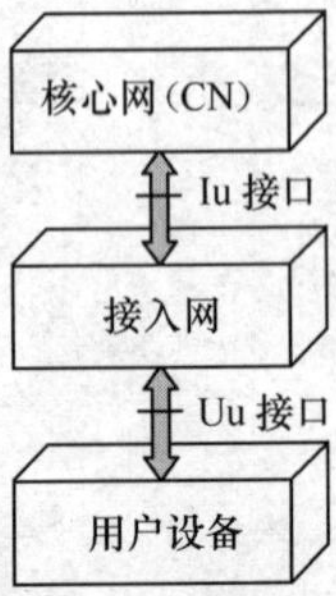

图 9-1　WCDMA 体系结构

UE 包括射频处理单元、基带处理单元、协议栈模块和应用层软件模块，分为两个部分：移动设备（ME）和通用用户识别模块（USIM）。UTRAN 是由基站 Node B 和 RNC 组成。Node B 完成扩频解扩、调制解调、基带信号和射频信号的转换功能；RNC 负责连接建立和断开、切换、宏分集合并、无线资源管理等功能。CN 处理所有语音呼叫和数据连接。完成对 UE 的通信和管理，实现与其他网络的连接等。

2．WCDMA 无线网络

UMTS 由若干无线网络子系统（Radio Network Subsystem，RNS）组成，如图 9-2 所示。其中一个 RNS 由一个 RNC 和一个或多个 Node B 组成，Node B 通过 Iub 接口与 RNC 相连。Node B 支持 FDD 和 TDD 模式，对于 FDD 模式下的一个小区，应该支持的码片速率为 3.84Mchip/s。

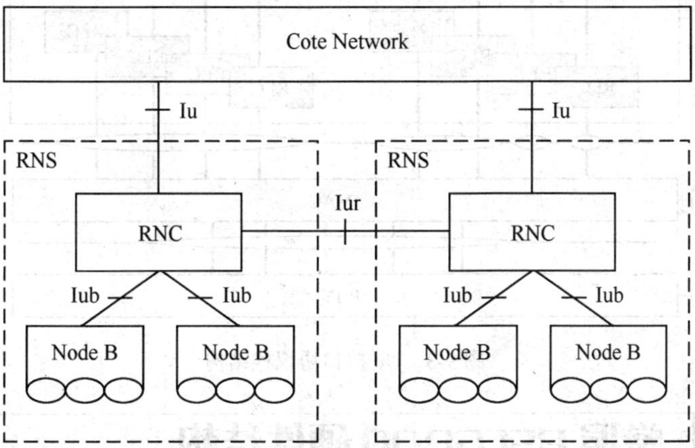

图 9-2　UTRAN 体系结构

在 UTRAN 内部，RNS 通过 Iur 接口进行信息交互。Iu 和 Iur 是逻辑接口，Iur 接口可以是 RNS 之间的直接物理连接，也可以通过任何适合传输网络的虚拟连接来实现。RNC 用来分配和控制与之相连或相关的 Node B 的无线资源，Node B 则完成 Iub 接口和 Uu 接口之间的数据流的转换，同时也参与一部分无线资源管理。

3．WCDMA 空中接口协议

在 WCDMA 系统中，移动用户终端（UE）与系统固定网络之间通过无线接口上的无线信道相连，无线接口定义了无线信道的信号特点、性能，在第三代移动通信 WCDMA 系统中无线接口称为 Uu 接口，该接口在 WCDMA 系统中是最重要的接口。Uu 接口协议栈结构如图 9-3 所示。

在 Uu 接口上，协议栈按其功能和任务，被分为物理层（L1）、数据链路层（L2）和网络层（L3）。其中 L2 又分为媒体接入控制（MAC）、分组数据汇聚协议（PDCP）、无线线路控制（RLC）和广播/多播控制（BMC）等 4 个子层。L3 和 RLC 按其功能被分为控制平面（C-平面）和用户平面（U-平面），PDCP 和 BMC 只存在于 U-平面、C-平面上。L3 分为无线资源管理（RRC）、移动性管理（MM）和连接管理（CM）等 3 个子层。

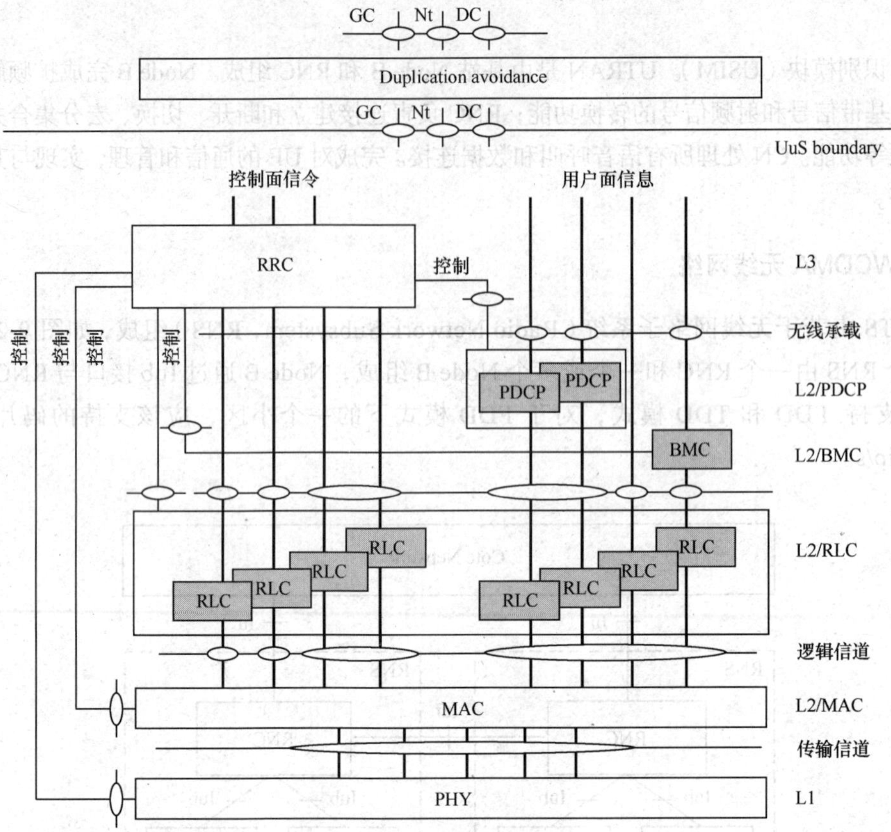

图 9-3　Uu 接口协议栈结构

任务 9.2　掌握 BSC6800 硬件结构

9.2.1　BSC6810 系统概述

RNC 在 UMTS 网络中的位置如图 9-4 所示。

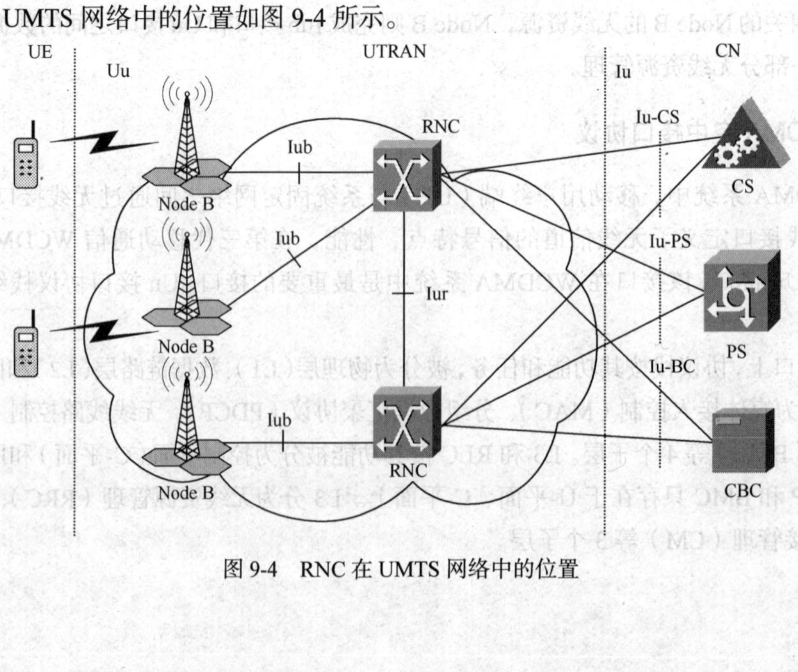

图 9-4　RNC 在 UMTS 网络中的位置

BSC6810 容量指标，如表 9-1 所示。

表 9–1　　BSC6810 容量指标

指 标 名 称	指 标 值
最大机柜数目	2（1WRSR+1WRBR）
最大差框数目	6（1WRSS+5WRBS）
最大支持话务量	51000 厄兰
最大支持 PS 数据流量	3264Mbit/s（上行+下行）
最大支持 Node B 个数	1700
最大支持小区个数	5100
BHCA	1360000

9.2.2　BSC6810 硬件结构

BSC6810 整机由交换机柜和业务机柜、LMT、告急箱等组成，如图 9-5 所示。

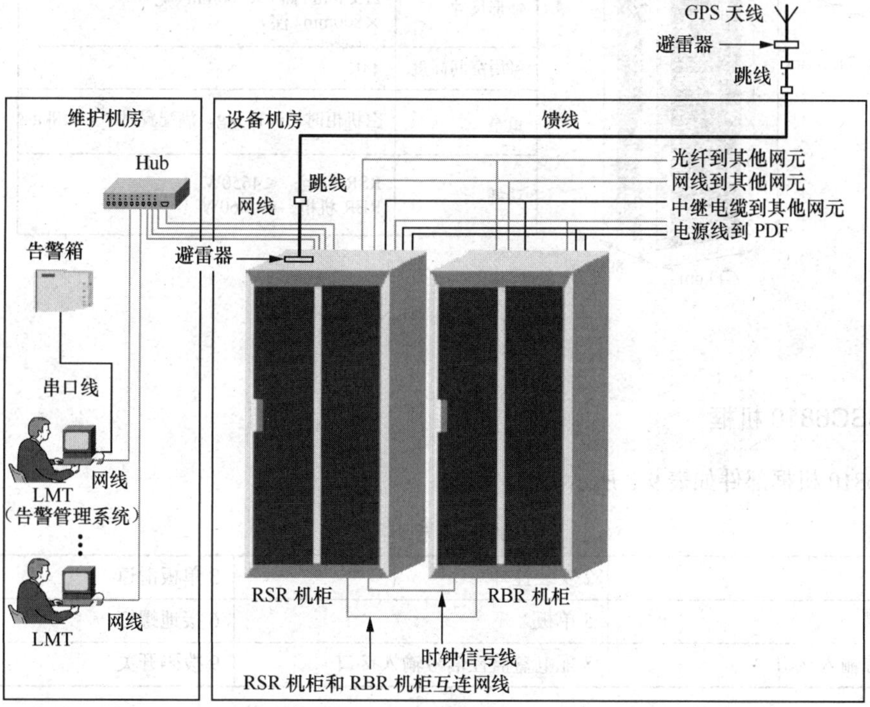

图 9-5　BSC6810 硬件结构

1. BSC6810 机架

RNC6810 采用华为 N68E-22 型机柜和华为 N68-21-N 型机柜，其中 N68E-22 型机柜可分为单开门式和双开门式，如图 9-6 所示。N68-21-N 型机柜工程指标特性与 N68E-22 型机柜不同，如图 9-7 所示。

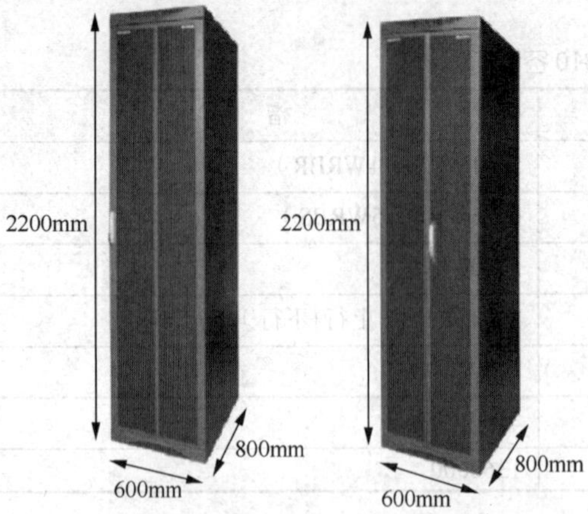

指标名称	指标值
外形尺寸	2200mm（高）×600mm（宽）×800mm（深）
可用空间高度	46U
重量	机架：≤59kg；空机柜时：≤100kg，满配置时：≤350kg
功耗	RSR 机柜：≤4650W RBR 机柜：≤4660W

图 9-6　N68E-22 型机柜

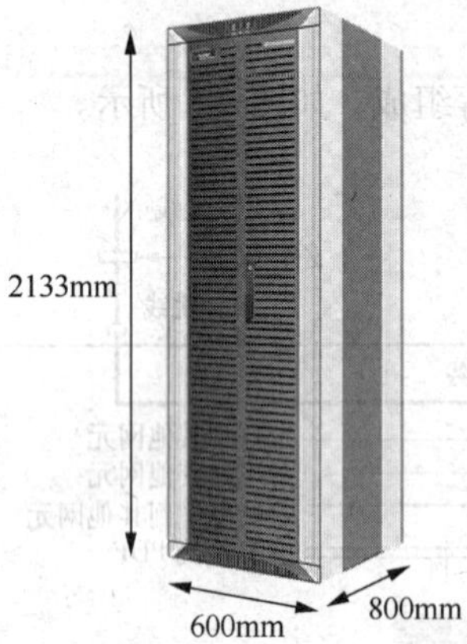

指标名称	指标值
外形尺寸	2133mm（高）×600mm（宽）×800mm（深）
可用空间高度	44U
重量	空机柜时：≤155kg，满配置时：≤410kg
功耗	RSR 机柜：≤4650W RBR 机柜：≤4660W

图 9-7　N68-21-N 机柜

2．BSC6810 机框

BSC6810 机框部件如表 9-2 所示。

表 9-2　BSC6810 机框部件

1 风扇盒	2 安装挂耳	3 单板滑道
4 前走线槽	5 单板	6 接地螺钉
7 直流电源输入接口	8 配电盒监控信号输入接口	9 拨码开关

1 个 BSC6810 系统包括 1 个交换机柜（WRSR）和 1 个业务机柜（WRBR）。WRSR 机柜由 WCDMA RNC 交换插框（WRSS）、WCDMA RNC 业务插框（WRBS）、配电盒 3 部分构成，满配置功耗为 4650W。WRBR 机柜由 WCDMA RNC 业务插框（WRBS）、配电盒两部分构成，满配置功耗为 4660W。

3．BSC6810 单板

BSC6810 包括 1 个 RSS 插框和 1～5 个 RBS 插框。RSS 插框的单板包括：操作维护管理单板 OMUa、信令处理单板 SPUa、数据处理单板 DPUb、GE 交换和控制单板 SCUa、通用时钟单板

GCUa/GCGa、RNC 接口板 RINT，如图 9-8 所示。RBS 插框的单板包括：信令处理单板 SPUa、数据处理单板 DPUb、GE 交换和控制单板 SCUa、RNC 接口板 RINT，如图 9-9 所示。

	14	15	16	17	18	19	20	21	22	23	24	25	26	27
后面板	RINT/DPUb	RINT/DPUb	RINT/DPUb	RINT/DPUb	RINT/DPUb	RINT/DPUb	OMUa		OMUa		RINT	RINT	RINT	RINT
中置背板														
前面板	SPUa	SPUa	SPUa	SPUa	SPUa	SPUa	SCUa	SCUa	DPUb/SPUa	DPUb/SPUa	DPUb/SPUa	DPUb/SPUa	GCUa	GCUa
	00	01	02	03	04	05	06	07	08	09	10	11	12	13

图 9-8　WCDMA RNC 交换插框（RSS）

	14	15	16	17	18	19	20	21	22	23	24	25	26	27
后面板	RINT/DPUb	RINT/DPUb	RINT/DPUb	RINT/DPUb	RINT/DPUb	RINT/DPUb	RINT	RINT	RINT	RINT	RINT	RINT	RINT	RINT
中置背板														
前面板	SPUa	SPUa	SPUa	SPUa	SPUa	SPUa	SCUa	SCUa	DPUb/SPUa	DPUb/SPUa	DPUb/SPUa	DPUb/SPUa	DPUb	DPUb
	00	01	02	03	04	05	06	07	08	09	10	11	12	13

图 9-9　WCDMA RNC 业务插框（RBS）

9.2.3　RNC 逻辑结构

RNC 逻辑上由交换子系统、业务处理子系统、传输子系统、时钟同步子系统、操作维护子系统、供电子系统和环境监控子系统组成，如图 9-10 所示。

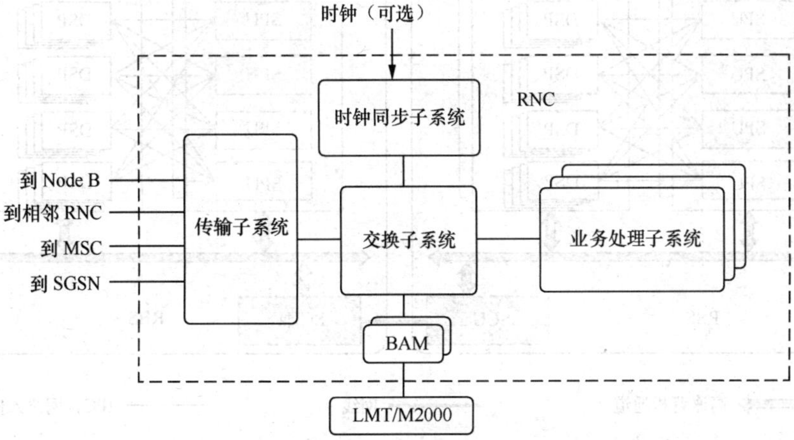

图 9-10　RNC 逻辑结构

交换子系统由单板 SCUa 构成，业务处理子系统由单板信令处理单元（SPUa）和数据处理单元（DPUb）组成，传输子系统由单板 AEUa、AOUa、UOI_ATM、PEUa、FG2a、GOUa、UOI_IP、POUa 组成，时钟同步子系统由通用时钟单元（GCU 单板）组成，操作维护子系统由单板 OMUa 组成。

1．BSC6810 交换子系统

BSC6810 RNC 交换子系统主要由各插框的交换和控制单元与插框的高速背板通道共同组成，每一个交换和控制单元由 SCU 单板实现，采用全互联双平面的工作方式。RSS 中的 SCU 是中心交换，RBS 中的 SCU 是二级交换，如图 9-11 所示。

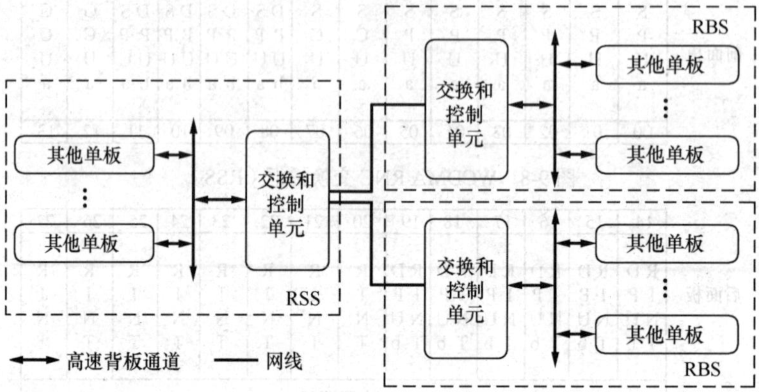

图 9-11　BSC6810 GE 交换子系统

2．BSC6810 业务处理子系统

BSC6810 业务处理子系统由信令处理单元（SPUa）和数据处理单元（DPUb）组成。1 块 SPUa 单板包含 4 个独立的子系统，每个框中有一个子系统作为 MPU 子系统进行用户面资源管理以及呼叫过程中的资源分配，其余的所有子系统负责处理 Iu/Iur/Iub/Uu 接口信令消息，完成信令处理功能。一个 DPUa 单板包含 22 个 DSP，如图 9-12 所示。

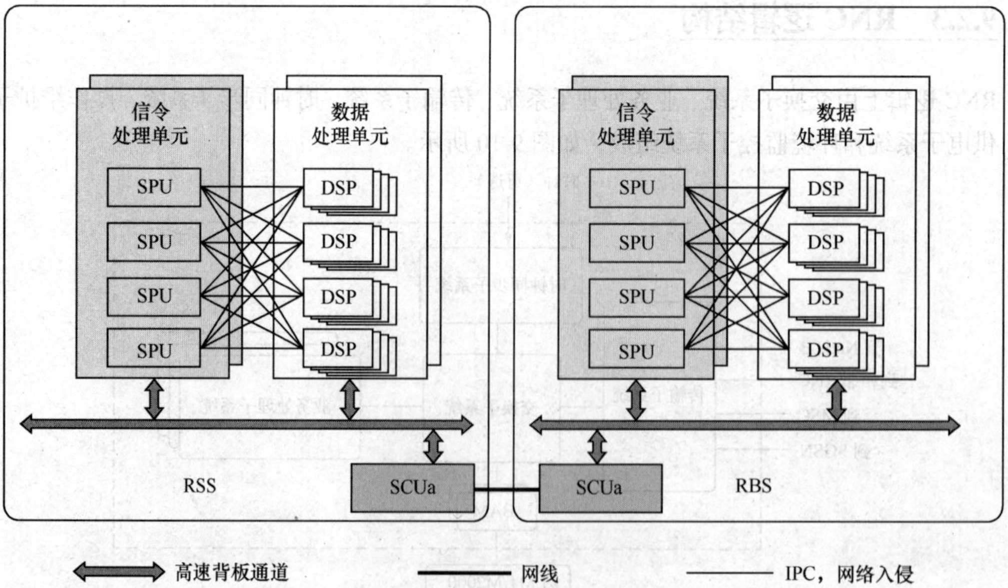

图 9-12　BSC6810 业务处理子系统

RNC 业务处理子系统完成 3GPP 协议中定义的大部分 RNC 功能，负责处理 RNC 的各项业务。主要功能包括：用户数据转发、系统准入控制、无线信道加密解密、完整性保护、移动性管理、无线资源管理与控制、媒体广播、消息跟踪、无线接入网络信息管理等。

3. BSC6810 时钟同步子系统

BSC6810 时钟同步子系统由通用时钟单元（GCU 单板）构成，固定配置在 0 号业务插框的第 12、13 号槽，构成主备用关系，提供系统时间同步所需的系统时间信息和传输同步所需要的同步定时信号。通过背板总线向 RSS SCUa（第 6、7 槽位）提供时钟信号，通过 Y 型线向 RBS SCUa 提供时钟信号，如图 9-13 所示。

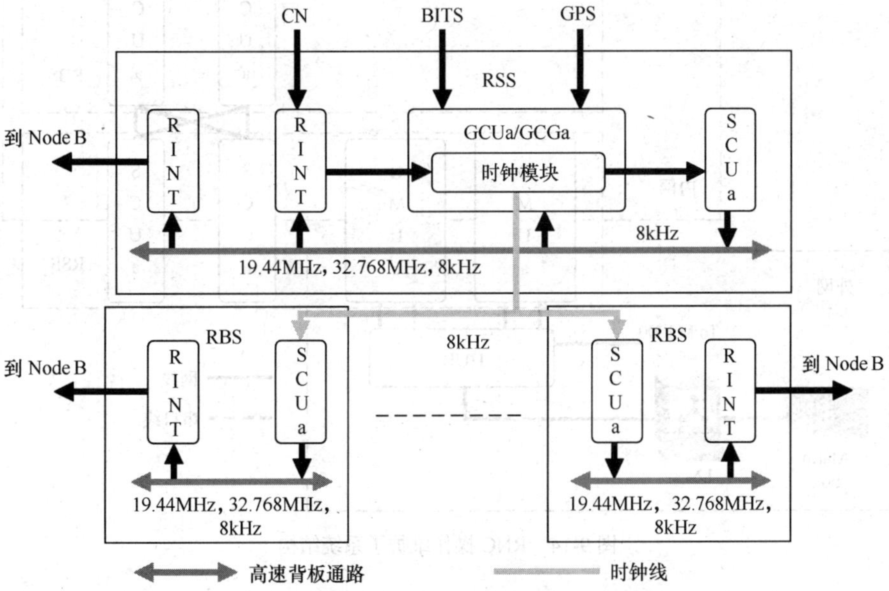

图 9-13　BSC6810 时钟同步子系统

4. 传输子系统

传输子系统由单板 AEUa、AOUa、UOI_ATM、PEUa、FG2a、GOUa、UOI_IP、POUa 组成。各单板功能和接口如表 9-13 所示。

表 9–3　　传输子系统单板功能

单　板	性　能	接　口
AEUa	32 路 ATM，采用 E1/T1/J1 接口	Iub/Iu-CS/Iu-PS/Iur
AOUa	2 路 ATM，采用通道化 STM-1/OC-3 光接口	Iub/Iu-CS/Iu-PS/Iur
UOI_ATM	4 路 ATM，采用非通道化 STM-1/OC-3C 光接口	Iub/Iu-CS/Iu-PS/Iur
PEUa	32 路 Packet，采用 E1/T1/J1 接口	Iub/Iu-CS/Iur
FG2a	8 路 Packet，采用 FE 电接口或 2 路 Packet over GE 电接口	Iub/Iu-CS/Iur/Iu-PS/Iu-BC
GOUa	2 路 Packet，采用 GE 光接口	Iub/Iu-CS/Iur/Iu-PS/Iu-BC
UOI_IP	4 路 IP，采用非通道化 STM-1/OC-3 接口板	Iub/Iu-CS/Iur/Iu-PS/Iu-BC
POUa	2 路 IP，采用通道化 STM-1/OC-3c 接口板	Iub/Iu-CS/Iur

5. RNC 操作维护子系统

RNC 操作维护子系统由单板 OMUa 组成。OMUa 插在 0 号框的 20、21、22、23 槽位，每个单板占两个槽位，支持三个前面板以太网接口（10/100/1000Mbit/s 自适应），OMU 通过该网口直接连到外网；提供两路背板 SERDES 到交换板的 GE 接口和主备 FE 通道，主备 OMU、OMU 到 SCU 通过该接口相连；OMU 通过面板网口提供 2 个 SAS 硬盘接口，外接两个硬盘，互为 Raid 1 镜像；面板还提供四个 USB 接口和一个 BMC 串口（兼作系统串口）。其结构如图 9-14 所示。

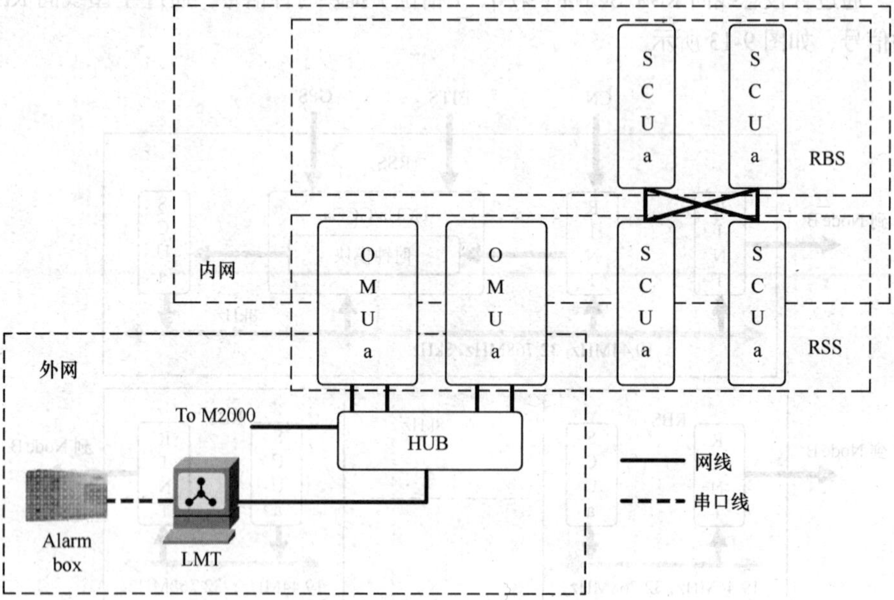

图 9-14　RNC 操作维护子系统结构

9.2.4 BSC6800 系统信号流

BSC6800 系统信号包括控制面信号和用户面信号。其中控制面信号包括：Uu 接口控制信号和 Iub/Iur/Iu 接口控制信号；用户面信号包括 CS 数据流、PS 数据流、从 Iu-BC 到 Iub 接口的数据流和 MBMS 业务数据流。

1. Uu 接口控制信号

当由同一个 RNC 为 UE 提供无线资源管理和无线链路时，如图 9-15 所示。

当分别由 SRNC 和 DRNC 为 UE 提供无线资源管理和无线链路时，如图 9-16 所示。

2. Iub 接口控制信号

Iub 接口控制信号如图 9-17 所示。

3. Iu/Iur 接口控制信号

Iu/Iur 接口控制信号如图 9-18 所示。

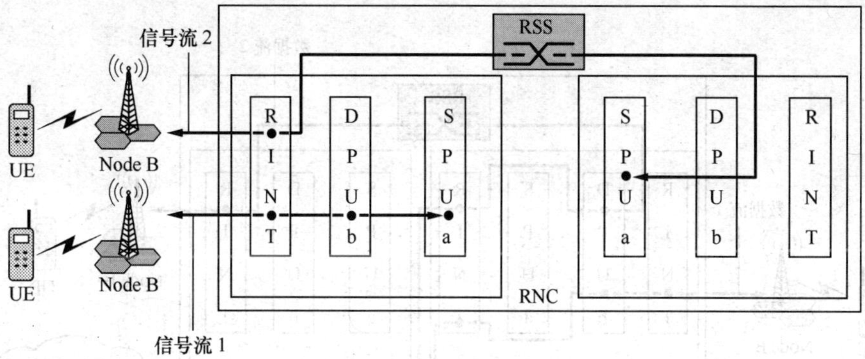

图 9-15　Uu 接口控制信号一

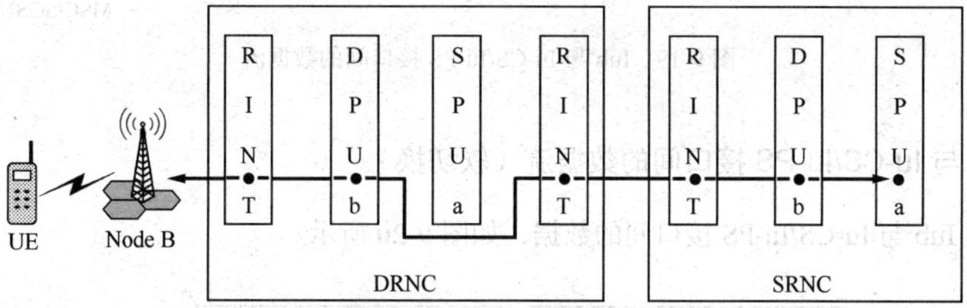

图 9-16　Uu 接口控制信号二

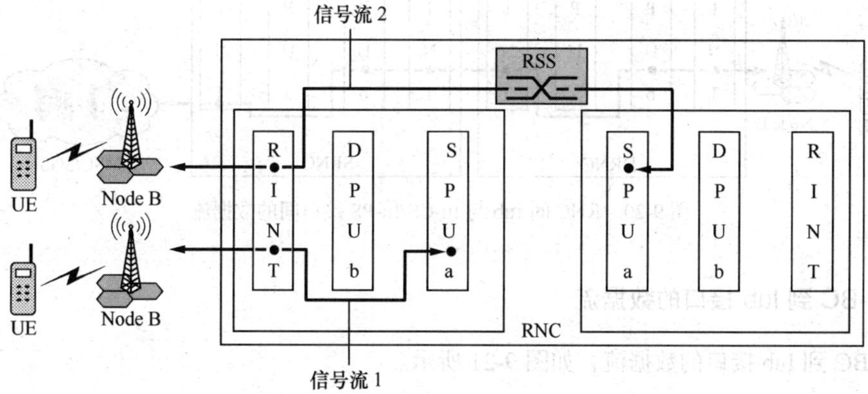

图 9-17　Iub 接口控制信号

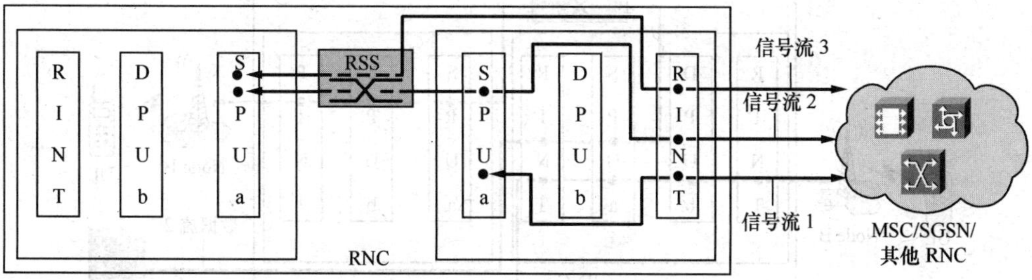

图 9-18　Iu/Iur 接口控制信号

4．Iub 与 Iu-CS/Iu-PS 接口间的数据流

RNC 内 Iub 与 Iu-CS/Iu-PS 接口间的数据，如图 9-19 所示。

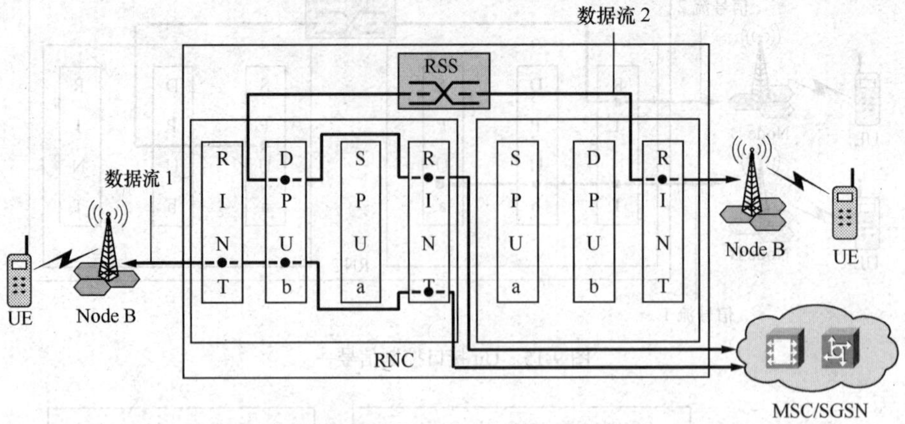

图 9-19 Iub 与 Iu-CS/Iu-PS 接口间的数据流

5. Iub 与 Iu-CS/Iu-PS 接口间的数据流（软切换）

RNC 间 Iub 与 Iu-CS/Iu-PS 接口间的数据，如图 9-20 所示。

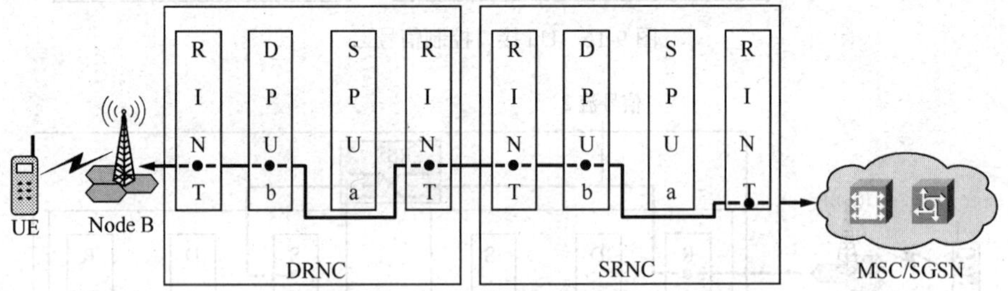

图 9-20 RNC 间 Iub 与 Iu-CS/Iu-PS 接口间的数据流

6. Iu-BC 到 Iub 接口的数据流

从 Iu-BC 到 Iub 接口的数据流，如图 9-21 所示。

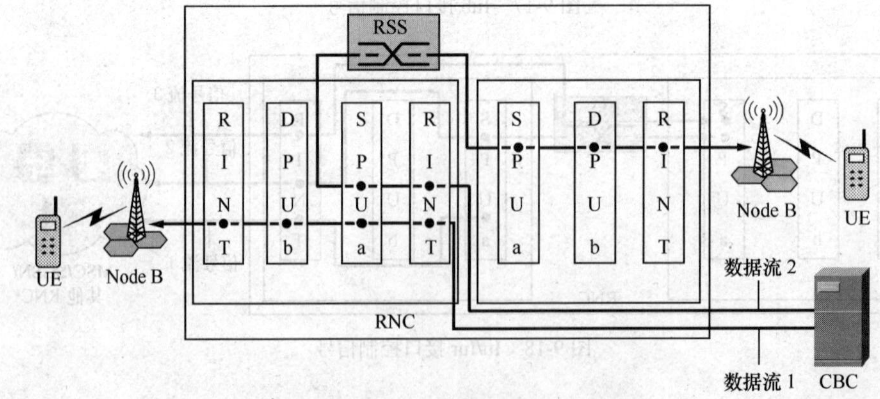

图 9-21 从 Iu-BC 到 Iub 接口的数据流

任务 9.3 掌握 DBS3900 硬件结构

9.3.1 DBS3900 概述

DBS3900 是第四代分布式基站。DBS3900 系统由 BBU3900、RRU3804 或 RRU3801E、天馈系统 3 部分组成，如图 9-22 所示。

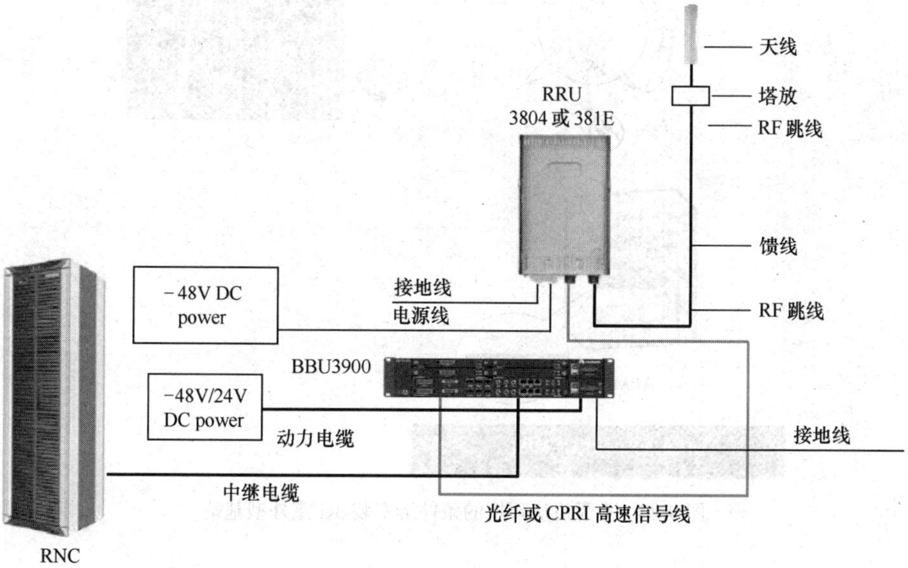

图 9-22 天馈系统

1. 应用场景 1

在 2G 站点的基础上安装 3G 业务，如图 9-23 所示。

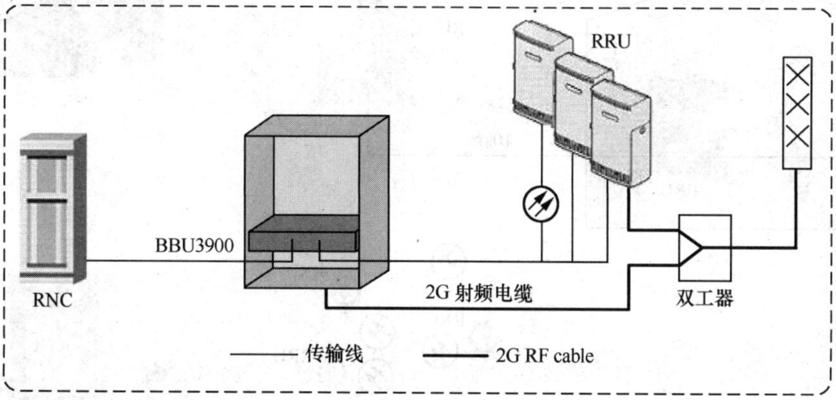

图 9-23 在 2G 站点的基础上安装 3G 业务

这种应用场景的好处有以下几点。

（1）能安装在靠近天线的金属抱杆上。

（2）BBU3900 和 RRU 可以与 2G 网络共电源输入和天馈。
（3）使运营商能够低成本地实现利用现有 2G 网络实现 3G 业务。

2. 应用场景 2

在无机房环境的条件下安装 3G 室外型基站，如图 9-24 所示。

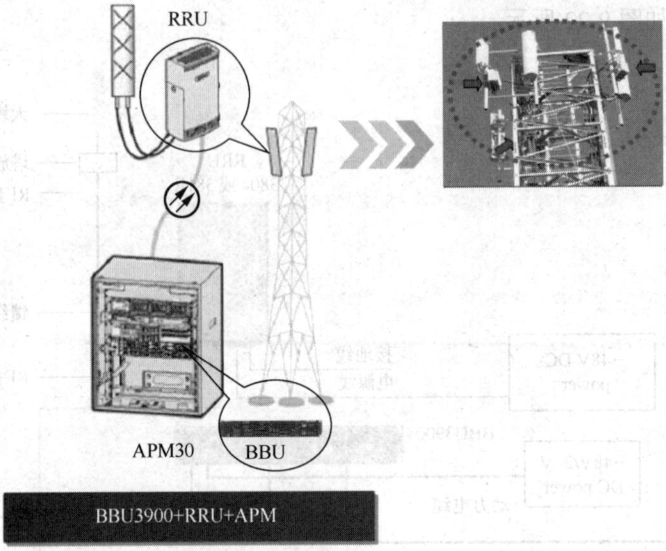

图 9-24 在无机房环境的条件下安装 3G 室外型基站

3. 应用场景 3

有机房但是空间有限的情况下安装新一代 3G 室内型基站，如图 9-25 所示。

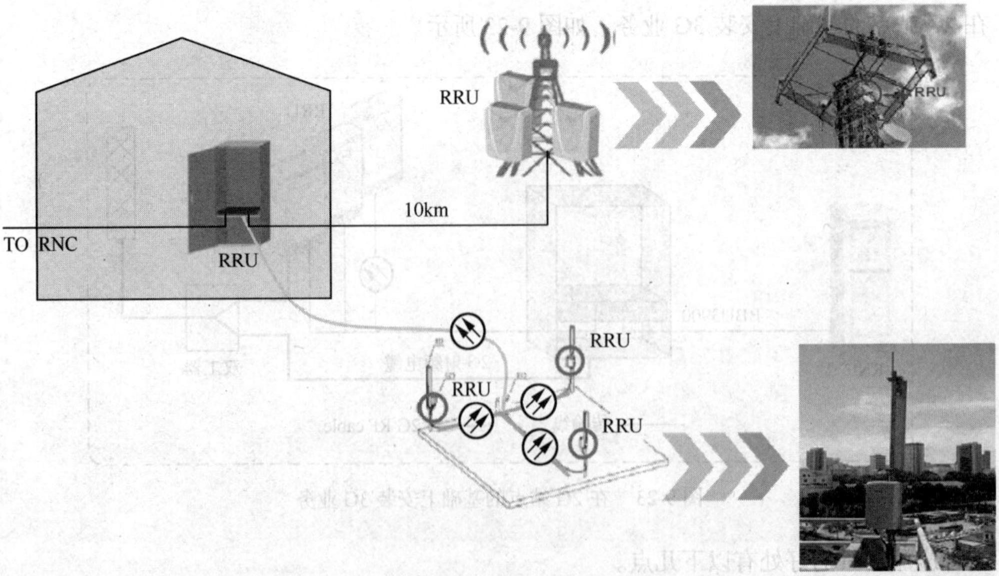

图 9-25 有机房但是空间有限的情况下安装新一代 3G 室内型基站

9.3.2　DBS3900 硬件结构

1．BBU3900 物理结构

BBU3900 面板如图 9-26 所示。

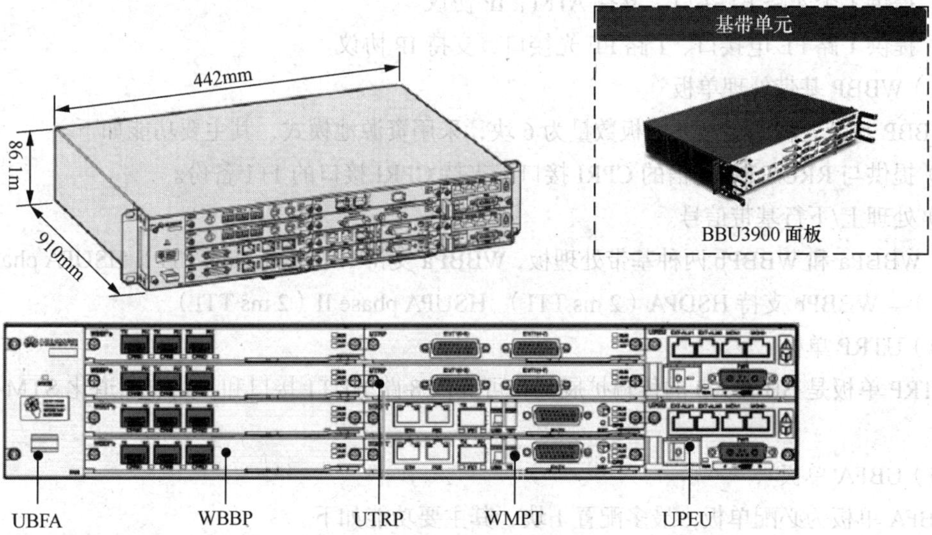

图 9-26　BBU3900 面板

BBU3900 槽位定义，如图 9-27 所示。

单板槽位号	FAN	时隙0	时隙4	PWR1
		时隙1	时隙5	
		时隙2	时隙6	PWR2
		时隙3	时隙7	

单板冗余关系	UBFA	UTRP	UTRP	UPEU/UEIU
		UTRP	UTRP	
		UTRP	WMPT	UPEU/UEIU
		UTRP	WMPT	

单板种类与操作关系	UBFA	WBBP/UTRP	WBBP/UTRP	UPEU/UEIU
		WBBP/UTRP	WBBP/UTRP	
		WBBP/UTRP	WMPT	UPEU/UEIU
		WBBP/UTRP	WMPT	

图 9-27　BBU3900 槽位定义

2．BBU3900 单板介绍

（1）WMPT 单板

单板数量：2 块。

（2）主控板

主控板采用主备工作模式（1+1 冷备份），其主要功能有以下几个。

① 提供操作维护功能。

② 为整个系统提供所需要的基准时钟。

③ 提供 Node B 自动升级的 USB 接口。

④ 为内其他单板提供信令处理和资源管理功能。

⑤ 提供 1 个 4 路 E1 接口，支持 ATM、IP 协议。

⑥ 提供 1 路 FE 电接口、1 路 FE 光接口，支持 IP 协议。

（3）WBBP 基带处理单板

WBBP 基带处理单板最大单板数量为 6 块，采用资源池模式，其主要功能如下。

① 提供与 RRU/RFU 通信的 CPRI 接口，支持 CPRI 接口的 1+1 备份。

② 处理上/下行基带信号。

有 WBBPa 和 WBBPb 两种基带处理板，WBBPa 支持 HSDPA（2 ms TTI）、HSUPA phase I（10 ms TTI）。WBBPb 支持 HSDPA（2 ms TTI）、HSUPA phase II（2 ms TTI）。

（4）UTRP 单板

UTRP 单板是 BBU3900 的传输扩展板，可提供 8 路 E1/T1 接口和 1 路非通道化 STM-1/OC-3 接口。

（5）UBFA 单板

UBFA 单板为必配单板，最多配置 1 块，其主要功能如下。

① 控制风扇转速。

② 向主控板上报风扇状态。

③ 检测进风口温度。

（6）UPEU 单板

UPEU 单板为必配单板，最多配置 2 块（1+1 备份），其主要功能如下。

① 将−48V（UPEA）或+24V（UPE）直流电源输入转换成+12V 直流电源，具有防反接功能。

② 提供 2 路 RS485 信号接口和 8 路干结点信号接口。

（7）UEIU 板

UEIU 板功能如下。

① 连接外部监控设备，并向 WMPT 传 RS485 信号。

② 连接外部告警设备，并向 WMPT 报告干节点告警信号。

9.3.3 RRU 硬件结构

RRU/SRXU 的逻辑结构，如图 9-28 所示。

1. RRU3804 特点

（1）支持 12dB、24dB 增益的 TMA（塔放大器）。

（2）RTWP 统计及上报。

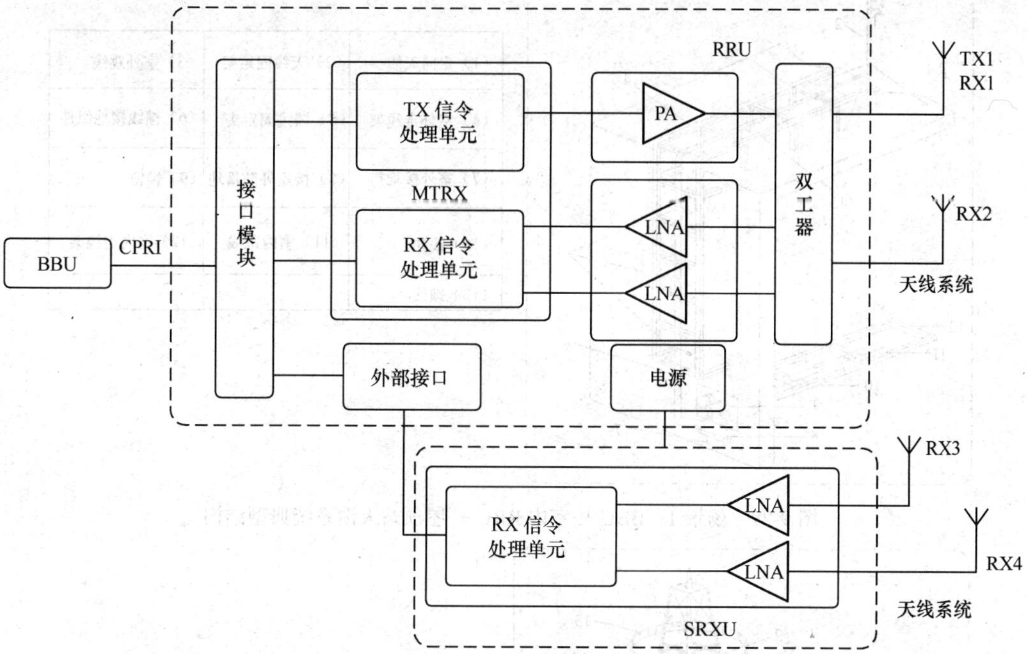

图 9-28　RRU/SRXU 的逻辑结构

（3）驻波比统计及上报。

（4）支持 ASIG（Antenna Interface Standards Group）2.0。

（5）接收参考灵敏度典型值为−125.5dBm（双天线的情况下）。

（6）RRU3804 连接 SRXU 可支持 4 天线接收分集。

2. RRU 配置

根据输出功率和载波，RRU 分成以下两种类型。

（1）40 W RRU3801E，机顶输出功率为 40W

（2）60 W RRU3804，机顶输出功率为 60W

9.3.4　天馈子系统

天馈系统典型应用场景主要有以下 3 种。

场景 1：BBU +室内 RRU +屋顶站，如图 9-29 所示。

场景 2：BBU +室内 RRU +铁塔站点，如图 9-30 所示。

场景 3：RRU 靠近天馈系统，如图 9-31 所示。

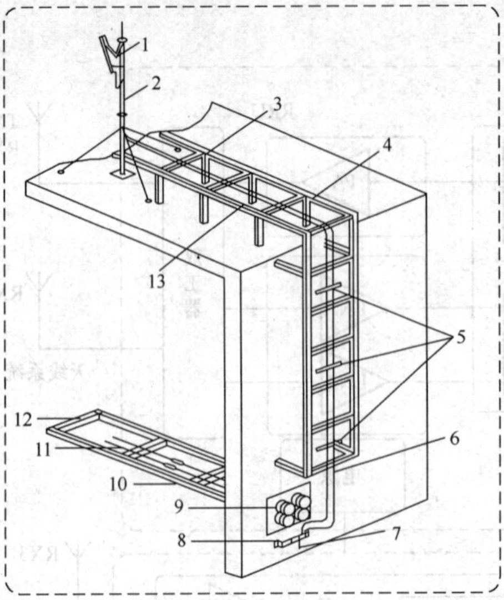

（1）定向天线	（2）天线固定架	（3）室外跳线
（4）室外走线架	（5）馈线固定夹	（6）馈线接地组件
（7）室外接地排	（8）接室外防雷地	（9）馈窗
（10）线扣	（11）室内跳线	（12）室内走线架
（13）馈线		

图 9-29　场景 1：BBU＋ 室内 RRU＋ 屋顶站天馈系统典型结构

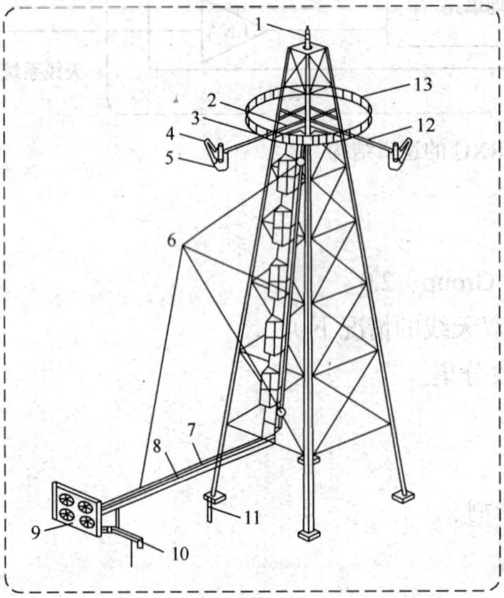

（1）避雷针	（2）天线支架	（3）TMA
（4）定向天线	（5）跳线避水湾	（6）馈线避雷接地夹
（7）馈线	（8）室外走线架	（9）馈窗
（10）室外接地排	（11）铁塔接地体	（12）线扣
（13）铁塔平台护栏		

图 9-30　BBU＋ 室内 RRU＋ 铁塔站点天馈系统典型结构

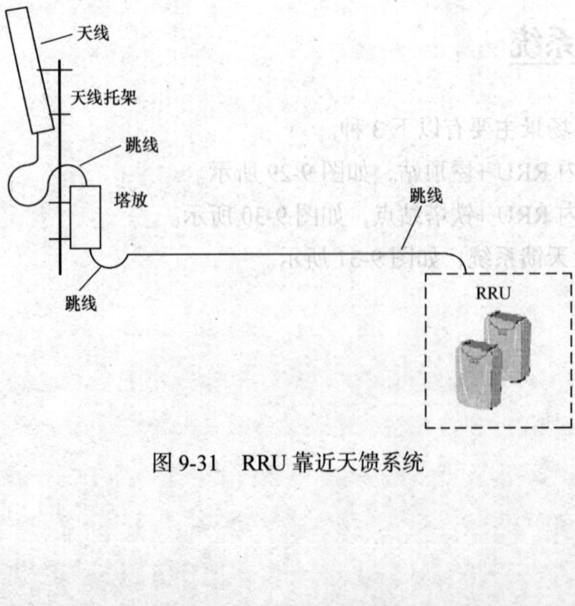

图 9-31　RRU 靠近天馈系统

9.3.5　DBS3900 典型组网及配置

1．BBU 组网

（1）BBU 和 RNC 可以组成多种组网方式，例如星形、链形、树形和混合型，如图 9-32 所示。

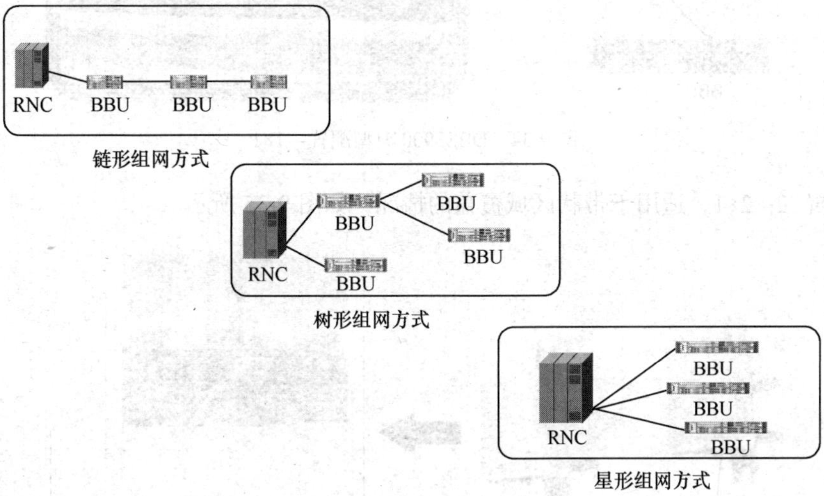

图 9-32　BBU 组网方式

（2）树形和链形的组网模式下级联深度小于 5 级。

2．RRU 组网

RRU 支持多种组网方式，如星形、链形、树形、环形和混合型，如图 9-33 所示。对于链形和树形的组网方式：当选用 1.25G 的光模块时，级联深度≤4；当选用 2.5G 的光模块时，级联深度≤8。

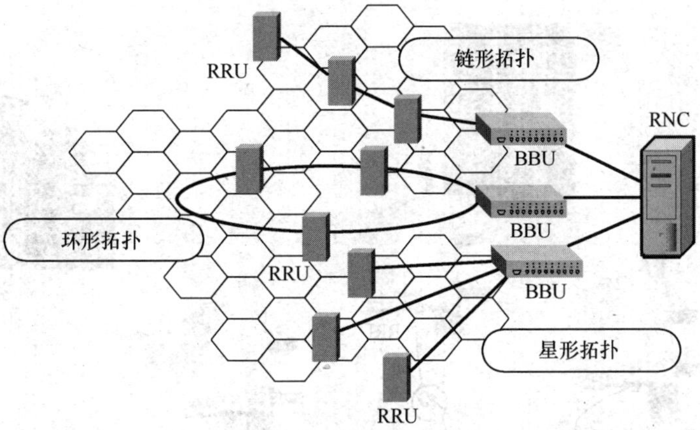

图 9-33　RRU 组网方式

3．DBS3900 典型配置

典型配置一：1×1，适用于广覆盖、室内覆盖的情况，如图 9-34 所示。

图 9-34　DBS3900 典型配置—1×1

典型配置二：2×1，适用于带状区域覆盖的情况，如图 9-35 所示。

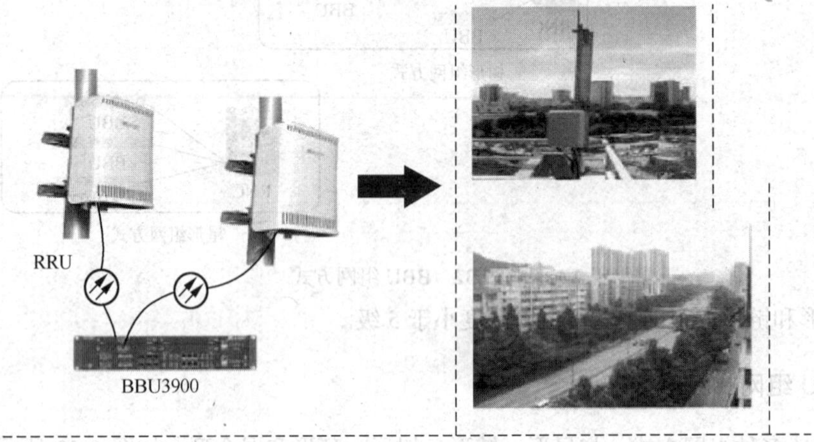

图 9-35　DBS3900 典型配置—2×1

典型配置三：3×1/3×2，适用于城区覆盖的情况下，如图 9-36 所示。

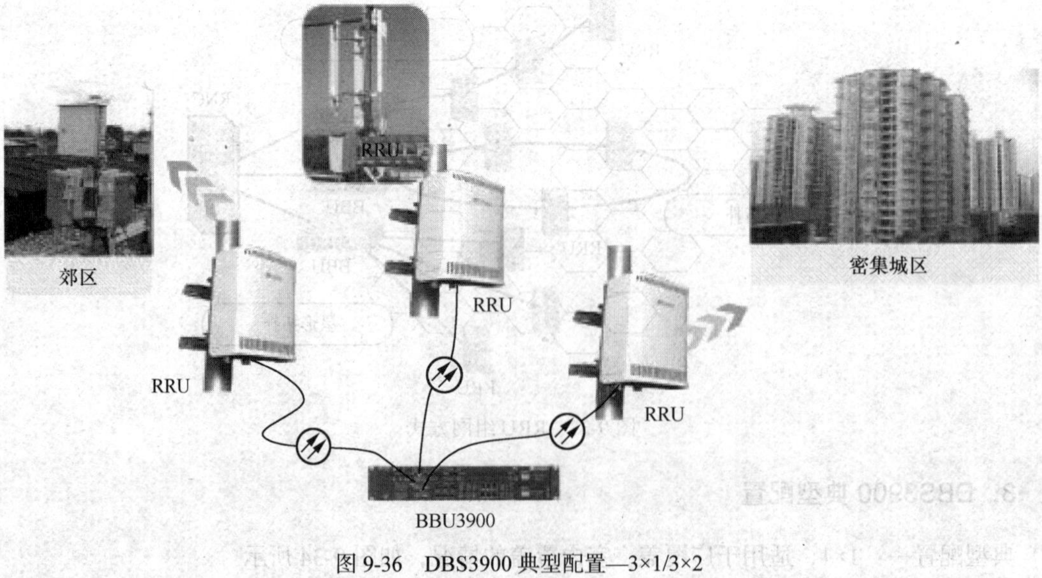

图 9-36　DBS3900 典型配置—3×1/3×2

项目十

WCDMA 网络预规划

【项目描述】根据给定条件，诸如规划区大小、地理环境、基本用户数量、话务模型和话务量等，确定基站列表，计算 WCDMA 需要的 RRU（3804）、BBU（3900）数量，并给出小区参数规划配置。

任务 10.1 WCDMA 网络预规划流程

在网络规划之初，首先要对网络规划有一个量的认识。但这时并不要求有一个十分精确的设计。其目的主要是对基站的数目有一个宏观的概念。初步规划为后期的详细规划提供了两个数据，即基站的数量与初始站间距。

在初步规划中，首先对覆盖区域进行环境划分和业务划分，然后分别进行覆盖设计和容量设计。在覆盖设计中，首先要进行链路的预算，从而推出各个环境区内的单小区覆盖的面积。这样可以通过简单的运算得到所需的基站数目。在容量设计中，首先要估算出覆盖的各个区域的业务种类和用户密度以及业务模型，这样就可以推导出各区域下的总的业务容量。同时根据覆盖设计得到单小区覆盖范围，结合业务模型推导出单基站在该业务模型下可以支持的用户数。同时可粗略地得到满足容量所需的基站数目。最后将基于覆盖和容量的两个基站数进行比较，选取基站数量多的作为最终的初步规划的基站数。但是在初步规划覆盖设计中假设各基站的覆盖性能、业务密度和业务模型、容量一致。出现覆盖、容量规划不一致的原因是单基站在所规划的覆盖面积下容量能力与实际面积下容量要求不匹配。因此若在最后的比较中发现容量设计所需的基站数大于覆盖设计所需的基站数，它表明实际网络容量大于原有的间距结构下的基站所支持的实际用户容量。因此必须缩小各个基站覆盖范围，通过更多的基站支持所需的容量。即并不是简单地在原有的站间距结构上增加差额基站，而是通过缩小整个环境下的站间距结构，增加差额基站。这一点也充分体现了 WCDMA 覆盖与容量密切相关的重要性。

下面以中国某个城市 WCDMA 无线网络预规划为例，对规划所涉及的内容进行描述。主要介绍如何分析与细化规划要求，如何确定规划目标，如何设定规划参数，以及如何对规划结果进行分析与优化等。

该城市的 WCDMA 无线网络规化涉及的主要工作内容包括以下几点。

（1）分析建网目标，明确网络建设的覆盖目标、业务种类、通信质量和容量要求。

（2）预测业务分布、业务密度和服务质量需求。

（3）进行链路预算，估计基站在不同环境下的覆盖范围。

（4）结合无线传播模型校准结果，并配合详细的基站勘测数据，使用规划工具分析与优化网络性能指标。

（5）输出网络规划基站参数。

10.1.1 WCDMA 无线网络规划参数的确定

1．规划区域的划分与分布

该城市的规划区可以划分为密集市区、市区、郊区、乡村。这些规划区域有如表 10-1 中所述的地形地貌特征。

表 10-1 规划区域的划分与分布

区域类型	地形地貌特征	人口密度（人/平方公里）
密集市区	该城市一环以内的区域。此区域建筑物密集，高层建筑物比较多，建筑物的平均高度和密度明显高于城市其他区域。主要地理类型包括繁华商务区、商业中心区、高层建筑区、密集商住区等	>20000
市区	该城市二环与一环之间的区域。该区间建筑物间隔相对较大，建筑物高度相对较低，而且该区域有宽阔的街道和成片的绿地，只有孤立的摩天大楼。主要建筑类型包括一般商住区、酒店、住宅楼、医院等	5000～20000
郊区	该城市周边开阔的区域。包括该城市边缘地区和有成片建筑物的小镇，该区域环境相对较为宽阔，建筑物的排布比较稀疏，多以矮低建筑为主	1000～5000
乡村	该城市郊区以外的地方有成片的山地和森林。该区域建筑物非常稀疏，建筑物平均密度很小，存在成片的开阔地，没有明显的街区，只有孤立的村庄，有成片的森林	<1000

该城市有密集市区面积 23.8km^2，市区面积 174.5km^2，郊区面积 138km^2，乡村面积 102km^2，总计 438.3km^2。其中，郊区有少部分的山区和森林，乡村有大面积的山区和森林。郊区和乡村地区的规划不包括这些人际罕至的森林。

2．规划目标的确定

不同的规划区域有不同的特点，具体表现在：在覆盖规划上，不同的规划区域有不同的地物特征，具有不同的无线传播环境，因此也就有了不同的传播模型和不同的损耗因子；在容量规划上，在不同的区域，用户的密度、用户的分布、用户的行为特性以及业务特征方面有较大的差异，其中最主要的影响因素是用户密度。因此不同区域的规划目标是不一样的。

覆盖要求

基于不同规划区域不同的特征、WCDMA 无线网络的多业务性和室内外平衡的覆盖规划原则，确定的保证业务和覆盖目标如下。

① 密集市区：以 CS 64kbit/s 业务为上下行保证业务，在部分区域下保证下行 PS 384kbit/s 业务，设计目标为室内覆盖，区域覆盖可靠度为 90%。

② 市区：以 CS 64kbit/s 业务为上下行保证业务，在部分区域下保证下行 PS 128kbit/s 业务，设计目标为室内覆盖，区域覆盖可靠度为 90%。

③ 郊区：以下行 PS 64kbit/s 业务为保证业务，设计目标为室内覆盖，区域覆盖可靠度为 90%。

④ 乡村：以 CS 12.2kbit/s 业务为上下行保证业务，设计目标为车内覆盖，区域覆盖可靠度为 90%。

如上所述，为了保证一些重点区域的更高覆盖目标，必须考虑特殊覆盖手段及解决方案。

2．服务质量要求

无线网络质量的评估参数主要为呼损率和误块率，基于 WCDMA 网络的规划原则和规划流程中定义的服务质量目标确定本案例的服务质量规划参数如下。

（1）呼损率服务质量要求：

① 密集市区的无线信道呼损率指标不大于 2%。

② 市区的无线信道呼损率指标不大于 2%。

③ 郊区的无线信道呼损率指标不大于 2%。

④ 乡村的无线信道呼损率指标不大于 5%。

（2）规划的误块率（BLER）服务质量要求：

① 语音业务的误块率（BLER）指标要求不大于 1%。

② 实施数据业务的误块率（BLER）指标要求不大于 0.1%。

③ 非实时数据业务的误块率（BLER）指标要求不大于 10%。

④ 对于实时数据业务，为了保证数据业务的服务质量，取相对较高的 BLER 指标要求；对于非实时数据业务，因为有数据重传等手段可以保证数据业务的质量，要求的 BLER 可以相对低些。

（3）网络负载要求：

① 密集市区的上行负载要求不大于 50%。

② 市区的上行负载要求不大于 50%。

③ 郊区的上行负载要求不大于 40%。

④ 乡村的上行负载要求不大于 30%。

3．业务模型

业务模型与用户使用不同业务的行为有关，不同区域用户的业务模型是不一样的，基于对该城市现有无线网络语音业务的分析，并结合中国开展数据业务的特点，本规划案例中确定的语音业务和各种数据业务的业务模型如下。

（1）语音业务的话务量（BHT）取 0.02Erl。

（2）实时数据业务的吞吐量取 0.002Erl。

（3）非实时数据的吞吐量上行取 64kbit/h、下行取 512kbit/h。

（4）语音业务阻塞概率在密集市区、市区和郊区均设为 2%，乡村设为 5%。

4. 用户分布

（1）该城市 WCDMA 无线网络规划的用户量为 12 万（预期的第三年的用户数，作为中期容量处理）。

（2）根据对该城市市场情况的分析，确定用户分布比例和用户分布密度。

5. 基站选择

该城市不同的规划区域有不同的用户分布和不同的地形面貌特征，因此需选用不同的基站类型。基于规划原则所确定基站选择原则，在密集市区、市区、郊区选用三扇区的定向站（STSR），在乡村地区选用全向发射三扇区接收的基站（OTSR），并配合使用 TMA，以扩大单站的覆盖范围。

6. 无线传播模型的选择

为了合理有效地对该城市进行无线网络规划，考虑到该城市具体的地形地貌特征，在选择无线传播模型时，所有环境都选用经过实测数据校准的标准传播模型，以确保预测的准确性。

7. 数字地图的考虑

为了确保规划质量和规划成本之间的平衡，在本案例中，密集市区、市区和郊区采用 20××年 5 月份（距离规划 1 年以内）的 20 米分辨率的地图，该 20 米分辨率的地图包含的地理信息有 12 种：乡村采用了 50 米分辨率的地图，其中包含的地物信息有 7 种。所有这些地图都通过实地勘测，对地图中包含的地物信息进行了验证和复核。

8. 天线选择

相对于普通的机械下倾的天线，带有电子倾角的天线更有利于控制覆盖和方便后期的网络优化，有助于提升 WCDMA 系统中相邻小区或扇区间的干扰控制质量。

考虑到密集市区、市区和郊区天线安装的空间限制，在这些环境下选用正负 45 度极化天线，而在乡村环境中选用垂直极化天线。天线类型的选择与系统的软切换特性关系密切。

（1）密集市区、市区和郊区天线选型：规划区选用 65 度水平半功率波束宽度的正负 45 度极化天线，其特点如下：频率范围为 1900～2170MHz，双极化，增益（G）=18dBi，前后比（F/B）=28dB，水平半功率波束宽度（HBW）=65 度，垂直半功率波速宽度（VBW）= 8.5 度。

（2）乡村天线选型：乡村区域选用 90 度水平半功率波束宽度的垂直极化天线，其特点如下：频率范围为 1900～2170MHz，垂直极化，增益（G）=18dBi，前后比（F/B）=26dB，水平半功率波束宽度（HBW）=90 度，垂直半功率波速宽度（VBW）=7 度。

9．规划区域穿透损耗的考虑

按照对该城市各规划区域建筑物状况的勘测与分析，并结合室内外平衡的设计原则，本案例中取定的建筑物穿透损耗值，如表 10-2 所示。

表 10-2　　规划区域穿透损耗的考虑

环境	密集市区	市区	郊区	乡村	车内
室内穿透损耗值	18dB	15dB	12dB	10dB	8dB

需要说明的是，密集市区和市区的大型写字楼和大型购物中心结构复杂，高端用户量大，良好的覆盖不可避免地将依赖于室内覆盖系统。所以密集市区和市区的覆盖策略主要着重于对大面积居民楼及一般商业楼的覆盖，此时选 18dB 的密集市区穿透损耗和 15dB 的市区穿透损耗余量可以满足大部分居民楼和一般商业楼的覆盖要求。在郊区和乡村，由于成本的限制，不会考虑部署太多的室内覆盖系统，所以采用 12dB 和 10dB 相对较大的穿透损耗余量来满足室内覆盖要求。

10．链路预算

在上述所有参数确定后，就要进行链路预算，从而得到各种规划区域下的预期基站覆盖范围。

链路预算输入参数的取值直接影响到预测结果的准确性，在此次的网络设计中，规划区域分为密集市区、市区、郊区和乡村，因此也就有了不同的预算。基于这些输入参数及链路预算公式即可以得到不同规划区域的各种业务模型的最大允许路径损耗和最大允许小区半径，其中，乡村按照语音业务的覆盖半径来选取的。

10.1.2　基于 Monte Carlo 仿真的设计分析与优化

1．基于 Monte Carlo 仿真的网络设计

借助规划工具进行网络性能的仿真包括覆盖设计和容量设计，二者相互制约。借助规划工具进行网络性能仿真分析与优化的过程就是不断调整网络规划参数，使覆盖设计和容量设计达到最大程度的平衡，并最终获得一个最优的网络设计方案。

2．基于 Monte Carlo 仿真的网络覆盖特性的分析与优化

网络覆盖特性的仿真分析与优化是进行网络性能仿真分析的第一步，也是尤为重要的一步，其主要目的是确保网络的各项覆盖特性指标满足设计要求。

网络覆盖特性的仿真分析与优化涉及的内容主要有下列几项。

（1）影响覆盖特性的因素：基站数据（天线模型、天线挂高、扇区方位角、天线下倾角等）和传播模型。

（2）优化网络覆盖特性的手段：调整基站数据，或者调整基站的位置，非常规手段包括调整基站的功率分配比例，或者增加/减少基站。

（3）优化标准：在规划区域内没有基站覆盖或覆盖空间，每个扇区都有一个合理的覆盖范围。

（4）判断指标：WCDMA 无线网络上下行覆盖指标（如下行导频信道的 RSCP、上行链路的手机发射功率指标）满足设计目标，与网络性能相关的指标满足设计目标。

3．基于 Monte Carlo 仿真的网络容量特性的分析与优化

网络容量特性的仿真分析是借助 Monte Carlo 方法来完成的。Monte Carlo 方法是一种基于随机数和概率来调查问题的方法，主要是通过概率分布函数来分析一个复杂系统中的多种用户行为模式。

通过仿真可以发现一些线索来判断系统问题的所在。下面用几个例子来说明。

（1）导频信道 E_C/I_O＜导频信道$(E_C/I_O)_{min}$：表明该区域干扰过大，或者导频功率太小，需要调整基站参数来满足 E_C/I_O 的要求

（2）UE 发射功率＞UE 最大发射功率：表明该区域存在覆盖空洞，需要补充基站来扩大覆盖。

（3）基站业务信道发射功率＞基站业务最大发射功率：表明该区域的基站已不能支持这么高的业务量，需要增加新的基站或者增加载频来支持更多的用户。

4．基于 Monte Carlo 仿真的设计优化的实例分析

下面以部分市区环境的仿真分析与优化为例，对上述的覆盖设计优化和容量设计优化的内容作进一步的说明。

（1）覆盖盲区的分析与优化。在该区域某些标记处，手机的上行发射功率已经大于 21dBm，表明该处存在上行覆盖盲区；在该区域的另外标记处，下行链路导频信道低于−12dB，表明该处同样存在下行覆盖的不足。对于此类存在大片盲区的覆盖问题，比较有效的解决方式就是调整基站的位置和增加新的基站。

（2）单站越区覆盖问题的分析与优化。

（3）导频污染区的分析与优化。

10.1.3　设计结果的输出与分析

1．主要仿真结果的输出

仿真结果的输出主要是以图示的方式给出不同规划区域相应的保证业务上下行链路的覆盖状况和网络性能的仿真结果，并给出相应的统计结果分析。通常的输出仿真图包括以下几个方面。

（1）下行链路指标。对下行链路的说明包括两个指标：下行链路的 E_C/I_O 值和下行链路的接收电平（RSCP）。E_C/I_O 是反映来自外小区干扰是否得到控制的一个重要指标，只有当干扰得到有效的控制时，系统的业务质量与小区容量才能达到最佳；另外手机行为的判别依据是 E_C/I_O 值，包括是否可以接入系统，是否可以发生切换，可以取得的服务类型和可以达到的服务质量等。下行链路电平也是衡量下行链路网络覆盖的一个重要指标，它与 E_C/I_O 值配合来确定下行链路的覆盖范围。因此对下行链路质量的判断，要综合考虑这两个指标。

（2）上行链路指标。如果当 UE 的发射功率达到了最大发射功率，还不足以克服其他 UE 的

干扰和抵抗与基站之间的路径损耗时，可以认为是上行链路的容量达到了最大，所以 UE 的发射功率可以很好地说明上行链路的特性。

（3）软切换示意图。基于 CDMA 技术的软切换特性可以提高系统的性能，同时，软切换的发生需要更多的系统资源支持，因此平衡考虑软切换带来的系统性能的提升和软切换对系统资源的额外消耗是 WCDMA 无限网络规划的一个要点，通常软切换区域的设计目标为 35%左右。

（4）导频污染图。导频污染不仅会造成掉话，还会影响数据速率，因此尽可能地减少导频污染区域是规划的一个重点。

（5）最佳服务小区示意图。基站小区的服务范围应合理，最佳服务小区示意图可以很明显地显示每一个基站小区的服务范围。

（6）综合业务用户仿真效果图。它可以给出网络性能的直观印象，是图示网络性能的一种方式。

2．仿真结果的分析

（1）覆盖分析。

① 上下行链路的覆盖特性统计。基于规划工具的统计功能，得到该网络不同规划区域上下行链路覆盖特性的主要指标。需要说明的是，下行链路以 $E_C/I_O \geqslant -12$dB 为良好覆盖的判别依据，上行链路以 UE Tx Power≤21dBm 为良好覆盖的判别依据。

② 系统导频污染性能的统计。基于规划工具的统计功能，同样可以得到系统导频污染性能的统计结果。密集市区和市区导频污染指标的要求小于 2%。

③ 系统软切换指标的统计与分析。通常有两种方式，一种是计算额外消耗在软切换上的无线资源占用户实际业务量需求对应的无线资源的比例来统计，另一种是通过计算软切换发生区域的面积占总覆盖面积的比例来统计。

④ 密集市区 CS 64kbit/s 业务与下行 PS 384kbit/s 业务的比较。从统计结果可以看出，在密集市区的部分区域可以提供下行 PS 384 kbit/s 业务，从业务模型的对比可以看出，CS 64kbit/s 业务吞吐量比下行 PS 384kbit/s 业务的吞吐量小，所以 CS 64kbit/s 业务的覆盖范围要比下行 PS 384kbit/s 业务的覆盖范围大。

（2）容量分析。

基于所要求的网络容量，用户在不同区域的分布，以及所用的业务模型，根据 Monte Carlo 仿真得到网络性能示意图。

（3）容量演进的考虑与多载频设计。

在 WCDMA 系统中，有一种比较有效而又不涉及网络结构变化的容量演进是通过以下平滑演进方式实现的。

① OTSR 站型扩容为 STSR 站型。

② STSR 站型扩容为二载频、三载频等多载频网络。

从仿真效果图和统计数据的比较可以得出结论，在不增加基站和载频的前提下，随着网络的容量的增加，网络的性能在逐渐变差。

10.1.4 扰码规划

WCDMA 采用同频复用，不需频率规划，但需进行相邻小区导频扰码的规划，以便于区分各小区。根据 3GPP 的规范，下行链路可用扰码为 8912 个，分为 512 组，每组 16 个，其中的一个为主扰码，供 WCDMA 网络区分小区使用，另有 15 个辅扰码，可以分配给同小区的某些物理信道使用，以及以后配合智能天线技术等使用。

本次扰码规划案例中，设置的输入条件如下。

（1）$E_C/I_O \geqslant -12$dB。

（2）取扰码复用距离为 20000m。

（3）边缘可靠度为 85%。

借助规划工具的扰码自动分配功能，可用对所有的基站扇区进行扰码分配。

10.1.5 信道

参考规划流程中定义的基站 CE 资源的配置方法，结合该案例中的各个区域，包括密集市区、市区、郊区和乡村的容量要求、业务密度和业务模型，得到各区域的结果，如表 10-3 所示。

表 10-3 基站 CEM 板卡的配置

区域类型	基站数量	基站类型	CEM 板卡类型	CEM 板卡数量/基站
密集市区	65	STSR1	CEM128	1
市区	117	STSR1	CEM128	1
郊区	21	STSR1	CEM64	1
乡村	48	OTSR	CE M64	1

10.1.6 WCDMA 无线网络规划总结

该案例所示的 WCDMA 网络无线规划以 WCDMA 网络规划原则和规划流程为指导，提出了合理的覆盖和多业务要求，综合考虑了该城市的地形地貌，对传播模型、链路预算、业务模型等进行了细致的设计与调整，并从该城市的地形特征和业务分布等考虑，采用了 STSR 和 OTSR 站型，并在乡村采用了 TMA，同时考虑到 WCDMA 数据业务的多样性和上下行不对称性，采用了非对称的规划思路，从而以比较经济的基站数实现了覆盖目标和容量要求。

本案例中的一些规划区要点包括以下几点。

（1）以 WCDMA 无线网络规划原则和规划流程为指导，设计遵循合理的设计要求。

① 密集市区考虑 18dB 的室内穿透损耗。

② 市区考虑 15dB 的室内穿透损耗，密集市区考虑 CS 64kbit/s 业务室内覆盖，区域可靠度 90%以上。

③ 郊区考虑 12dB 的室内穿透损耗，考虑 PS 64kbit/s 业务室内覆盖，区域可靠度 90%以上。

④ 乡村考虑 10dB 的室内穿透损耗，车内 8dB 的穿透损耗，考虑 CS 12.2kbit/s 业务车内覆盖，区域可靠度 90%以上。

⑤ 网络容量和业务模型来自对现网数据的分析与合理的预测。

（2）密集市区、市区、郊区选用 STSR 站型，乡村选用 OTST 站型加 TMA 来扩大覆盖范围。

（3）密集市区、市区、郊区和乡村采用不同的设计基准，更符合实际状况。

（4）采用校准的传播模型确保设计的准确性。

（5）详尽而准确的站点勘测，保证设计的实用性，勘测基站的利用率达到 95%以上。

需要说明的是，此次规划内容仅限于对该城市宏蜂窝的规划，而没有考虑对一些特殊的场景，如大的商场、写字楼、大的居民区等进行室内覆盖的规划。

任务 10.2 WCDMA 网络预规划实践

根据给定的条件，诸如规划区大小、地理环境、基本用户数量、话务模型和话务量等，确定基站列表，并计算出 WCDMA 需要的 RRU（3804）、BBU（3900）数量等参数。

1．规划区域总体描述

图 10-1 是面积大约为 1 平方公里的深圳高新技术园区地形图。该区域包括中兴通讯公司总部区域中的 6 座建筑和周边的马路，其中地形图的右上边有一座 24 层的研发大楼，其余的为 8 层建筑。人口密度为滞留工作人员 12000 人/平方公里，移动人员 40000 人/平方公里。高新技术园区的特点是科技人员多，利用 3G 网络开展各种业务，包括语音、可视电话、E-mail、MMS、信息服务、图铃下载、WAP 浏览、WWW 浏览、音频流和视频流。请根据以下各项要求，完成相关表格。

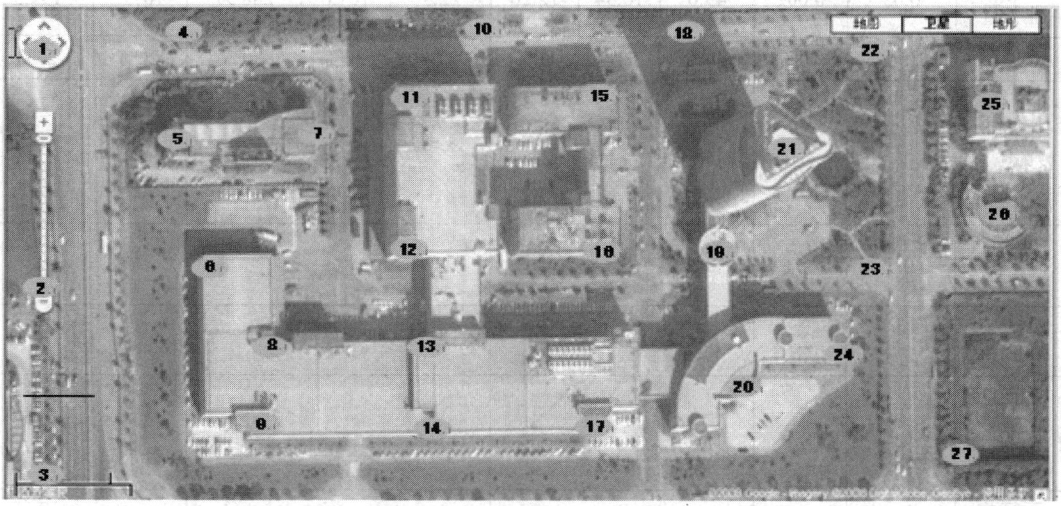

图 10-1 深圳高新技术园区地形图

2．3G 用户数量规划

在 3G 网络的建网初期，2G 用户数按人口的 80%、3G 用户数按 2G 人口的 25%计算。请完成 3G 用户数量的规划，并将 2G、3G 用户数量填入表 10-4 中。

表 10-4　　3G 用户数量的规化

该区域人口总数	52000
2G 用户在该区域的人口数量	
3G 用户在该区域的人口数量	

3. 业务模型及总话务量计算

3G 话务模型按表 10-5 值估算，其中数据业务：下行总吞吐量（kbit/s）=下行单用户业务量×人口总数；下行总业务量（Erl）=下行总吞吐量/业务速率。系统设计负载为 50%的情况下等效语音信道数是45，语音业务阻塞率为2%，邻区干扰因子为0.65，正交因子为0.6，城区面积为 $2km^2$。规划区域内业务的情况见表 10-5。请完成下列各业务话务量的计算。

请根据下表10-5给出各业务数据，计算出PS64K、PS128K、PS384K业务的下行总吞吐量及表中所有业务的下行总业务量，并将结果填入表中（计算结果小数点后保留 2 位）。

最后计算出该区域总话务量为_Erl。

表 10-5　　各种业务的单用户业务量和渗透率

业务速率	CS12.2K	CS64K	PS64K			PS128K			PS38K	
业务类型	语音业务 (Erl)	可视电话 (Erl)	E-mail (bit/s)	MMS (bit/s)	信息服务 (bit/s)	图铃下载 (bit/s)	WAP 浏览 (bit/s)	WWW 浏览 (bit/s)	音频流 (bit/s)	视频流 (bit/s)
单用户业务量	0.03	0.002	49.0	16.34	12.26	22.9	101.6	288.97	107.5	193.5
渗透率	100%	20%	30%	50%	80%	60%	50%	30%	20%	20%
下行单用户业务量（乘渗透率）										
激活因子	0.5	1	1			1			1	
E_b/N_0（dB）	5	2.7	2.4			2.7			3.4	
下行总吞吐量（kbit/s）										
下行总业务量（Erl）										

4. 容量估算

WCDMA 网络一般采用基于坎贝尔理论的混合业务容量估算方法，可计算出混合业务条件下，小区的复合信道数和复合厄兰数，在此基础上计算出 WCDMA 单载波小区总数。请将表

10-5 中各业务的下行业务总量填入表 10-6 中，并算出每种业务的等效强度。

表 10-6　各种业务的下行业务总量及等效强度

业务类型	下行总业务量（Erl）	WCDMA 各种业务等效强度
CS12.2		
CS64		
PS64		
PS128		
PS384		

WCDMA 系统设计负载为 50%，业务阻塞率为 2%，根据反向容量公式可计算出单载波等效语音信道数是 45 的情况下，WCDMA 单载波小区总数为________。

根据计算结果，填写 WCDMA 设备配置表（假设基站全部采用 S1/1/1，每基站配置 1 块 WBBPa 板），如表 10-7 所示。

表 10-7　WCDMA 设备配置表

RNC 设备			Node B 设备				
SPU（主备）	DPU（主备）	FG2a	BBU	WMPT（单配）	RRU	扇区数	小区数

5．站址选择

目前 WCDMA 建网采用的站型有 O1、O3、S1/1/1、S2/2/2、S3/3/3 几种站型。

站址选择内容包括：

（1）地点；

（2）站型（全向站、定向站）；

（3）覆盖区域（室内覆盖、室外覆盖）；

（4）站点容量。

在图 10-1 中，已经预设了 27 个可能的站点，其中既有室内站也有室外站。参赛选手根据基于容量覆盖的建站方法，在其中选择最佳的方案并完成规划基站列表的填写，如表 10-8 所示。所有基站以 RRU（3804）+BBU（3900）组网。

表 10-8　站点规划和站址选择列表

基 站 编 号	基 站 名 称	站　　型	RRU	扇　区　数	小　区　数

选择一个 S1/1/1/站型的 Node B，针对小区级别的下列参数进行规划，并填入表 10-9。

所选基站编号：________

表 10-9 小区参数配置

小区编号	主扰码	本地小区编号	频点

说明：

（1）主扰码根据 3GPP 协议码组表及扰码设定规则自行定义。

（2）小区编号=RNC ID+Node B ID+小区号，例如：一个小区所在 RNC 为 RNC5，基站编号为 2，该小区是该基站的第 2 小区，则该小区编号为 9，本题假设 RNC 标识为 151。

（3）本地小区编号=Node B ID+小区号，例如：本地小区所在基站编号为 2，该小区是该基站的第 2 小区，则该小区编号为 4。

（4）要求小区全部为同频点（1922.24MHz）。

项目十一

WCDMA 设备开通与调测

【**项目描述**】在正确配置 WCDMA 运行环境的基础上，根据协商数据，完成管理数据、全局数据、设备数据、IuCS 接口数据、IuPS 接口数据、Iub 接口数据、无线小区数据、NodeB 数据的配置，并利用 ouc 后台软件进行调测，使手机业务能正常进行。

任务 11.1 WCDMA 仿真软件安装

1. 安装 JDK（需安装 JDK1.6 以上版本）

双击 JDK 安装文件，单击“下一步”按钮，直至安装结束。

2. 安装 MySQL 数据库安装服务端

（1）双击 MySQL 服务端运行程序，如图 11-1 所示。

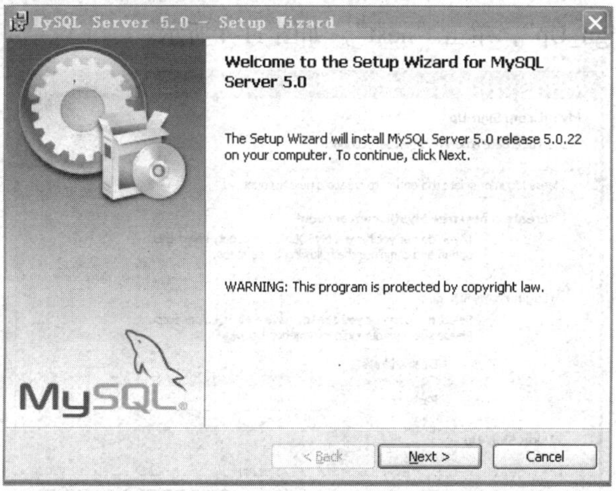

图 11-1　MySQL 客户端安装

（2）一般情况选择“Typical”模式，如图 11-2 所示。

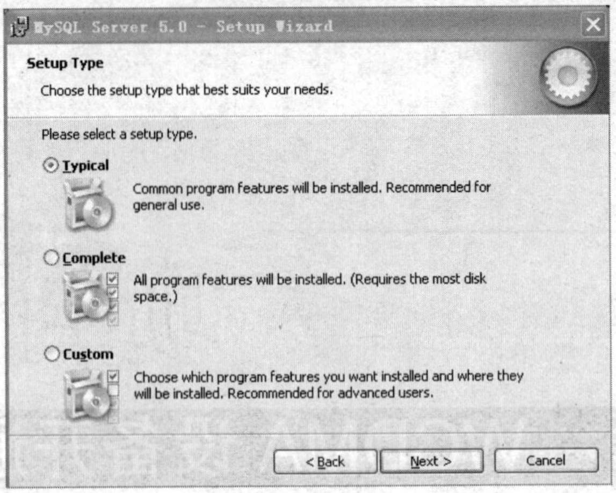

图 11-2　选择“Typical”模式

（3）单击“Install”开始安装，如图 11-3 所示。

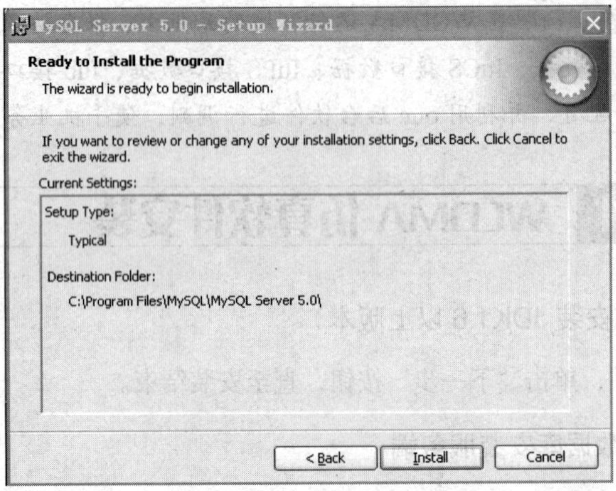

图 11-3　开始安装

（4）选择“Skip Sign_Up”，单击“next”，如图 11-4 所示。

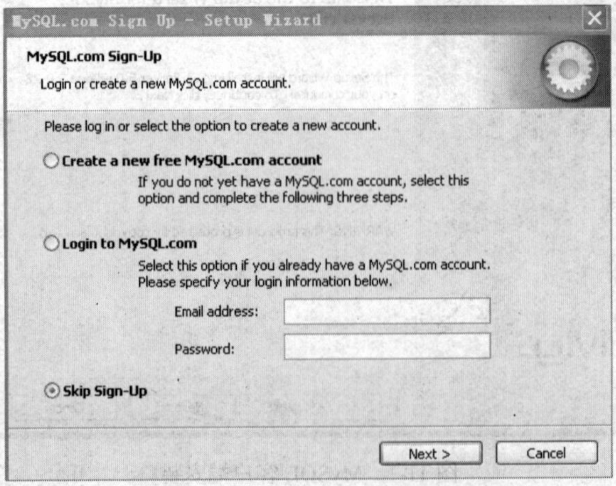

图 11-4　选择“Skip Sign_Up”

（5）选择“Configure the MySQL Server now”，单击“Finish”，完成服务端的安装，如图 11-5 所示。

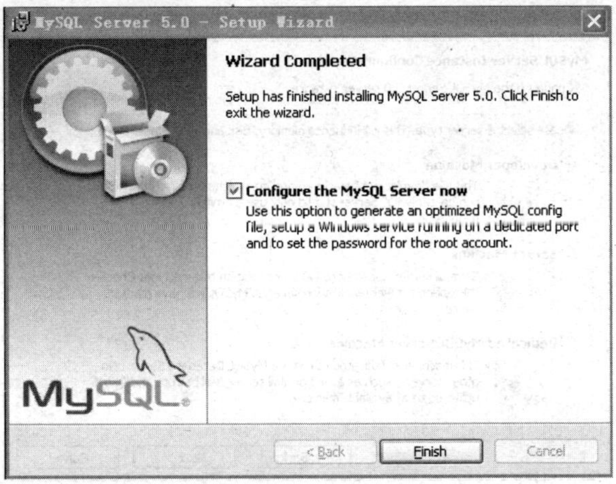

图 11-5　选择“Configure the MySQL Server now”

（6）单击“next”，开始配置 My SQL，如图 11-6 所示。

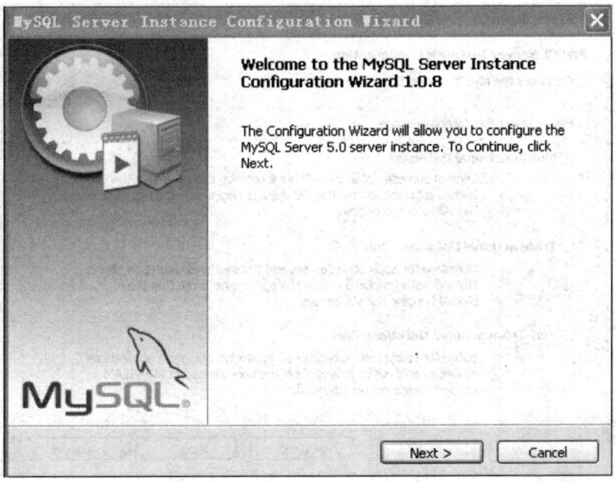

图 11-6　开始配置 My SQL

（7）选择“Detailed Configuration”，单击“next”，如图 11-7 所示。

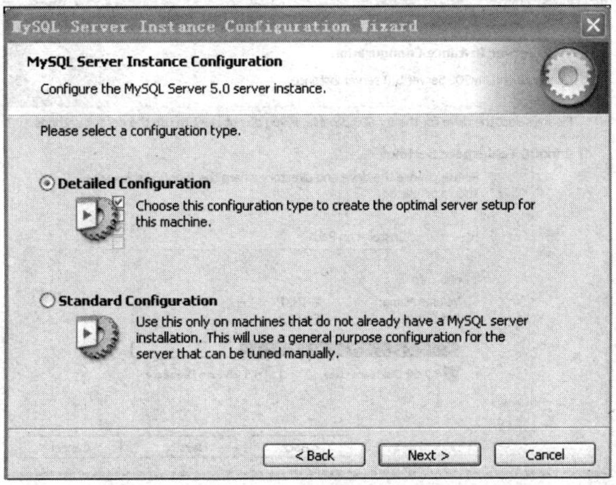

图 11-7　选择“Detailed Configuration”

（8）选择“Developer Machine”，单击“Next”，如图 11-8 所示。

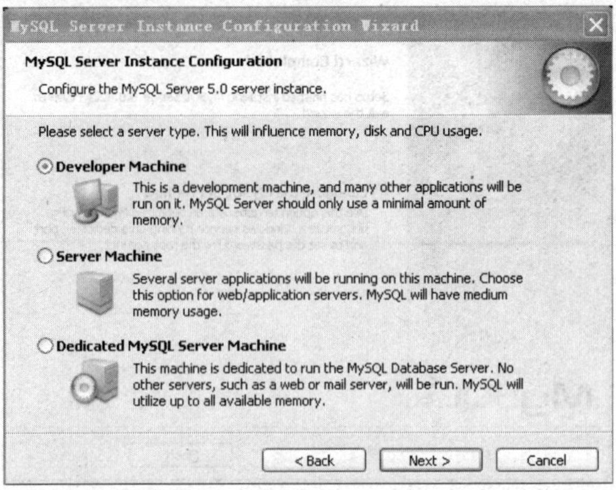

图 11-8　选择“Developer Machine”

（9）选择“Multifunctional Database”，单击“Next”，如图 11-9 所示。

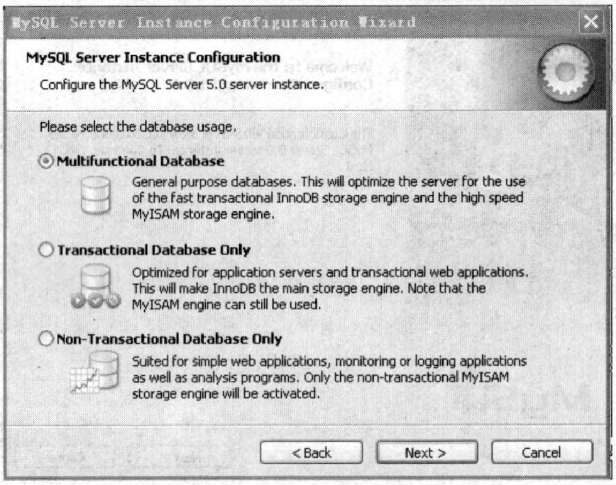

图 11-9　选择“Multifunctional Database”

（10）选择 MySQL 的安装路径，单击“Next”，如图 11-10 所示。

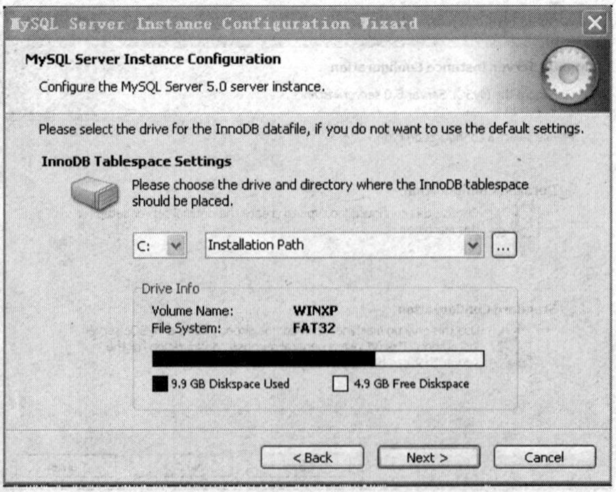

图 11-10　选择 MySQL 的安装路径

（11）选择“Manual Setting”，“Manual Setting”默认 15，单击“Next”，如图 11-11 所示。

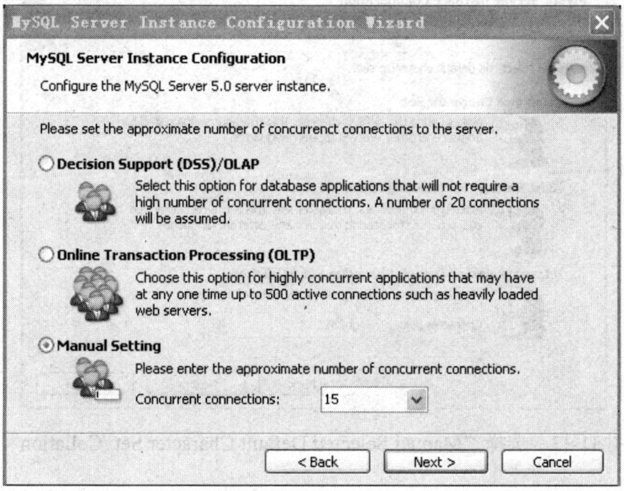

图 11-11　选择“Manual Setting”，“Manual Setting”默认 15

（12）选择“Enable TCP/IP Networking”和“Enalbe Strict Mode”。注意：“Port Number”必须是 3306（默认）。单击“Next”，如图 11-12 所示。

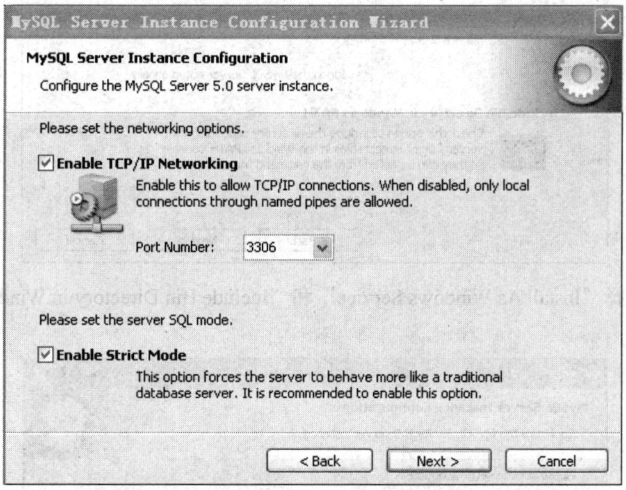

图 11-12　选择“Enable TCP/IP Networking”和“Enalbe Strict Mode”

（13）选择“Manual Selected Default Character Set /Collation”，并改变“Character Set”为 gb2312，单击“Next”，如图 11-13 所示。

（14）选择“Install As Windows Service”和“Include Bin Directory in Windows PATH”，单击“Next”，如图 11-14 所示。

（15）选择“Modify Security Settings”，“New root password”为 root（注意：一定要选择“Enable root access from remote machines”），单击“Next”，如图 11-15 所示。

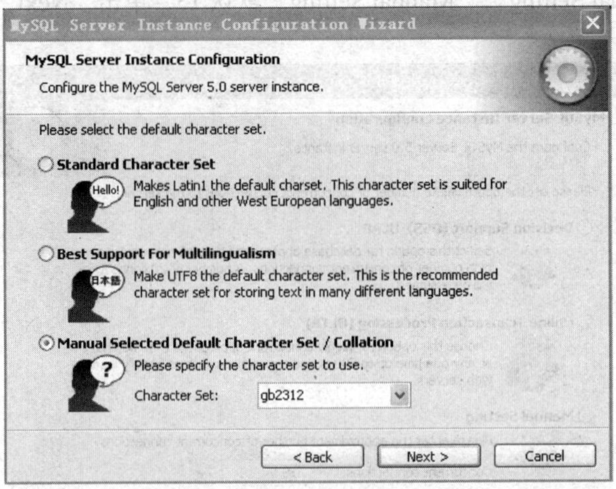

图 11-13　选择“Manual Selected Default Character Set /Collation”

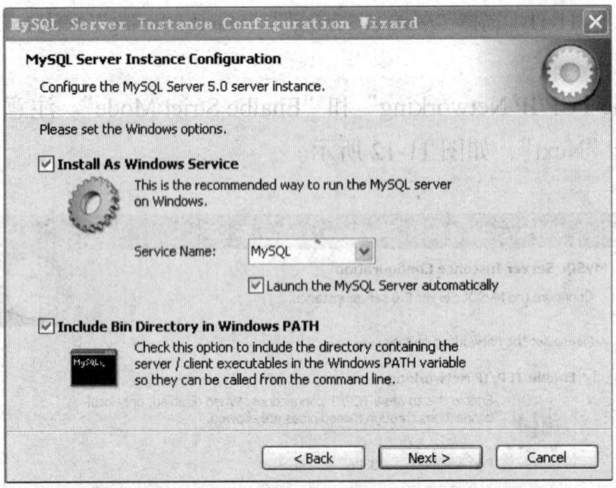

图 11-14　选择“Install As Windows Service”和“Include Bin Directory in Windows PATH”

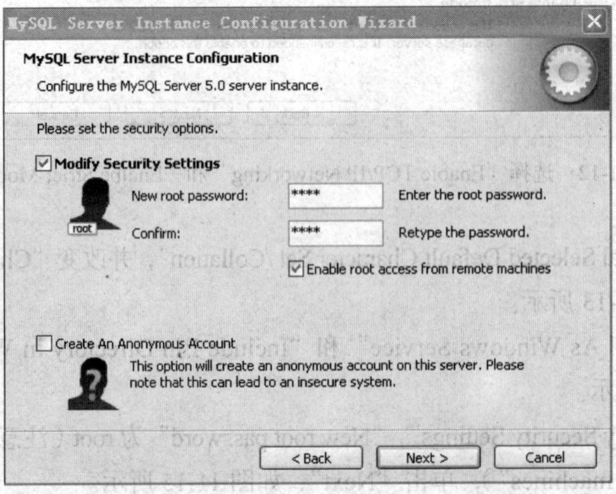

图 11-15　选择“Modify Security Settings”，“New root password”为 root

（16）单击“Finish”，安装结束，如图 11-16 所示。

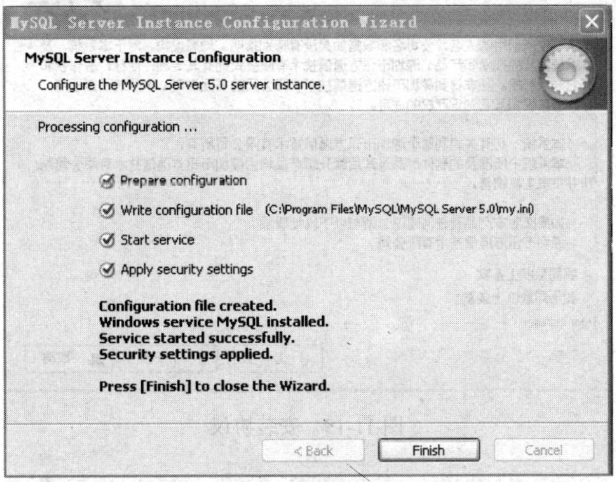

图 11-16　安装结束

注意　数据库安装结束后，重新启动计算机。

具体安装说明请参考 MySQL 安装说明。

3．安装 MySQL 服务端

（1）双击安装文件 wcdma_server. exe，如图 11-17 所示。出现安装界面，如图 11-18 所示。

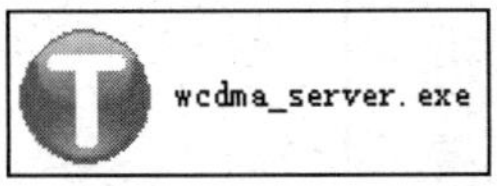

图 11-17　安装文件 wcdma_server. Exe

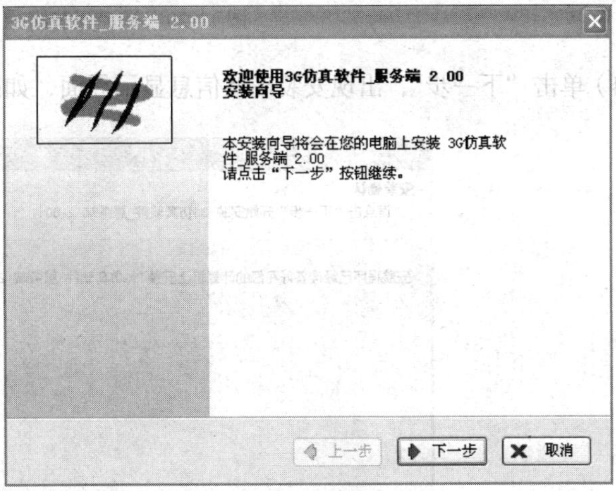

图 11-18　安装界面

（2）单击“下一步”，出现安装协议，如图 11-19 所示。

（3）单击“下一步”，出现安装路径显示界面，如图 11-20 所示。

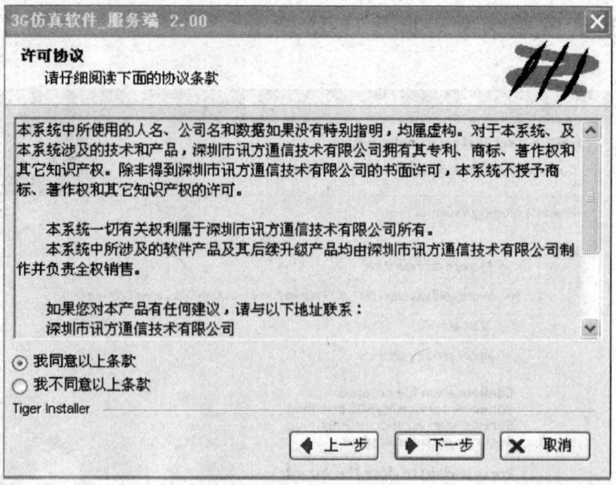

图 11-19 安装协议

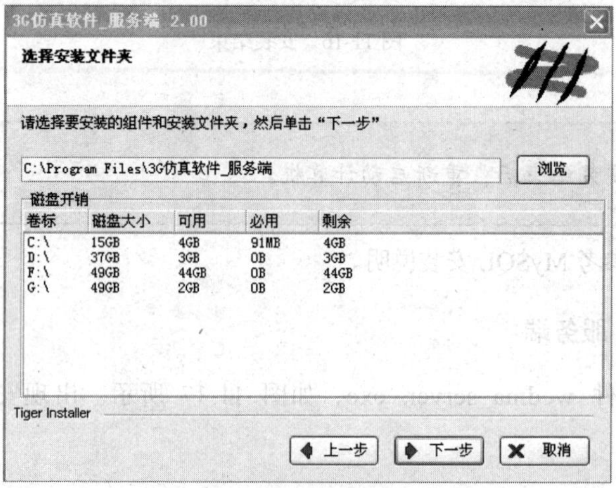

图 11-20 指定安装路径

（4）单击“下一步”，出现安装确认信息显示界面，如图 11-21 所示。

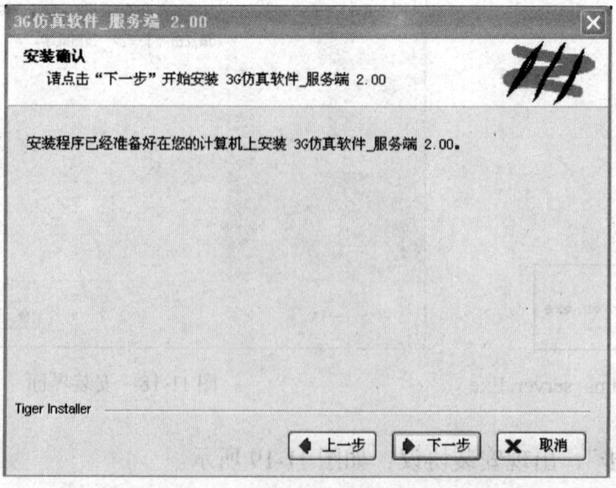

图 11-21 安装确认信息显示

（5）单击“下一步”，显示安装进度条，如图 11-22 所示。

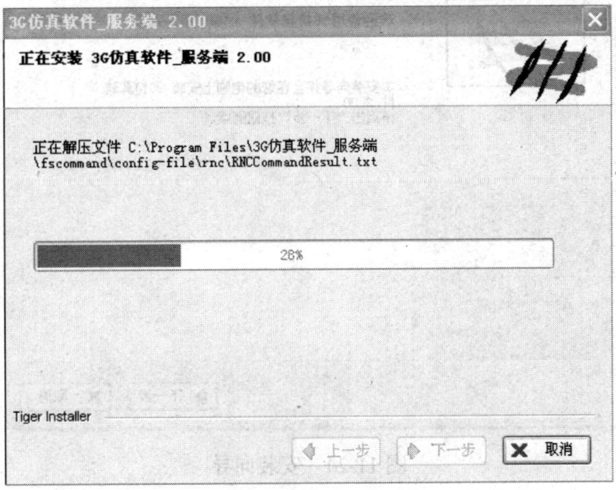

图 11-22　安装进度条

（6）安装完成，如图 11-23 所示。

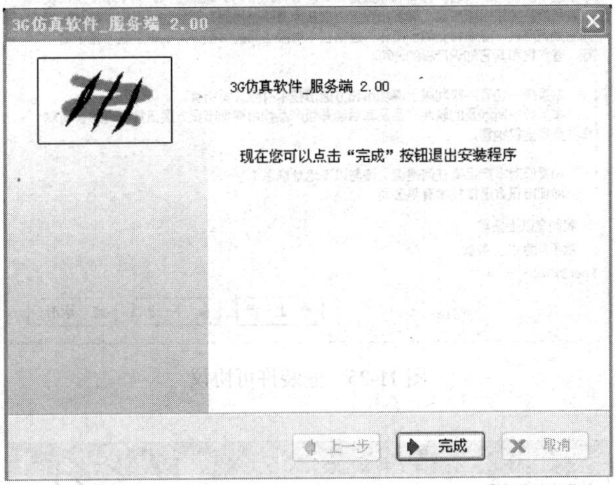

图 11-23　安装完成

（7）单击“完成”，软件安装结束。

4．安装客户端

（1）双击安装文件 wcdma_client.exe，出现如图 11-24 所示界面。

（2）单击“下一步”按钮，出现安装协议界面，如图 11-25 所示。

（3）单击“下一步”按钮，出现安装路径显示界面，如图 11-26 所示。

（4）单击“下一步”按钮，出现安装确认信息显示界面，如图 11-27 所示。

（5）单击“下一步”按钮，显示安装进度条界面，如图 11-28 所示。

（6）安装完成，如图 11-29 所示。

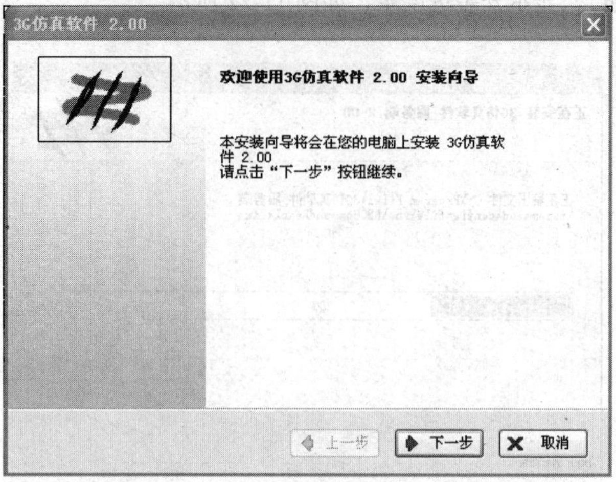

图 11-24　安装向导

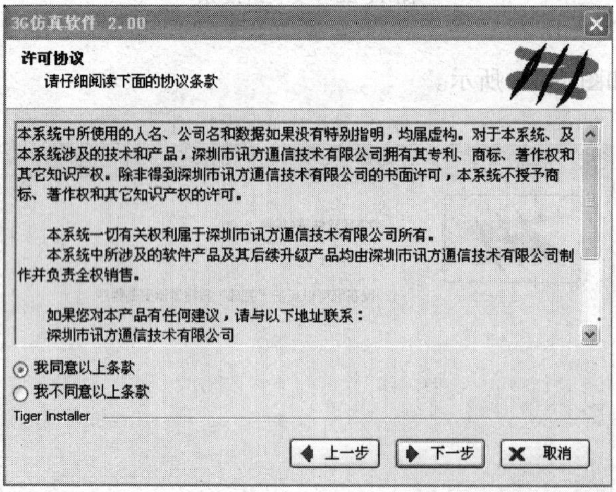

图 11-25　安装许可协议

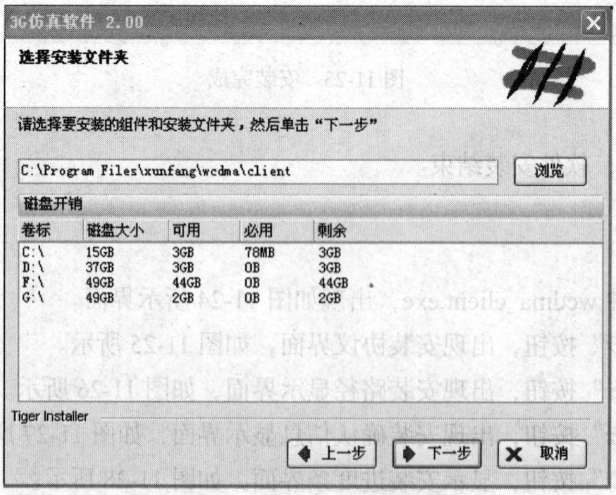

图 11-26　指定安装路径

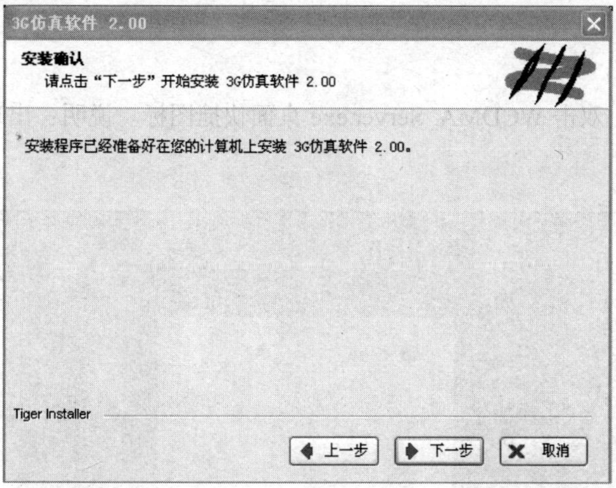

图 11-27　安装确认信息显示

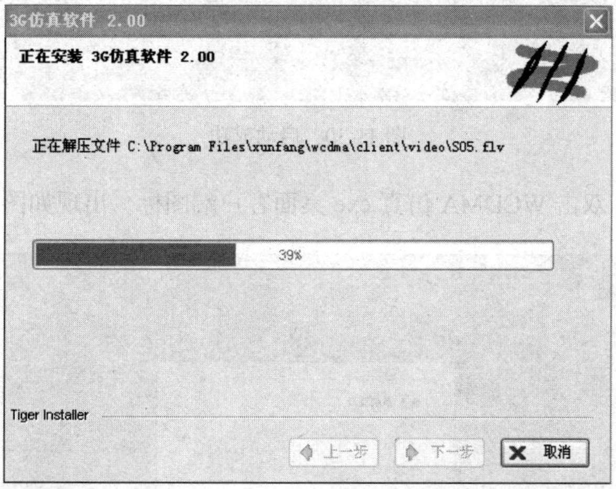

图 11-28　安装进度

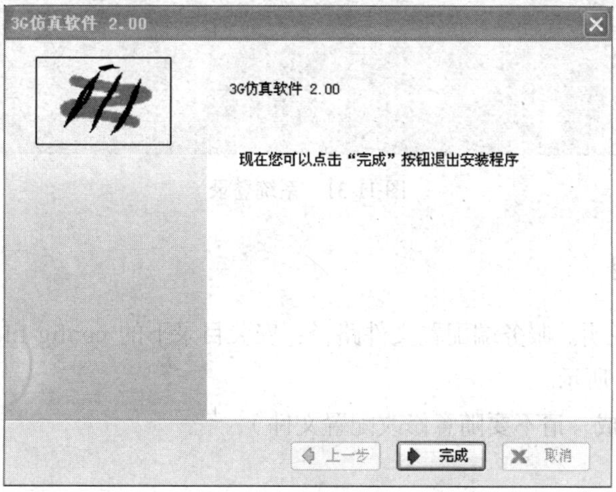

图 11-29　安装完成

（7）单击“完成”，软件安装结束。

5．检查安装状态

（1）服务端检查。双击 WCDMA_Server.exe 桌面快捷图标。说明：出现如图 11-30 界面表明启动成功。

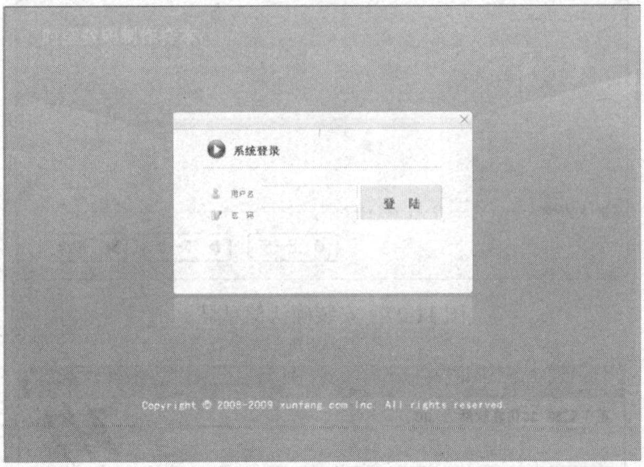

图 11-30　启动成功

（2）客户端检查。双击 WCDMA 仿真.exe 桌面客户端图标，出现如图 11-31 所示主界面。

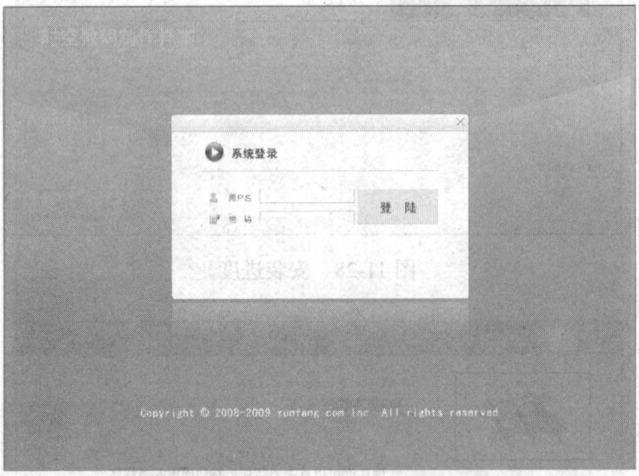

图 11-31　系统登录

6．配置文件说明

服务端配置文件说明。服务端配置文件路径：安装目录下的 config-file 文件夹中；配置文件名：ip.txt，如图 11-32 所示。

（注：程序自动生成，请不要随意修改配置文件）

7．卸载软件

（1）卸载服务端软件。

① 打开“控制面板”，双击“添加删除程序”，在列表中选择“3G 仿真软件_服务端”，单击

“删除”，出现如图 11-33 所示界面。

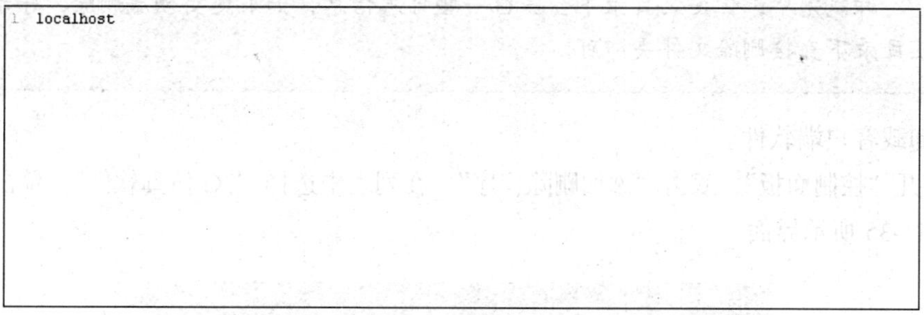

图 11-32　服务端配置文件路径

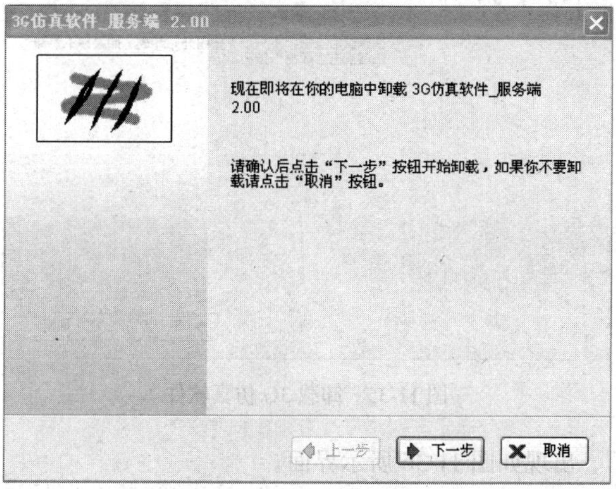

图 11-33　卸载服务端软件

② 单击“下一步”，出现如图 11-34 所示界面。

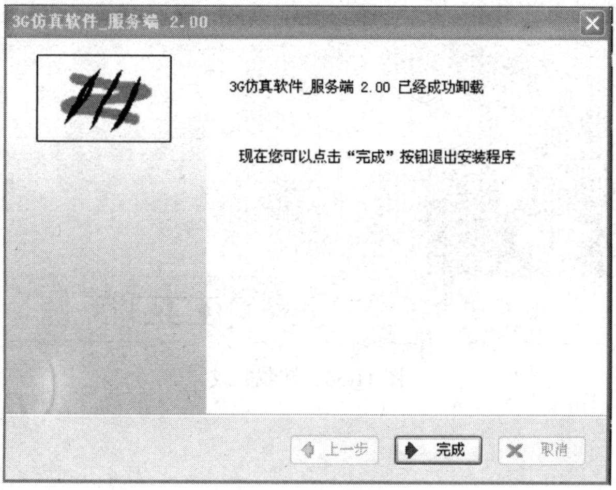

图 11-34　卸载成功

③ 单击“完成”。

说明　卸载完毕，但安装目录下会保留一些日志信息，如果您要彻底删除，手动进入安装目录下直接删除文件夹即可。

（2）卸载客户端软件。

① 打开“控制面板”，双击“添加删除程序”，在列表中选择“3G仿真软件”，单击“删除”，出现如图11-35所示界面。

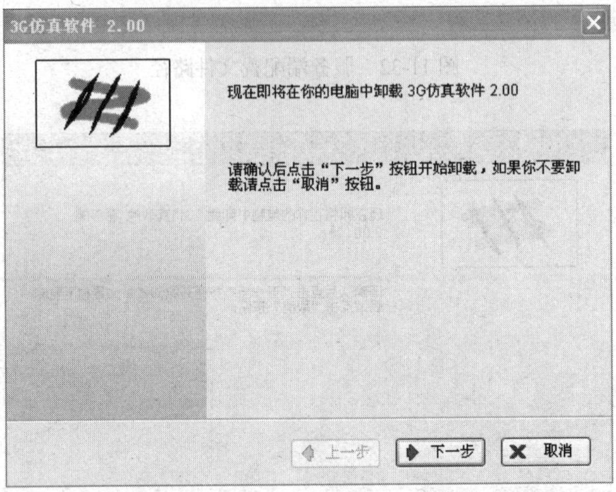

图11-35　卸载3G仿真软件

② 单击“下一步”，出现如图11-36所示界面。

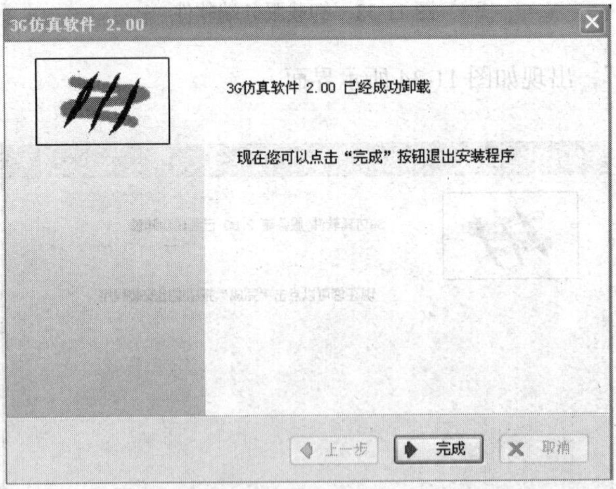

图11-36　卸载完成

③ 单击“完成”。

说明　卸载完毕，但安装目录下会保留一些日志信息，如果您要彻底删除，手动进入安装目录下直接删除文件夹即可

任务 11.2　WCDMA RNC/Node B 数据配置

1．配置管理数据

（1）清空数据。

（2）离线控制命令：框号—ALL。

2．配置全局数据

（1）增加运营商标识，如图 11-37 所示。

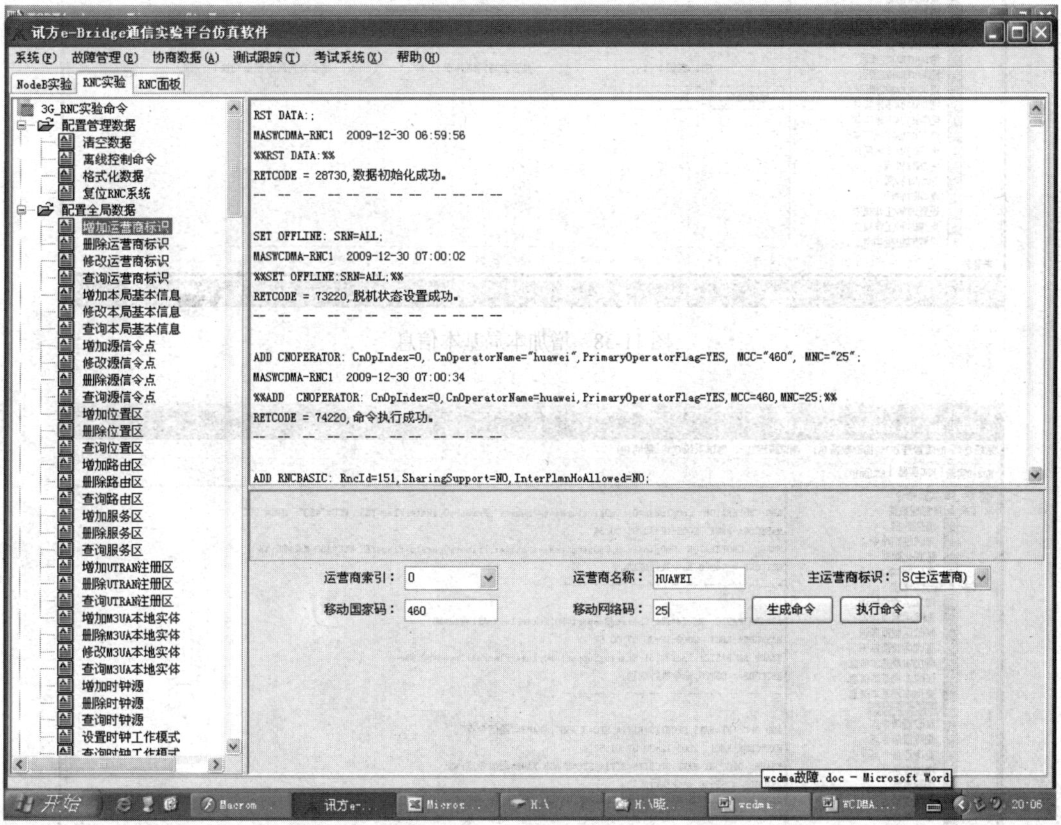

图 11-37　增加运营商标识

运营商索引：0（可以选择其他，但要前后保持一致）；运营商名称：华为（可以自拟）；主运营商标识：YES（主运营商）；移动国家码：460；移动网络码：25。

（2）增加本局基本信息，如图 11-38 所示。

其中，RNC 标识：151；是否支持网络共享：NO；是否支持跨运营商切换：NO。

（3）增加源信令点，如图 11-39 所示。

其中，网络标识：NATB；源信令点编码位数：BIT14；源信令点编码：H'A55；源信令点名称：自定义。

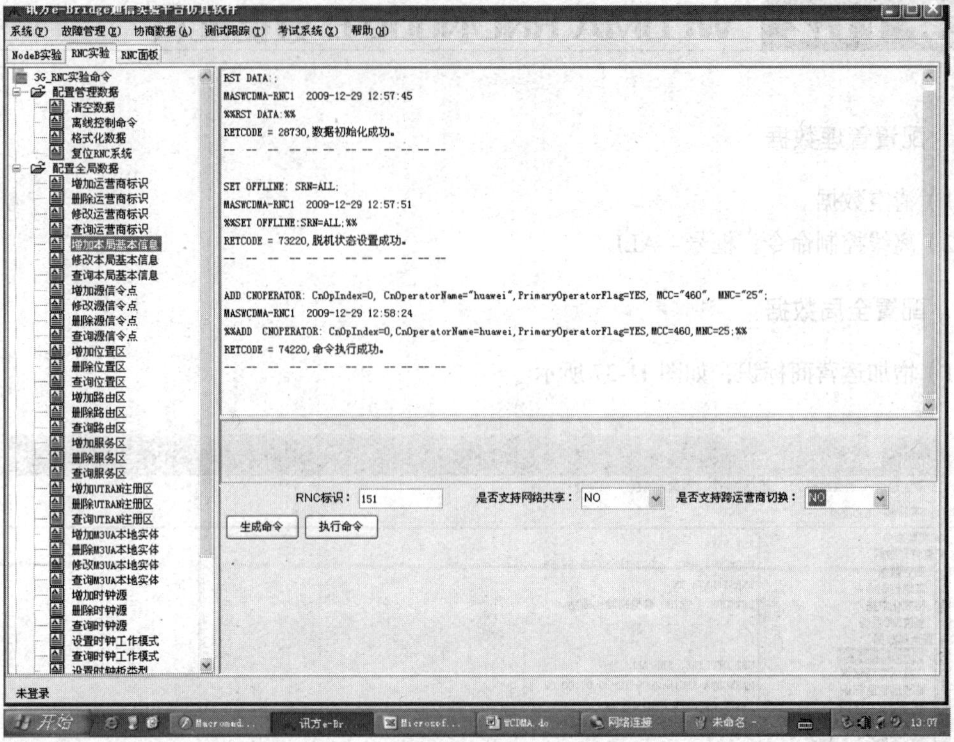

图 11-38　增加本局基本信息

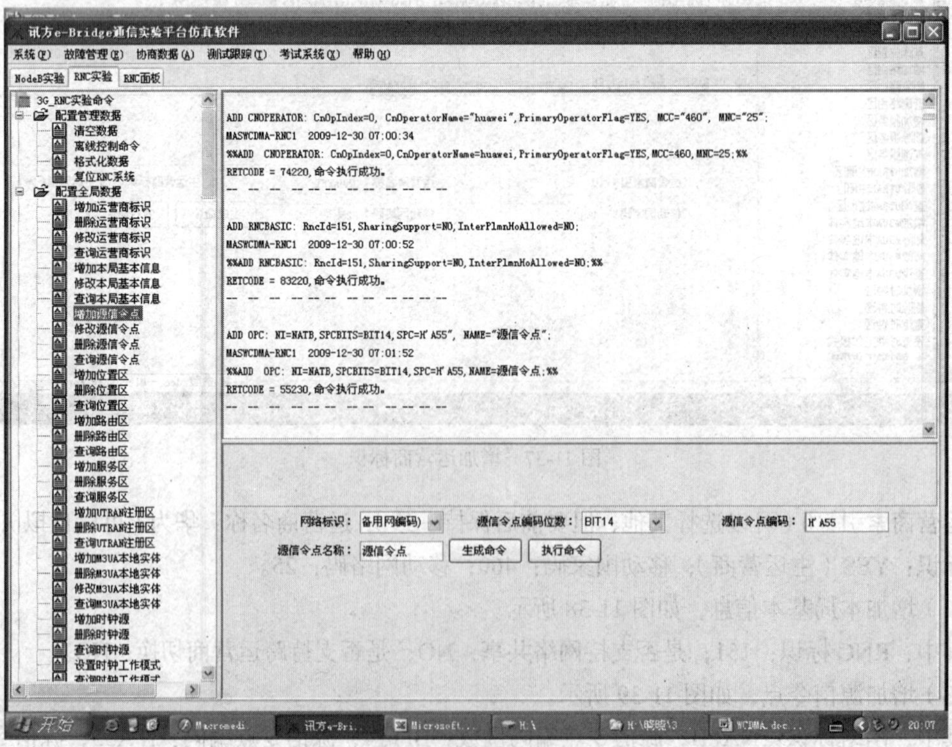

图 11-39　增加源信令点

（4）增加位置区，如图 11-40 所示。

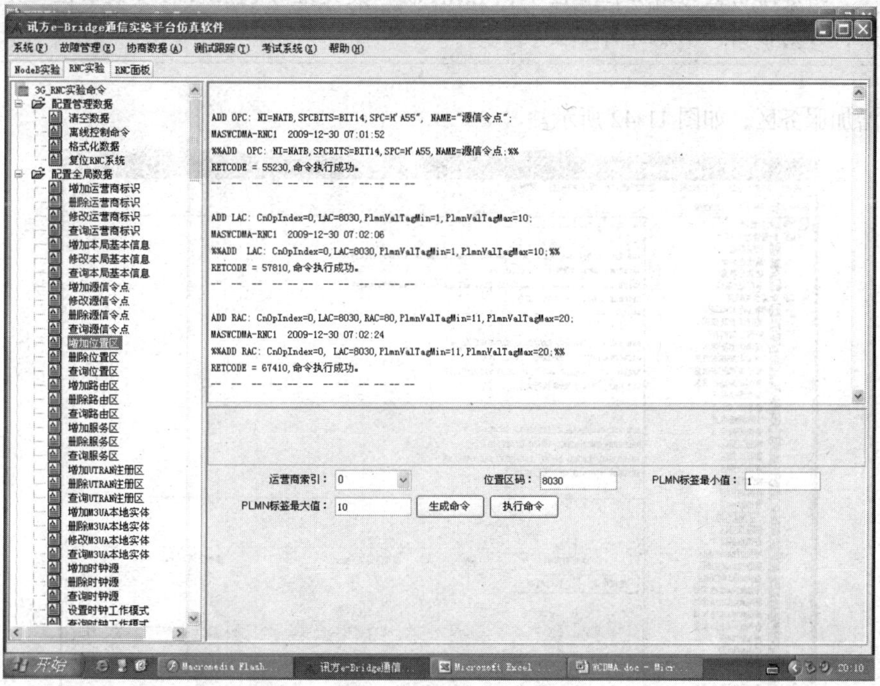

图 11-40　增加位置区

运营商索引：0；位置编码：8030；PLMN 标签最小值：1；PLMN 标签最大值：10。

（5）增加路由区，如图 11-41 所示。

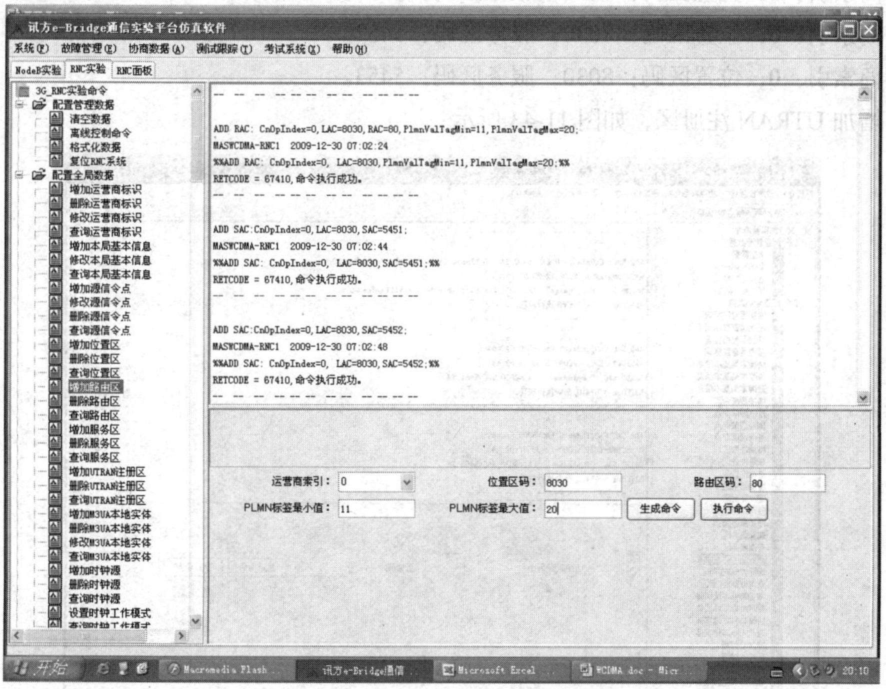

图 11-41　增加路由区

运营商索引：0；位置区码：8030；路由区：80；PLMN 标签最小值：11；PLMN 标签最大值：20。

注意

增加路由区与增加位置区中，PLMN 标签最大值与 PLMN 标签最小值之差必须一致，否则报错，不能进行配置。

（6）增加服务区，如图 11-42 所示。

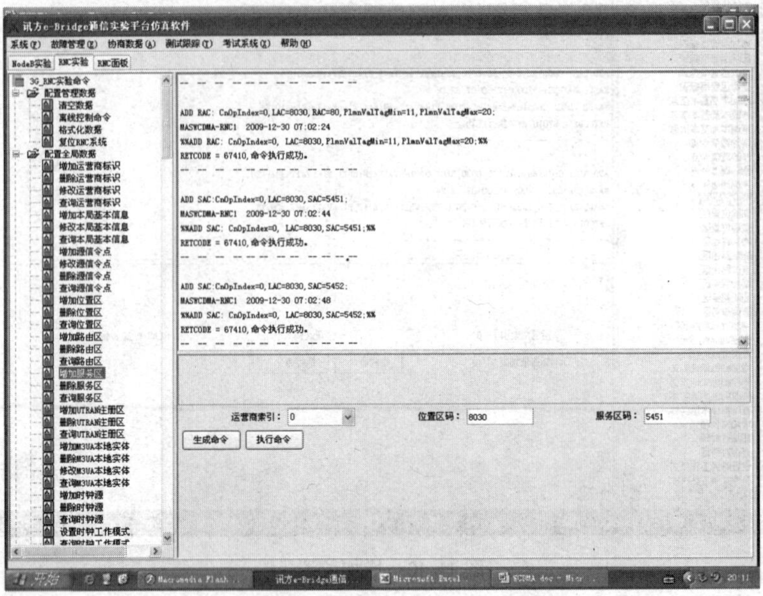

图 11-42 增加服务区

运营商索引：0；位置区码：8030；服务区码：5451。
运营商索引：0；位置区码：8030；服务区码：5452。
运营商索引：0；位置区码：8030；服务区码：5453。

（7）增加 UTRAN 注册区，如图 11-43 所示。

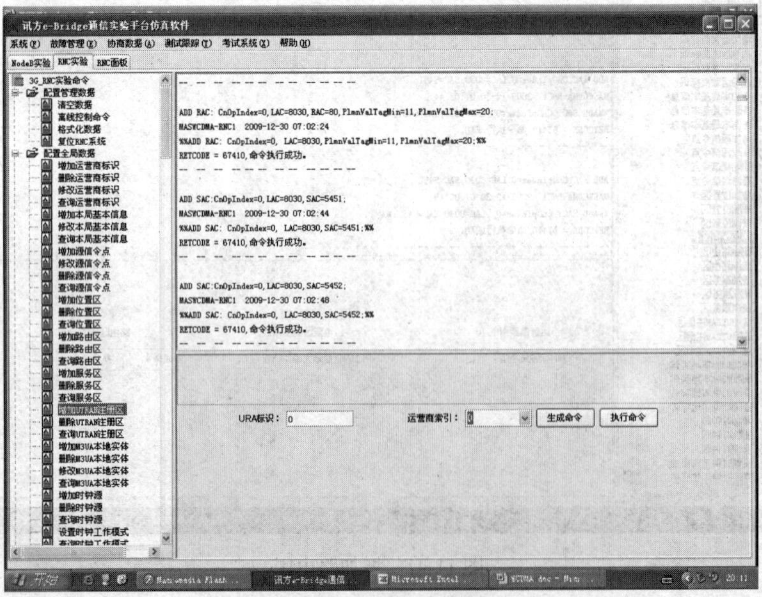

图 11-43 增加 UTRAN 注册区

URA 标识：0；运营商索引：0。

（8）增加 UTRAN 本地实体，如图 11-44 所示。

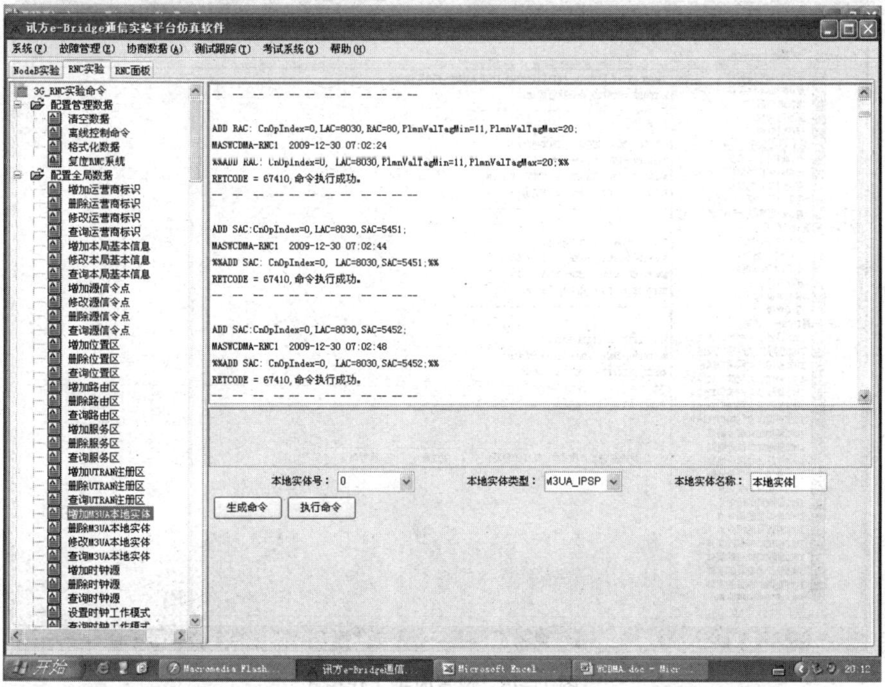

图 11-44　增加 UTRAN 本地实体

本地实体号：0；本地实体类型：M3UA_IPSP；本地实体名称：本地实体（自拟）。

（9）增加时钟源，如图 11-45 所示。

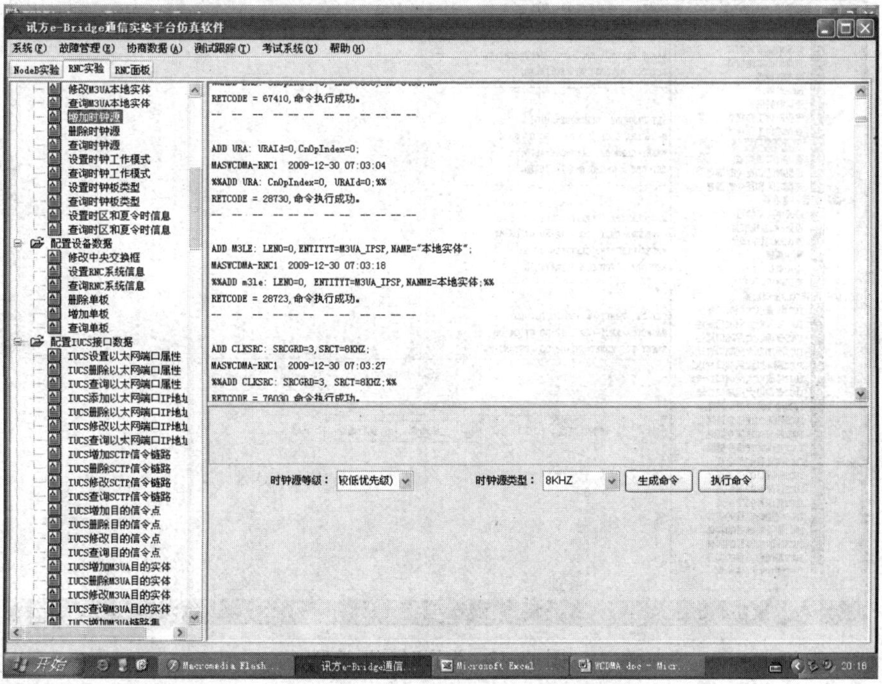

图 11-45　增加时钟源

时钟源等级：3（较低优先级）；时钟源类型：8kHz。

（10）设置时钟工作模式，如图 11-46 所示。

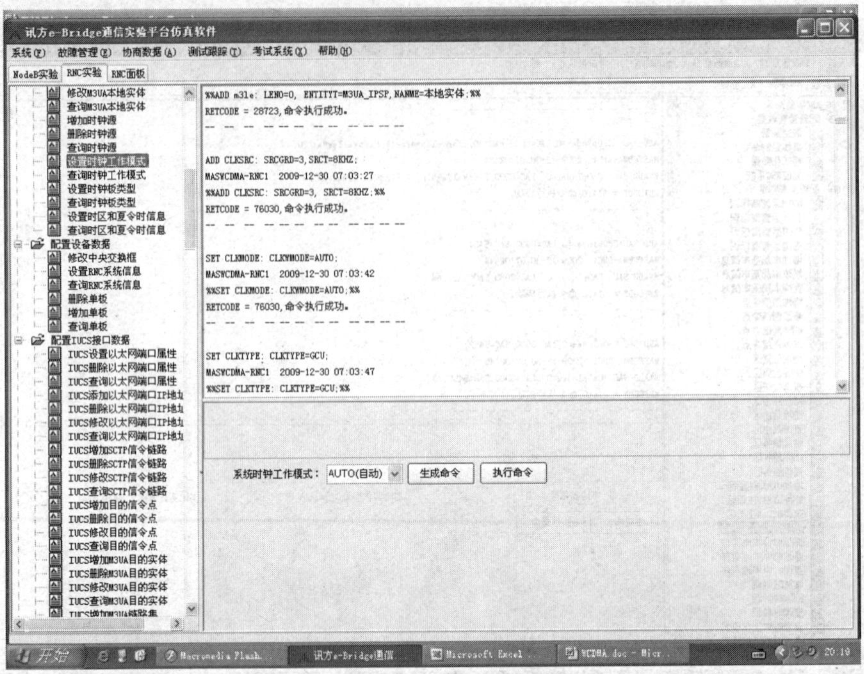

图 11-46　设置时钟工作模式

系统时钟工作模式：AUTO（自动）。

（11）设置时钟板类型，如图 11-47 所示。

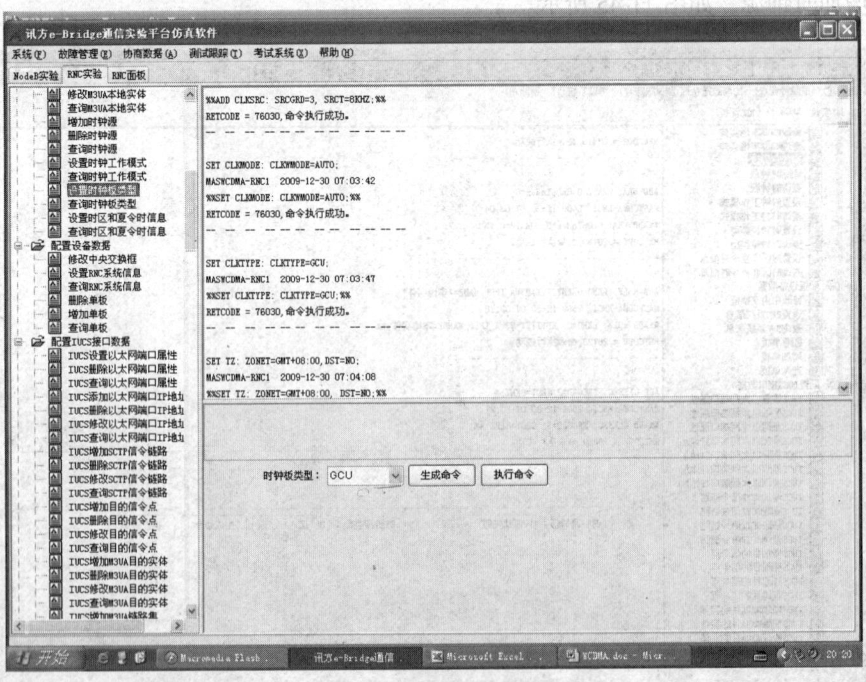

图 11-47　设置时钟板类型

时钟板类型：GCU（须与硬件配置相对应）。

（12）设置时区和夏令时，如图 11-48 所示。

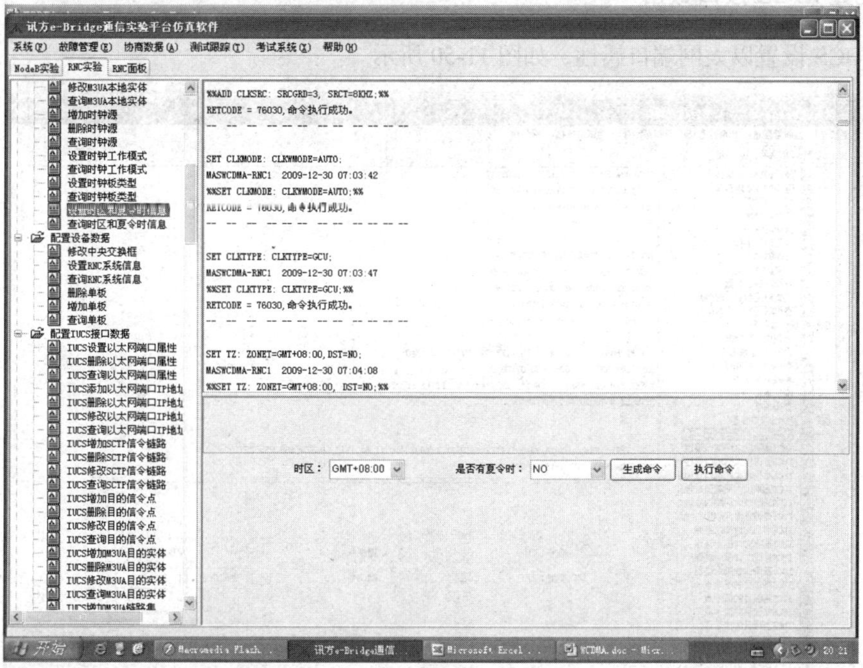

图 11-48　设置时区和夏令时

时区：GMT+08：00；是否有夏令时：NO。

3．配置设备数据

根据规划各单板数量，增加或删除单板，使之与规划一致，如图 11-49 所示。

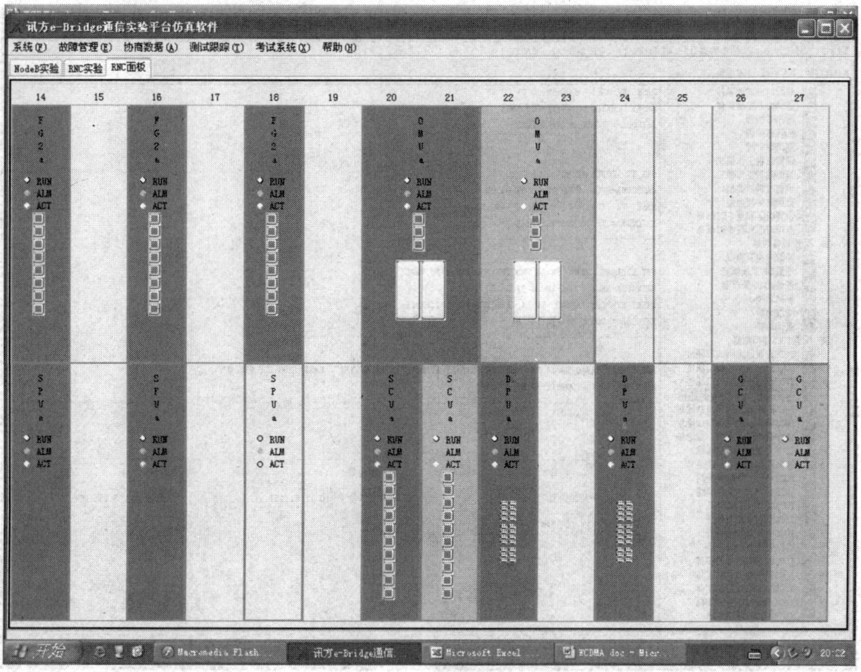

图 11-49　单板配置

4. 配置 IUCS 接口数据

（1）IUCS 设置以太网端口属性，如图 11-50 所示。

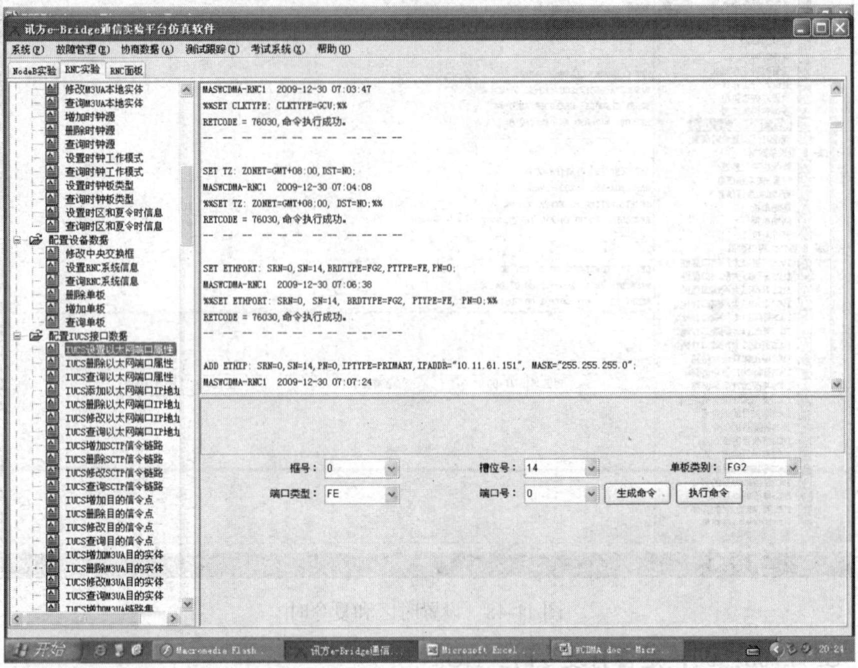

图 11-50　IUCS 设置以太网端口属性

框号：0；槽位号：14；单板类别：FG2；端口类型：FE；端口号：0。

（2）IUCS 添加以太网端口 IP 地址，如图 11-51 所示。

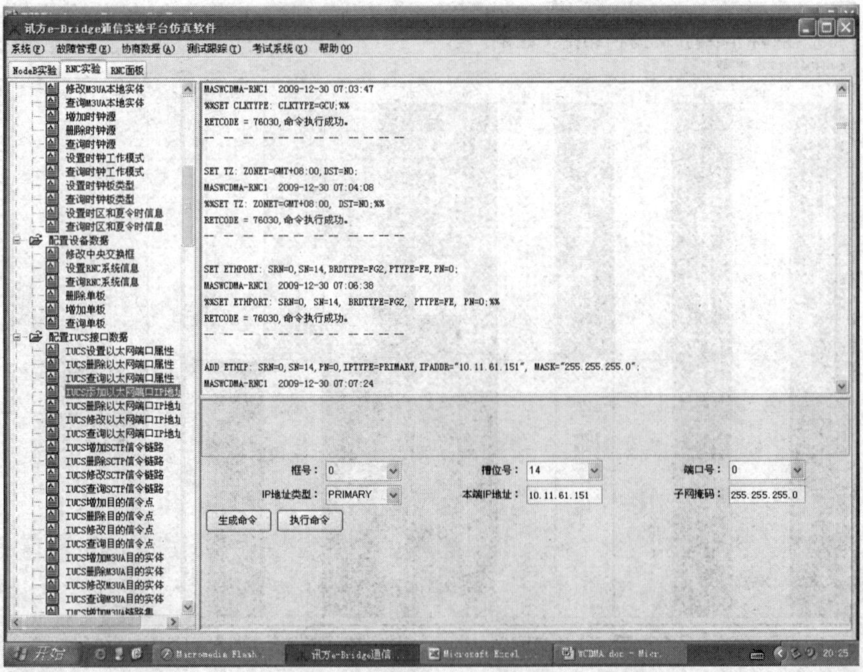

图 11-51　IUCS 添加以太网端口 IP 地址

框号：0；槽位号：14；端口号：0；IP 地址类型：PRIMARY；本端 IP 地址：10.11.61.151；子网掩码：255.255.255.0

（3）IUCS 增加 SCTP 信令链路，如图 11-52 所示。

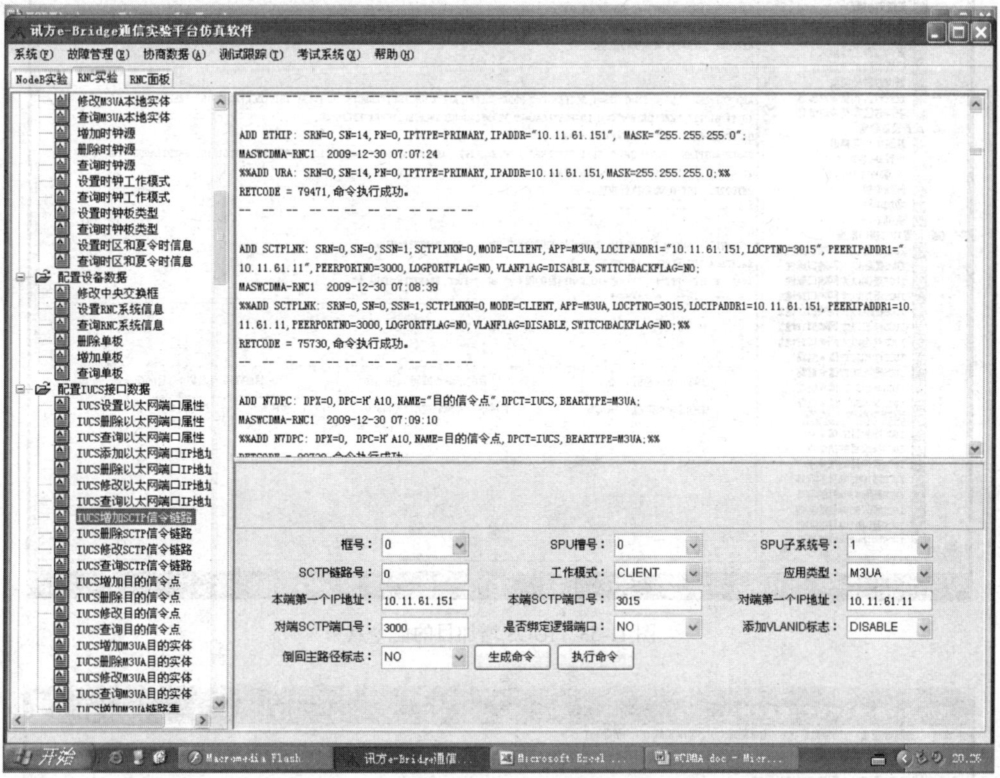

图 11-52　IUCS 增加 SCTP 信令链路

框号：0；SPU 槽号：0；SPU 子系统号：1；SCTP 链路号：0 ；工作模式：CLIENT 应用类型：M3UA；本端第一个 IP 地址：10.11.61.151；本端 SCTP 端口号：3015；对端第一个 IP 地址：10.11.61.11；对端 SCTP 号：3000；是否绑定逻辑端口：NO；添加 VLANID 标识：DISABLE；倒回主路径标志：NO。

（4）IUCS 增加目的信令点，如图 11-53 所示。

目的信令点索引：0；目的信令点编码：H'A10；目的信令点名称：自拟；目的信令点类型：IUCS；目的信令点承载类型：M3UA。

（5）IUCS 增加 M3UA 目的实体，如图 11-54 所示。

目的实体号：0；本地实体号：0；目的信令点索引：0；目的实体类型：M3UA-IPSP；目的实体名称：自拟。

（6）IUCS 增加 M3UA 链路集，如图 11-55 所示。

信令链路集索引：0；目的实体号：0；信令链路掩码：B0000；链路集的工作模式：M3UA_IPSP；M3UA 链路集名称：自拟。

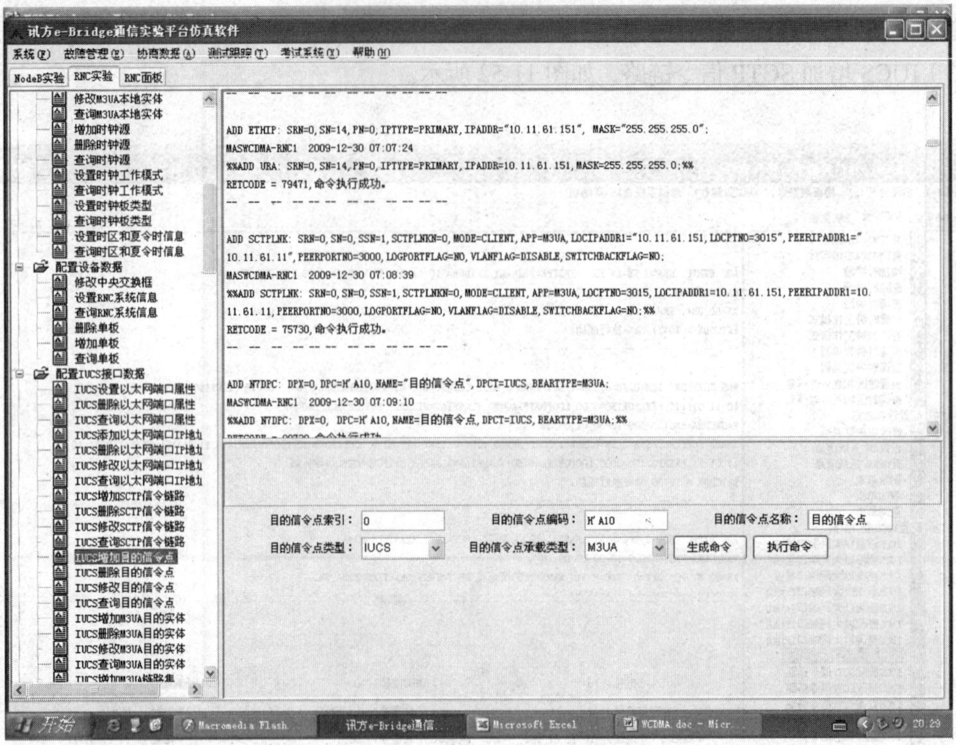

图 11-53 IUCS 增加目的信令点

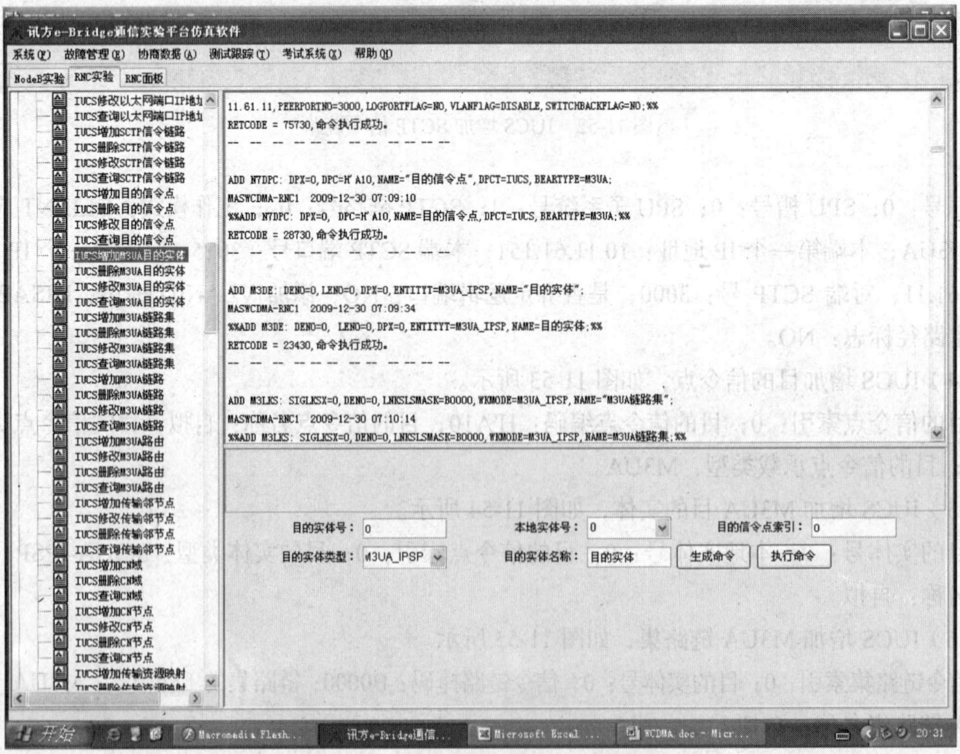

图 11-54 IUCS 增加 M3UA 目的实体

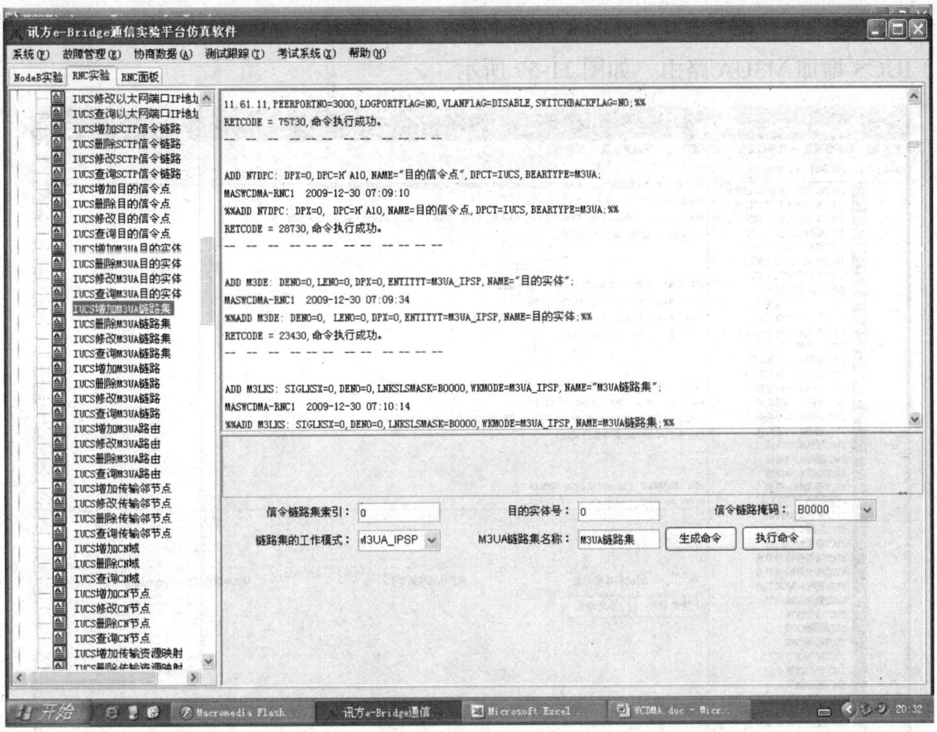

图 11-55　IUCS 增加 M3UA 链路集

（7）IUCS 增加 M3UA 链路，如图 11-56 所示。

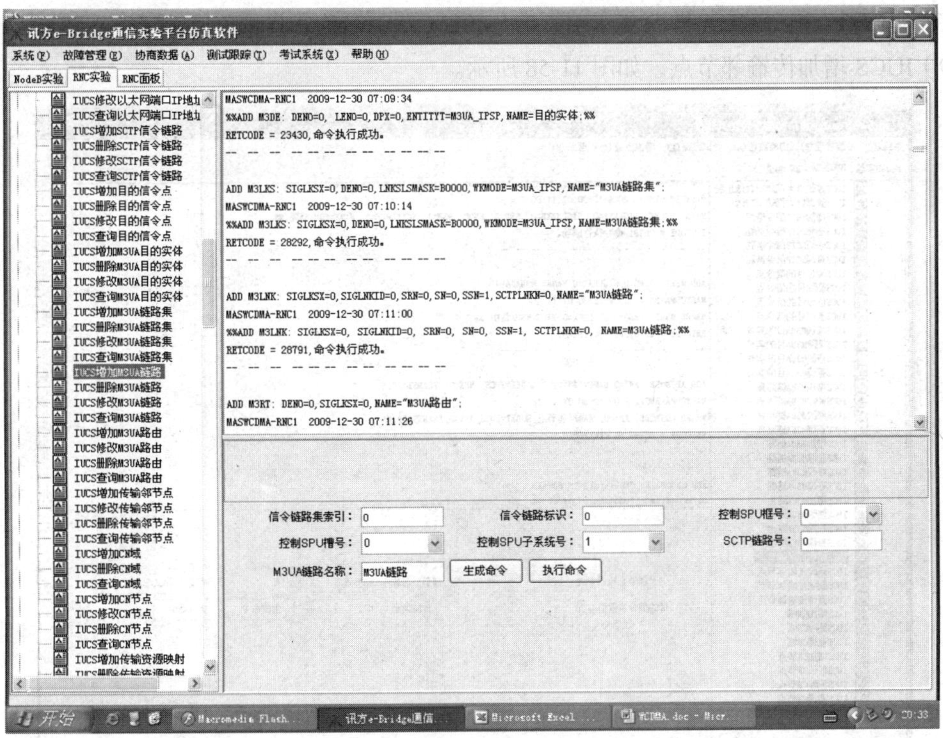

图 11-56　IUCS 增加 M3UA 链路

信令链路集索引：0；信令链路标识：0；控制 SPU 框号：0；控制 SPU 槽号：0；控制 SPU

子系统号：1；SCTP 链路号：0；M3UA 链路名称：自拟。

（8）IUCS 增加 M3UA 路由，如图 11-57 所示。

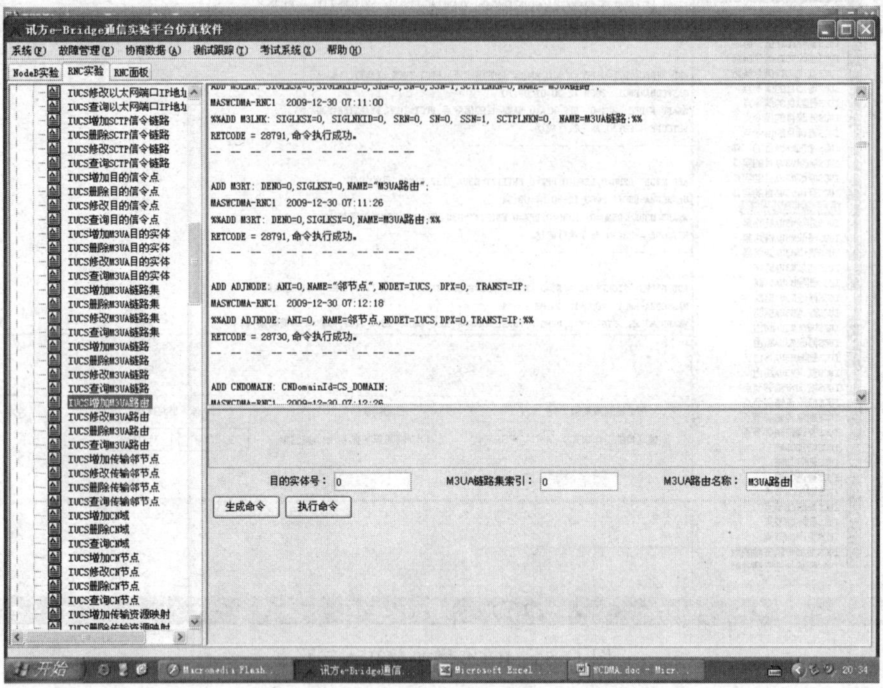

图 11-57　IUCS 增加 M3UA 路由

目的实体号：0；M3UA 链路集索引：0；M3UA 路由名称：自拟。

（9）IUCS 增加传输邻节点，如图 11-58 所示。

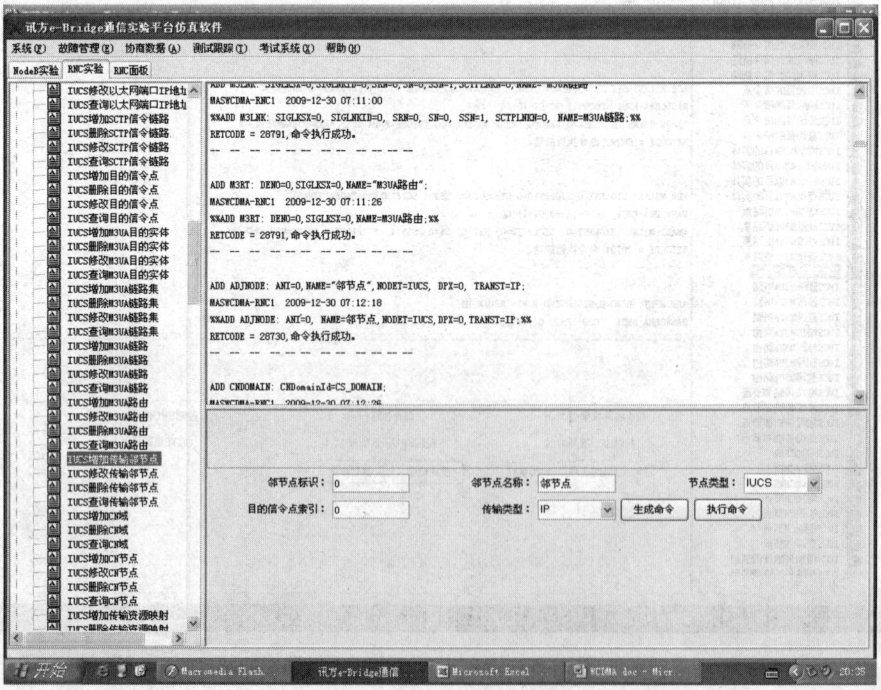

图 11-58　IUCS 增加传输邻节点

邻节点标识：0；邻节点标识：自拟；节点类型：IUCS 目的信令点索引：0；传输类型：IP。

（10）IUCS 增加 CN 域，如图 11-59 所示。

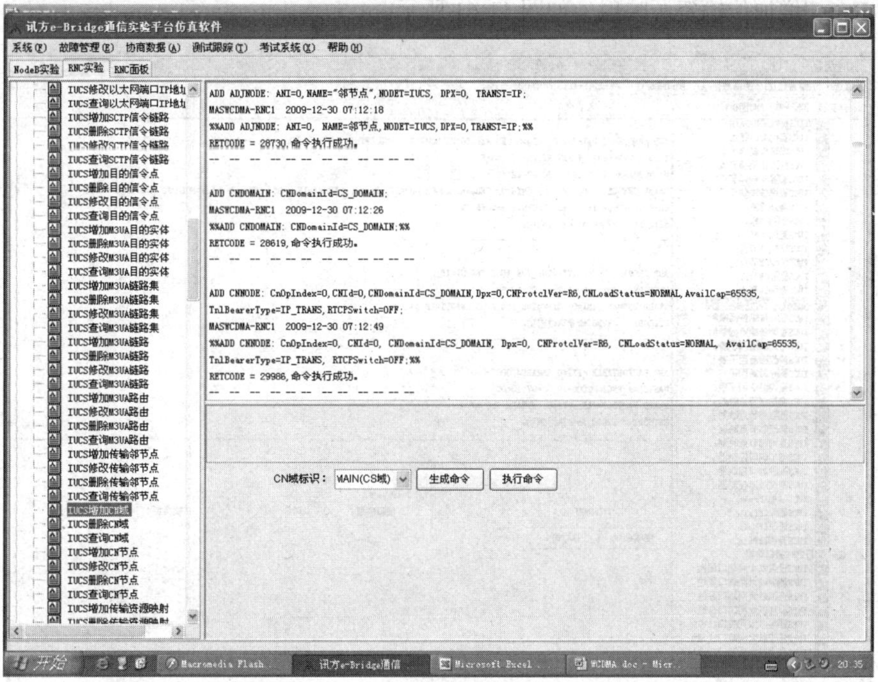

图 11-59　IUCS 增加 CN 域

CN 域标识：　CS-DOMAIN（CS 域）。

（11）IUCS 增加 CN 节点，如图 11-60 所示。

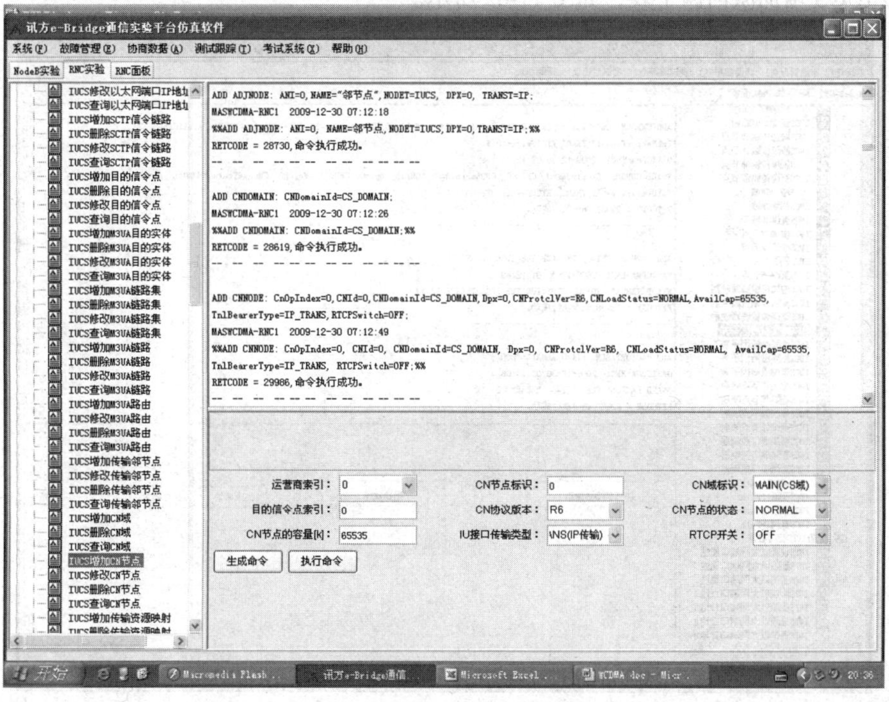

图 11-60　IUCS 增加 CN 节点

运营商索引：0；CN 节点类型：0；CN 域类型：CS；目的信令点索引：0；CN 协议版本：R6；CN 节点状态：NORMAL；CN 节点容量：65535；IU 接口传输类型：IP 传输；RTCP 开关：OFF。

（12）IUCS 增加传输资源映射，如图 11-61 所示。

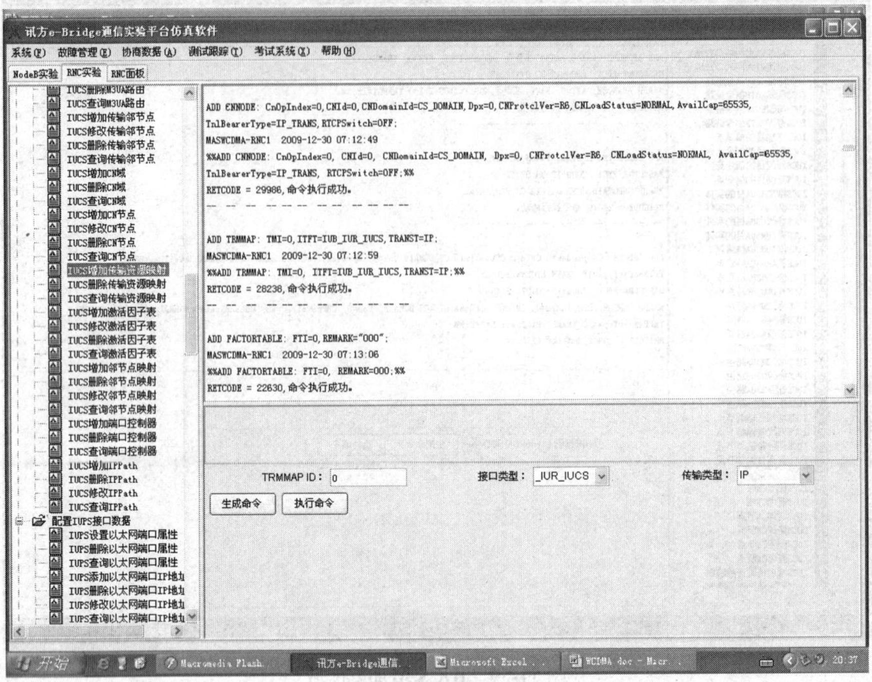

图 11-61　IUCS 增加传输资源映射

TRMMAP ID：0；接口类型：IUCS；传输类型：IP 。

（13）IUCS 增加激活因子表，如图 11-62 所示。

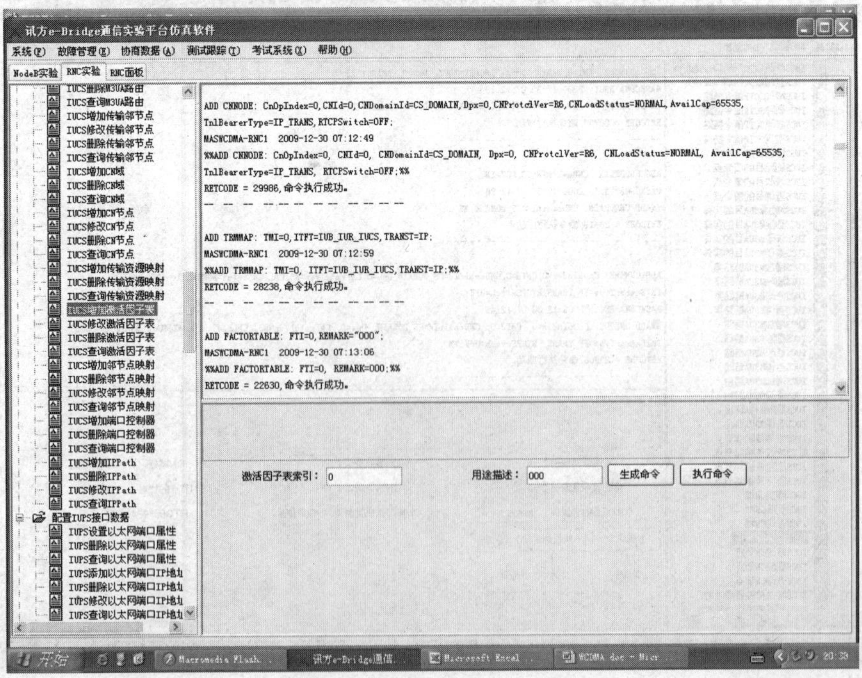

图 11-62　IUCS 增加激活因子表

激活因子索引：0；用途描述：自拟。

（14）IUCS 增加邻节点映射，如图 11-63 所示。

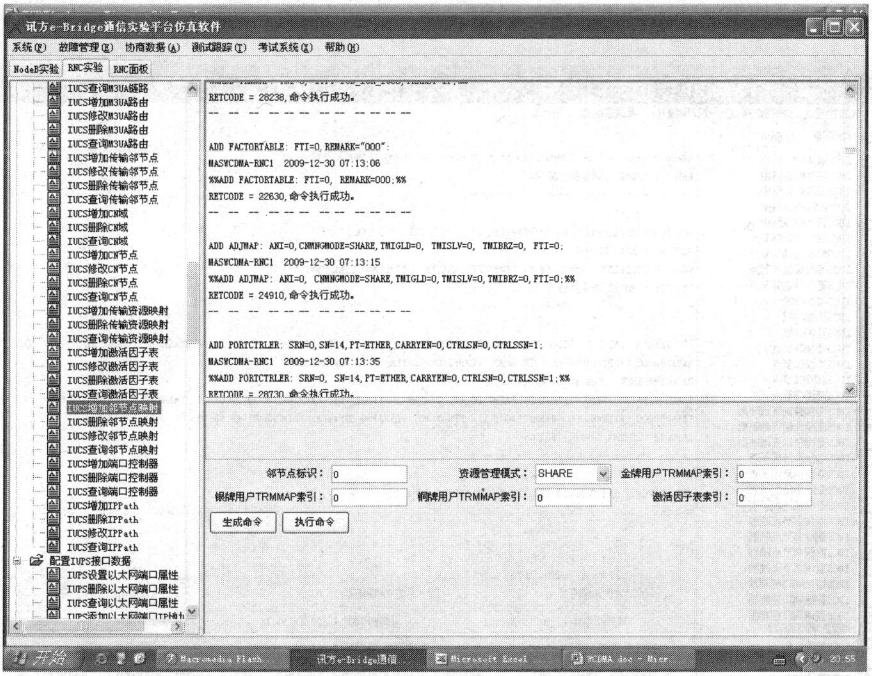

图 11-63　IUCS 增加邻节点映射

邻节点标识：0；资源管理模式：SHARE；金牌用户 TRMMAP 索引：0；银牌用户 TRMMAP 索引：0；铜牌用户 TRMMAP 索引：0；激活因子表索引：0。

（15）IUCS 增加端口控制器，如图 11-64 所示。

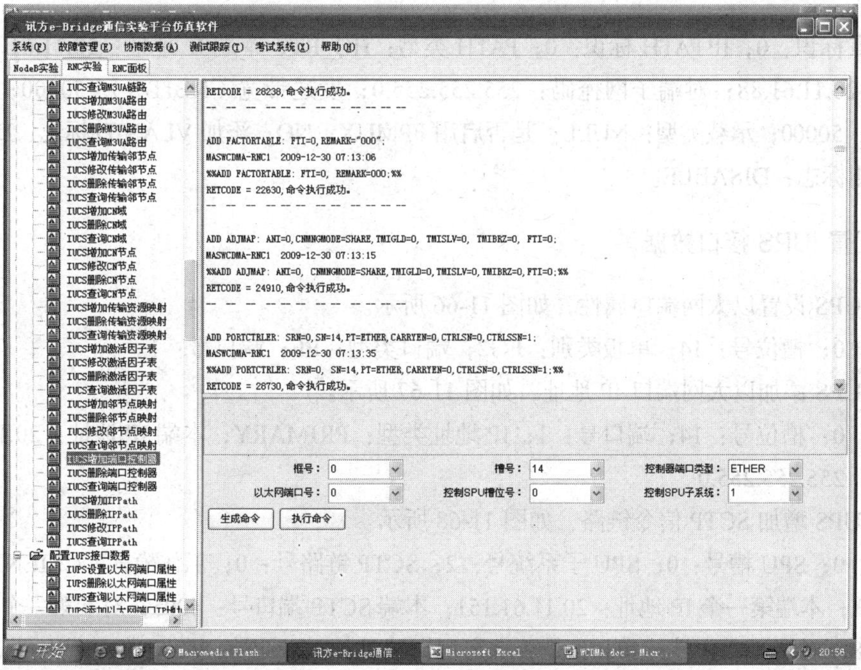

图 11-64　IUCS 增加端口控制器

框号：0；槽号：14；控制器端口类型：ETHER；以太网端口号：0；控制 SPU 槽位号：0；控制 SPU 子系统：1。

（16）IUCS 增加 IPPath，如图 11-65 所示。

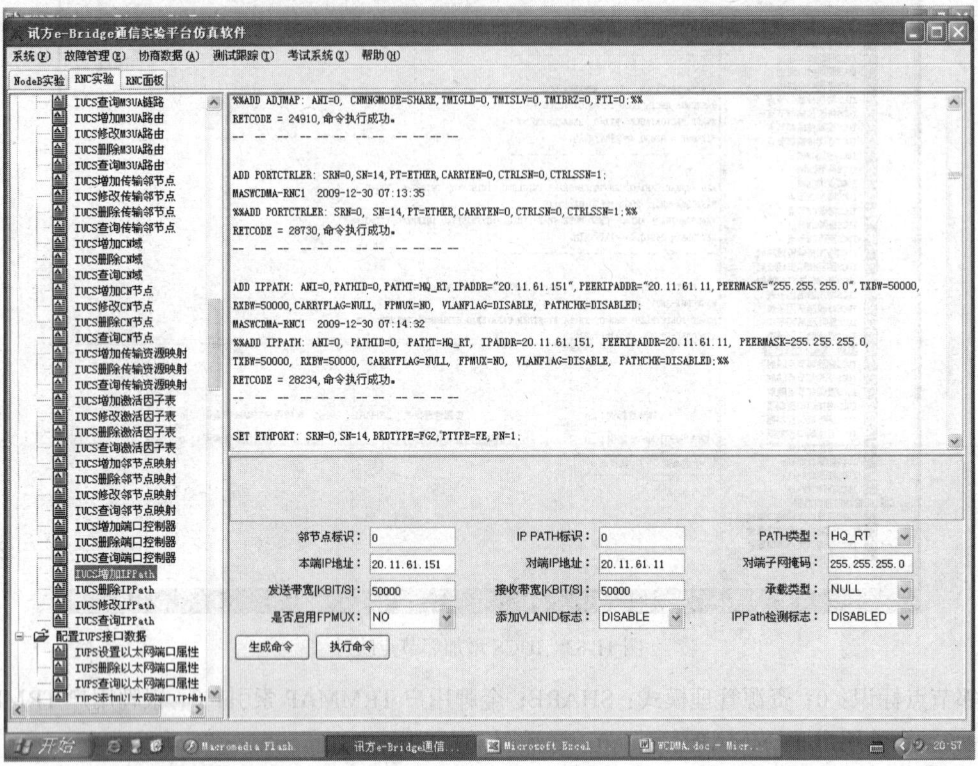

图 11-65　IUCS 增加 IPPath

邻节点标识：0；IP PATH 标识：0；PATH 类型：HQ_RT；本端 IP 地址：20.11.61.151；对端 IP 地址：20.11.61.88；对端子网掩码：255.255.255.0；发送带宽（KBIT/S）：50000；接收带宽（KBIT/S）：50000；承载类型：NULL；是否启用 FPMUX：NO；添加 VLANID 标志：DISABLE；IPPath 检测标志：DISABLE。

5．配置 IUPS 接口数据

（1）IUPS 设置以太网端口属性，如图 11-66 所示。

框号：0；槽位号：14；单板类别：FG2；端口类型：FE；端口号：1。

（2）IUPS 添加以太网端口 IP 地址，如图 11-67 所示。

框号：0；槽位号：14；端口号：1；IP 地址类型：PRIMARY；本端 IP 地址：20.11.61.151；子网掩码：255.255.255.0。

（3）IUPS 增加 SCTP 信令链路，如图 11-68 所示。

框号：0；SPU 槽号：0；SPU 子系统号：2；SCTP 链路号：0；工作模式：CLIENT；应用类型：M3UA；本端第一个 IP 地址：20.11.61.151；本端 SCTP 端口号：4005；对端第一个 IP 地址：20.20.61.88；对端 SCTP 号：4000；是否绑定逻辑端口：NO；添加 VLANID 标识：DISABLE；倒回主路径标志：NO。

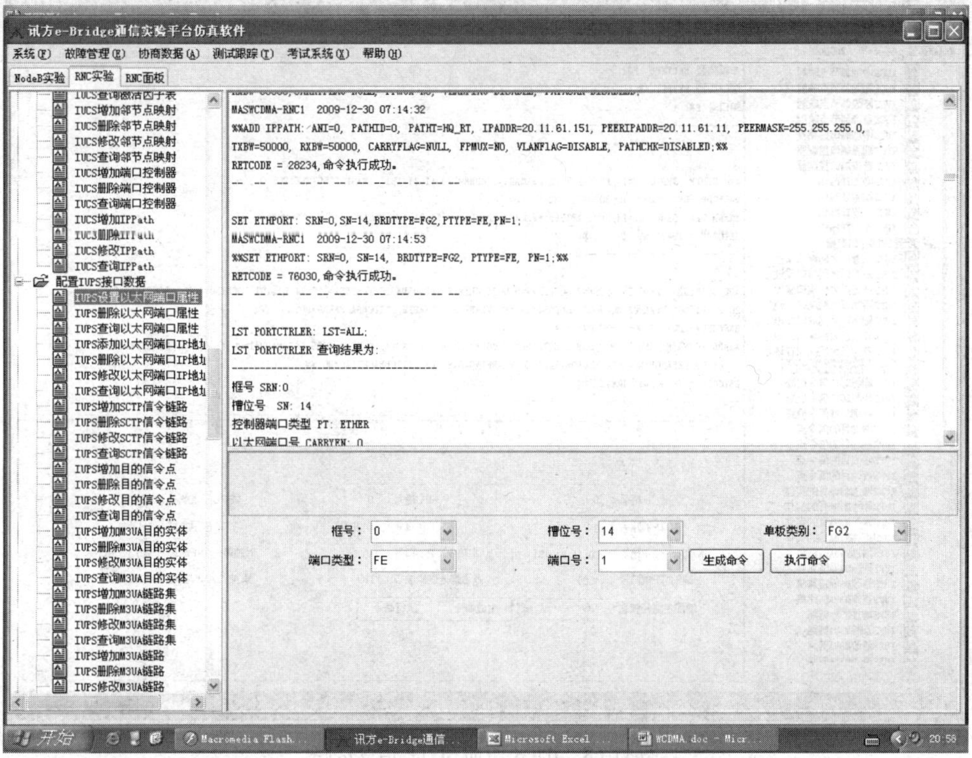

图 11-66　IUPS 设置以太网端口属性

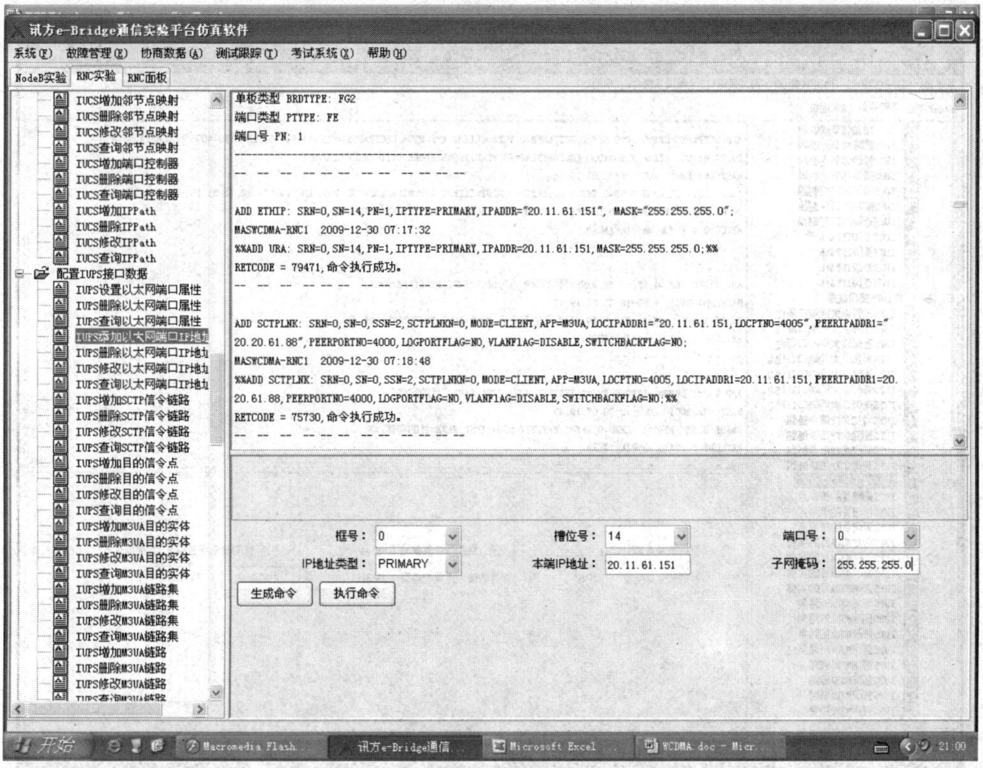

图 11-67　IUPS 添加以太网端口 IP 地址

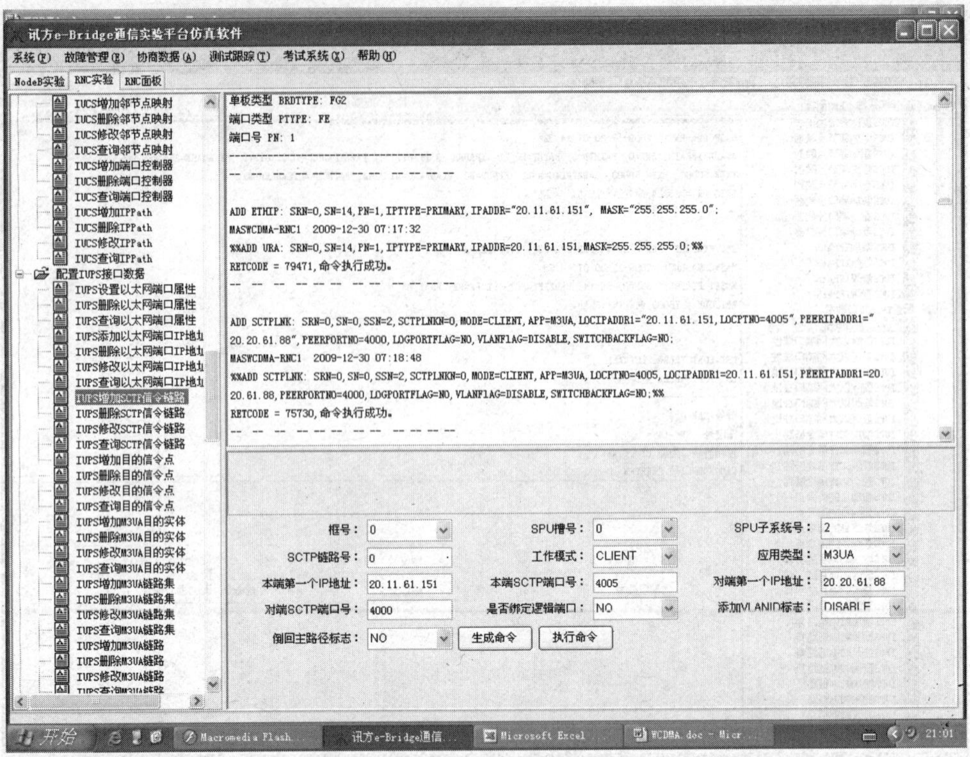

图 11-68　IUPS 增加 SCTP 信令链路

（4）IUPS 增加目的信令点，如图 11-69 所示。

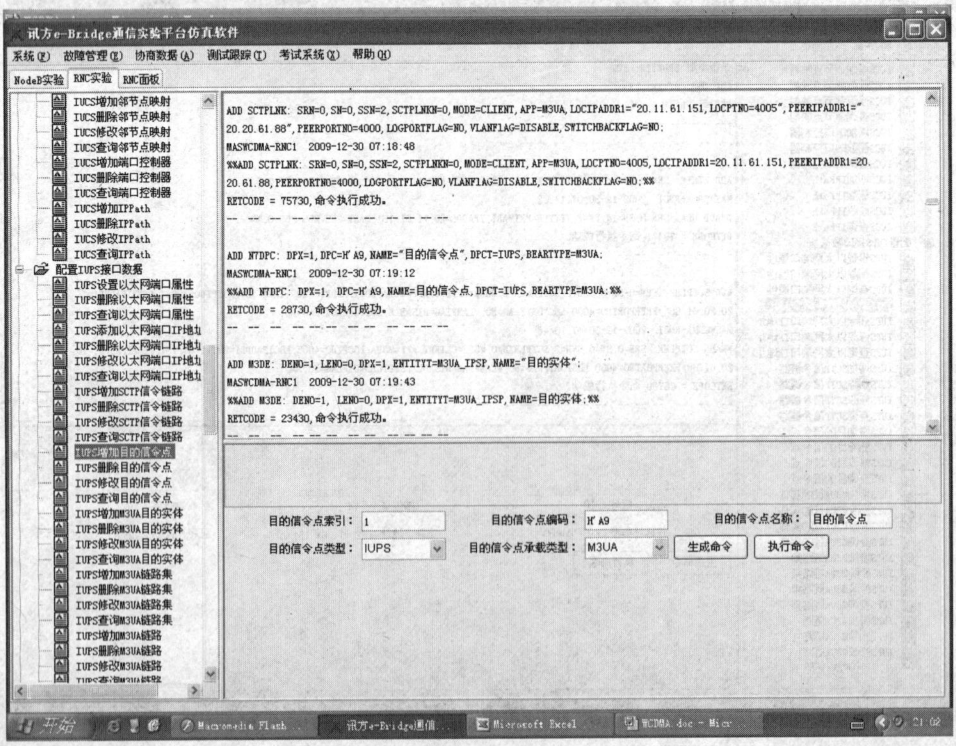

图 11-69　IUPS 增加目的信令点

目的信令点索引：1；目的信令点编码：H’A9；目的信令点名称：自拟；目的信令点类型：IUPS；目的信令点承载类型：M3UA。

（5）IUPS 增加 M3UA 目的实体，如图 11-70 所示。

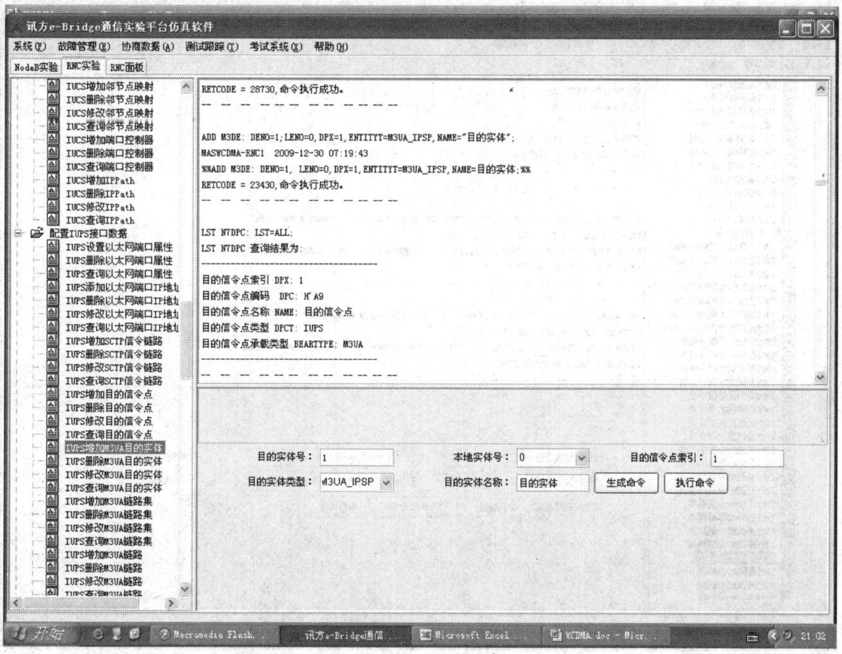

图 11-70　IUPS 增加 M3UA 目的实体

目的实体号：1；本地实体号：0；目的信令点索引：1；目的实体类型：M3UA_IPSP；目的实体名称：自拟。

（6）IUPS 增加 M3UA 链路集，如图 11-71 所示。

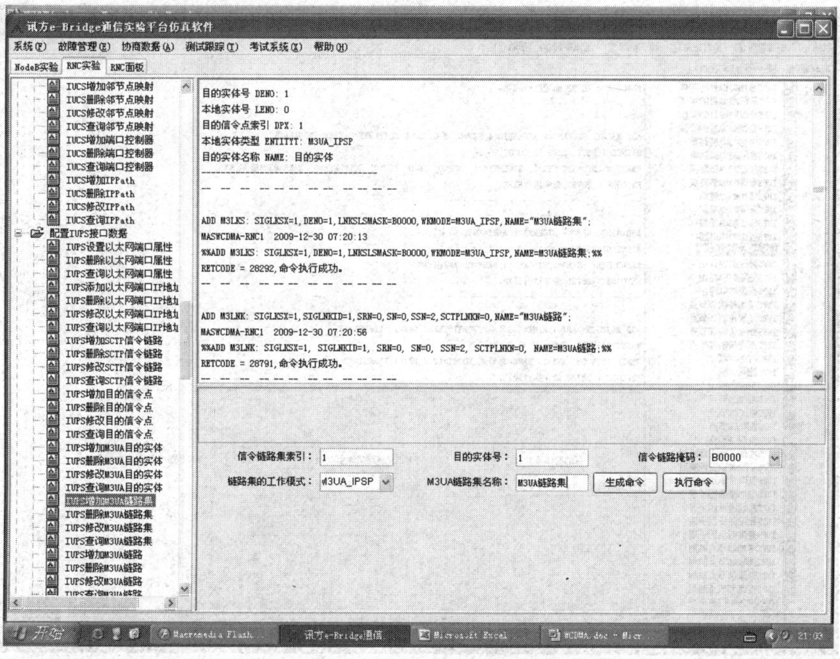

图 11-71　IUPS 增加 M3UA 链路集

信令链路集索引：1；目的实体号：1；信令链路掩码：B0000；链路集的工作模式：M3UA_IPSP；M3UA 链路集名称：自拟。

（7）IUPS 增加 M3UA 链路，如图 11-72 所示。

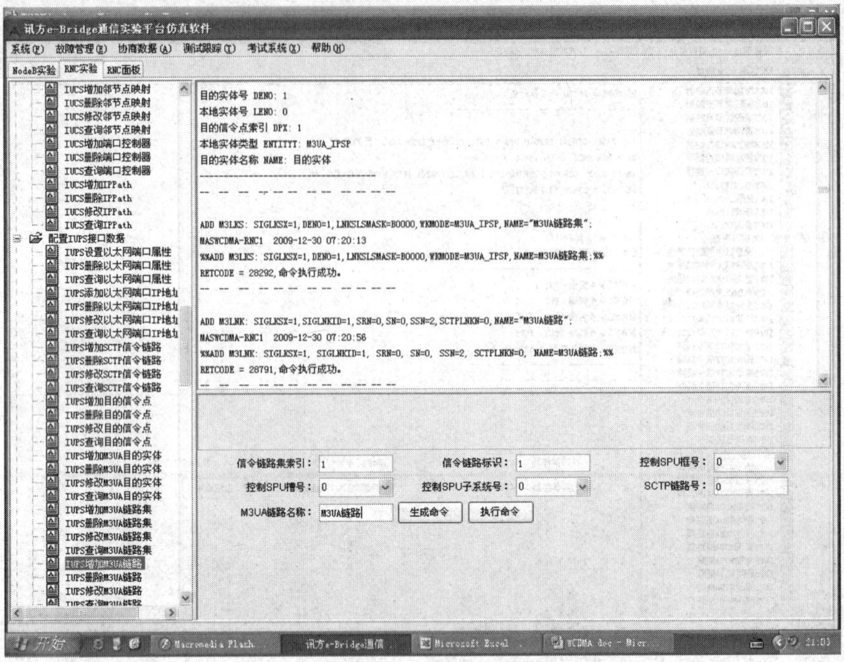

图 11-72　IUPS 增加 M3UA 链路

信令链路集索引：1；信令链路标识：1；控制 SPU 框号：0；控制 SPU 槽号：0；控制 SPU 子系统号：2；SCTP 链路号：0；M3UA 链路名称：自拟。

（8）IUPS 增加 M3UA 路由，如图 11-73 所示。

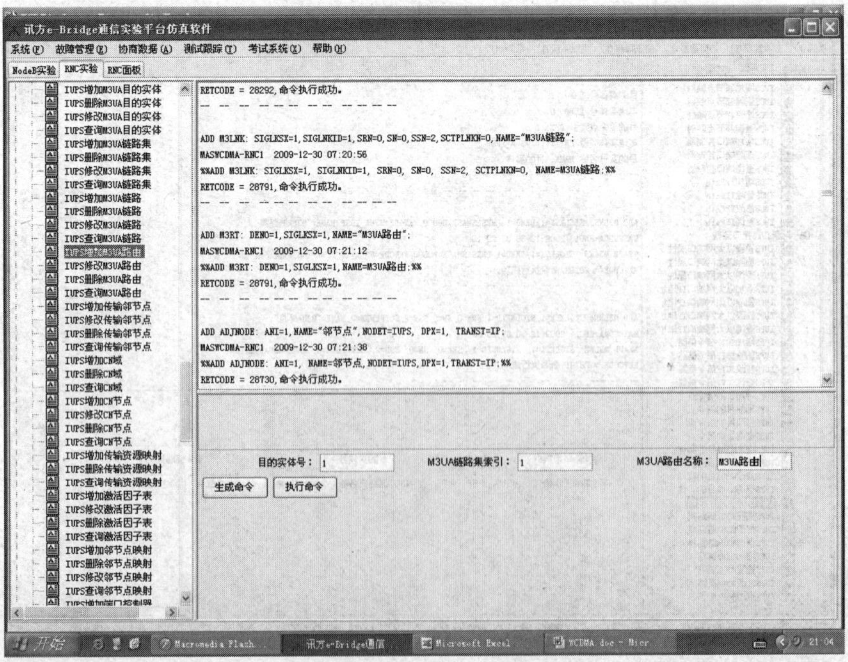

图 11-73　IUPS 增加 M3UA 路由

目的实体号：1；M3UA 链路集索引：1；M3UA 路由名称：自拟。

（9）IUPS 增加传输邻节点，如图 11-74 所示。

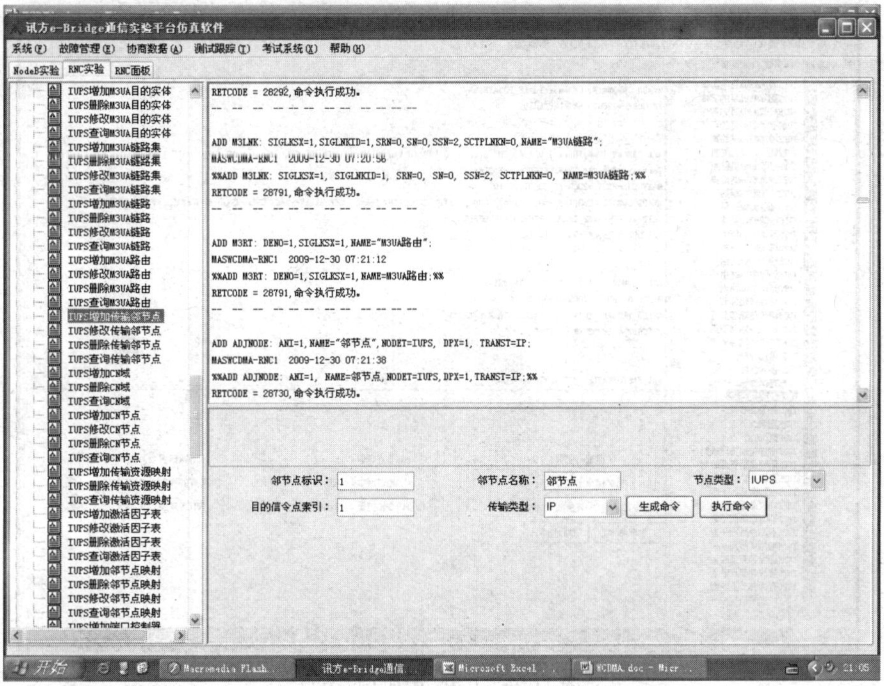

图 11-74　IUPS 增加传输邻节点

邻节点标识：1；邻节点标识：自拟；节点类型：IUPS；目的信令点索引：1；传输类型：IP。

（10）IUPS 增加 CN 域，如图 11-75 所示。

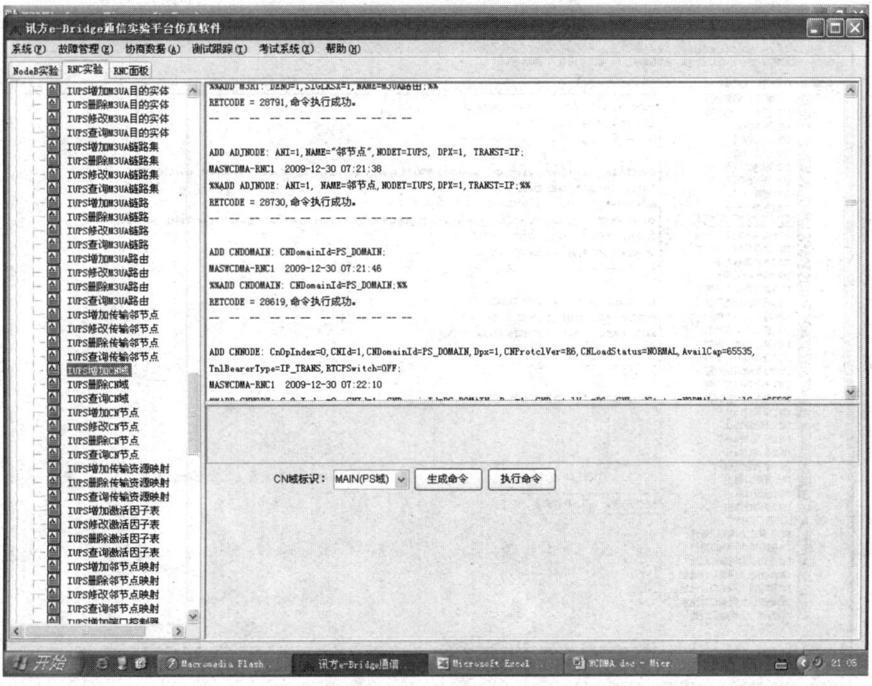

图 11-75　IUPS 增加 CN 域

CN 域标识：PS-DOMAIN（PS 域）。

（11）IUPS 增加 CN 节点，如图 11-76 所示。

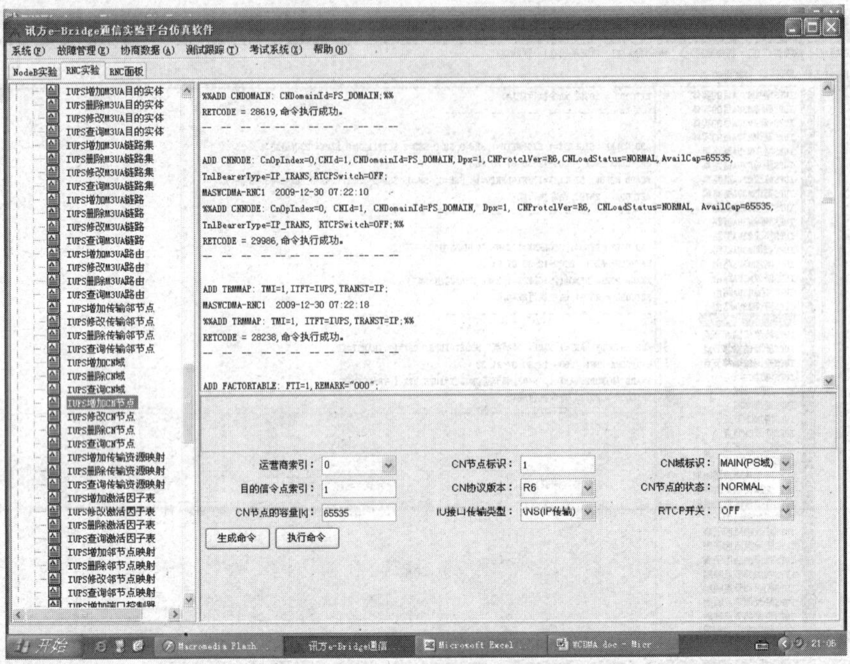

图 11-76 IUPS 增加 CN 节点

运营商索引：0；CN 节点标识：1；CN 域类型：PS；目的信令点索引：1；CN 协议版本：R6；CN 节点的状态：NORMAL；CN 节点的容量：65535；IU 接口传输类型：IP 传输；RTCP 开关：OFF。

（12）IUPS 增加传输资源映射，如图 11-77 所示。

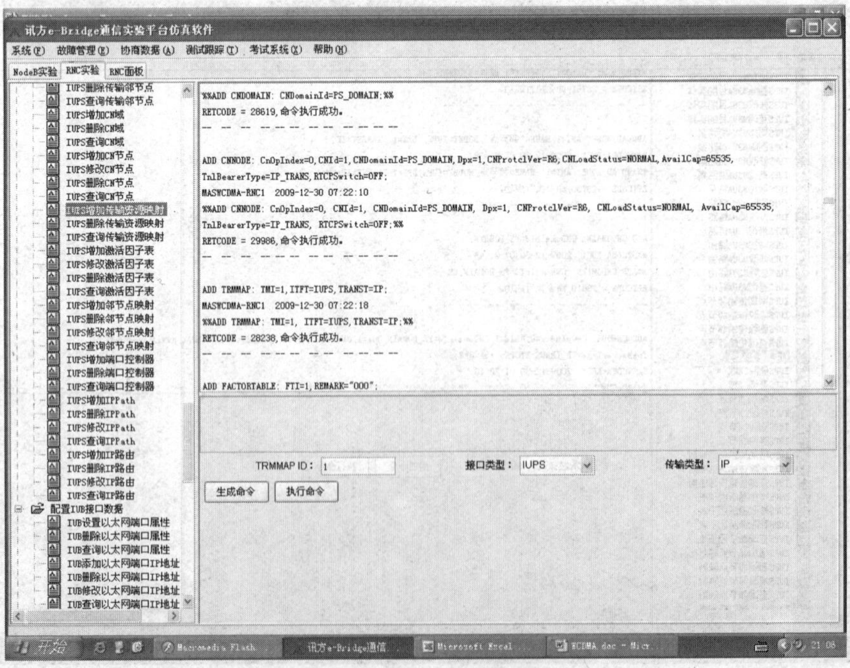

图 11-77 IUPS 增加传输资源映射

TRMMAP ID：1；接口类型：IUPS；传输类型：IP 。

（13）IUPS 增加激活因子表，如图 11-78 所示。

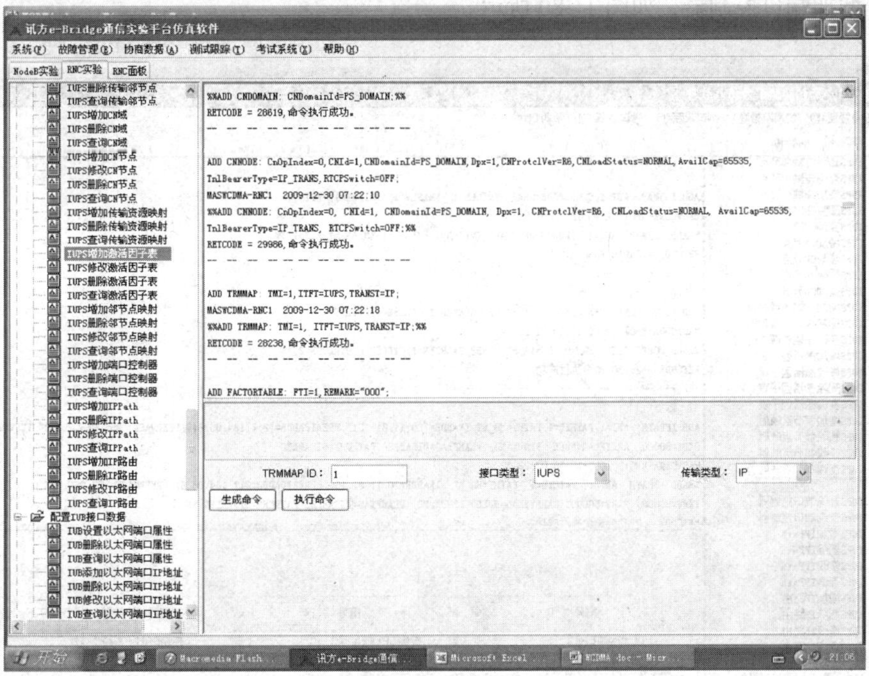

图 11-78　IUPS 增加激活因子表

激活因子索引：1；用途描述：自拟。

（14）IUPS 增加邻节点映射，如图 11-79 所示。

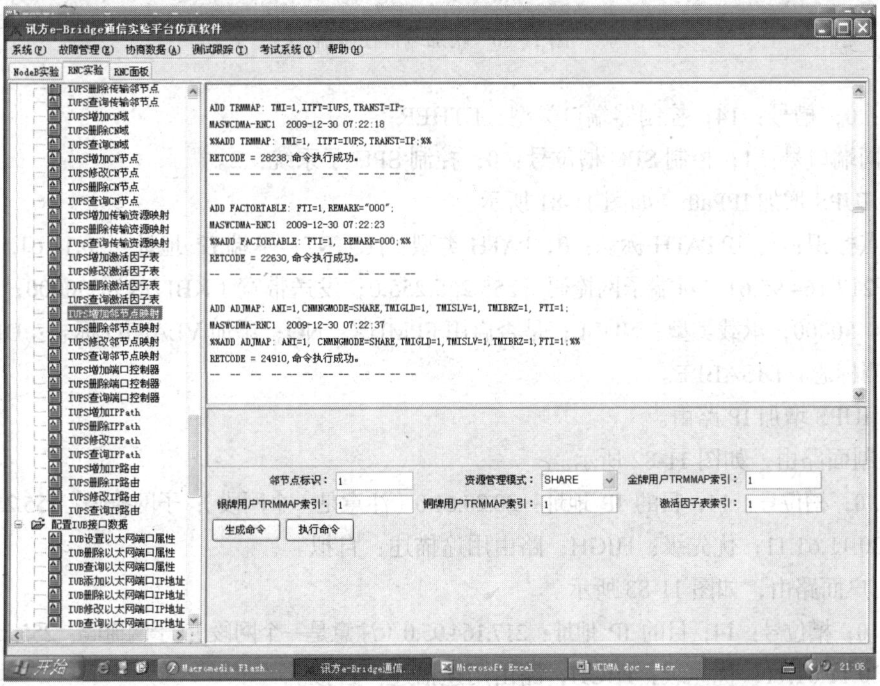

图 11-79　IUPS 增加邻节点映射

邻节点标识：1；资源管理模式：SHARE；金牌用户 TRMMAP 索引：1；银牌用户 TRMMAP 索引：1；铜牌用户 TRMMAP 索引：1；激活因子表索引：1。

（15）增加端口控制器，如图 11-80 所示。

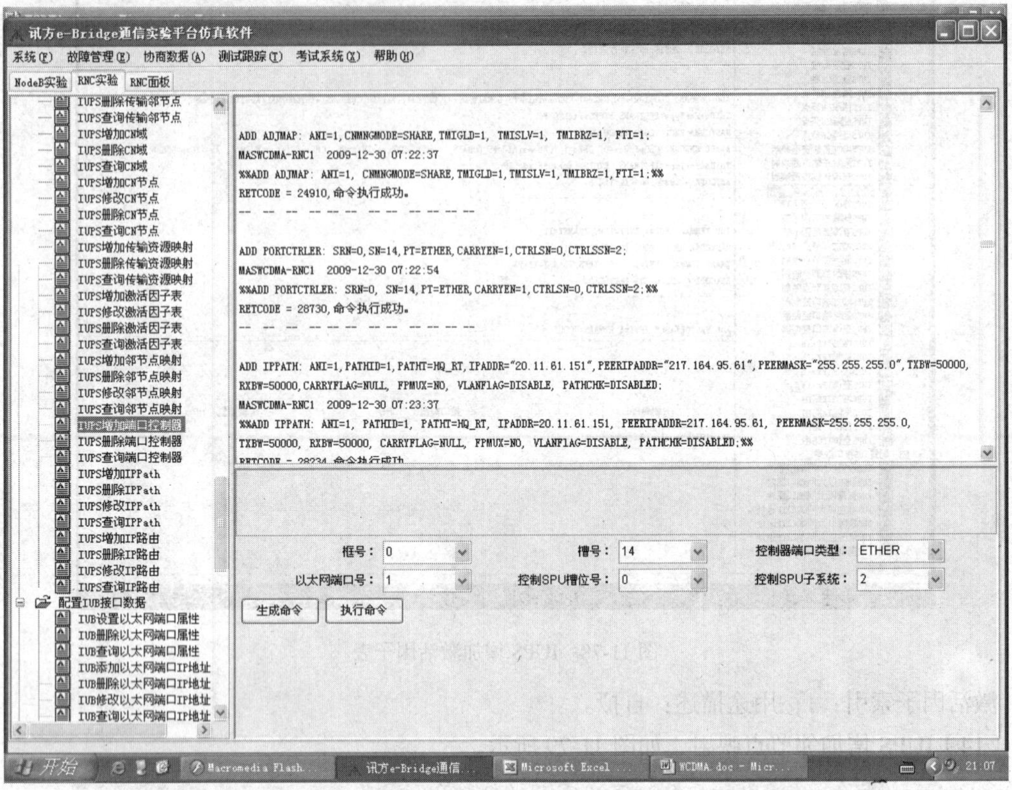

图 11-80　增加端口控制器

框号：0；槽号：14；控制器端口类型：ETHER；

以太网端口号：1；控制 SPU 槽位号：0；控制 SPU 子系统：2。

（16）IUPS 增加 IPPath，如图 11-81 所示。

邻节点标识：1；IP PATH 标识：0；PATH 类型：HQ_RT；本端 IP 地址：20.11.61.151；对端 IP 地址：217.164.95.61；对端子网掩码：255.255.255.0；发送带宽（KBIT/S）：50000；接收带宽（KBIT/S）：50000；承载类型：NULL；是否启用 FPMUX：NO；添加 VLANID 标志：DISABLE；IPPath 检测标志：DISABLE。

（17）IUPS 增加 IP 路由。

① 控制面路由，如图 11-82 所示。

框号：0；槽位号：14；目的 IP 地址：20.20.61.0（注意是一个网段）；子网掩码：255.255.255.0；下一跳：20.11.61.11；优先级：HIGH；路由用途描述：自拟。

② 用户面路由，如图 11-83 所示。

框号：0；槽位号：14；目的 IP 地址：217.164.95.0（注意是一个网段）；子网掩码：255.255.255.0；下一跳：20.11.61.11；优先级：HIGH；路由用途描述：自拟。

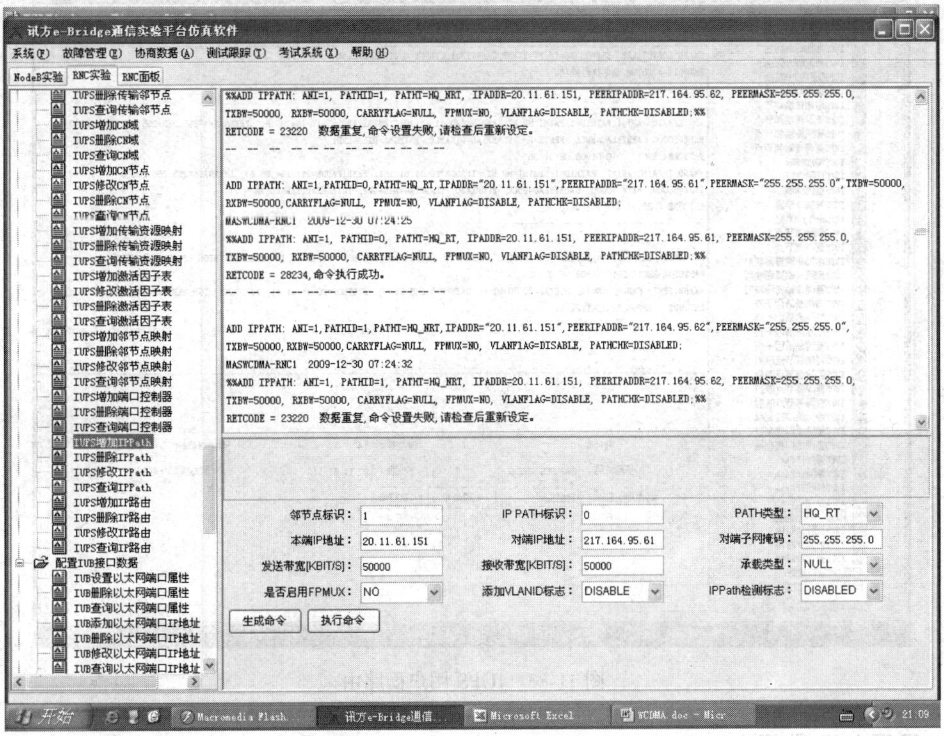

图 11-81　IUPS 增加 IPPath

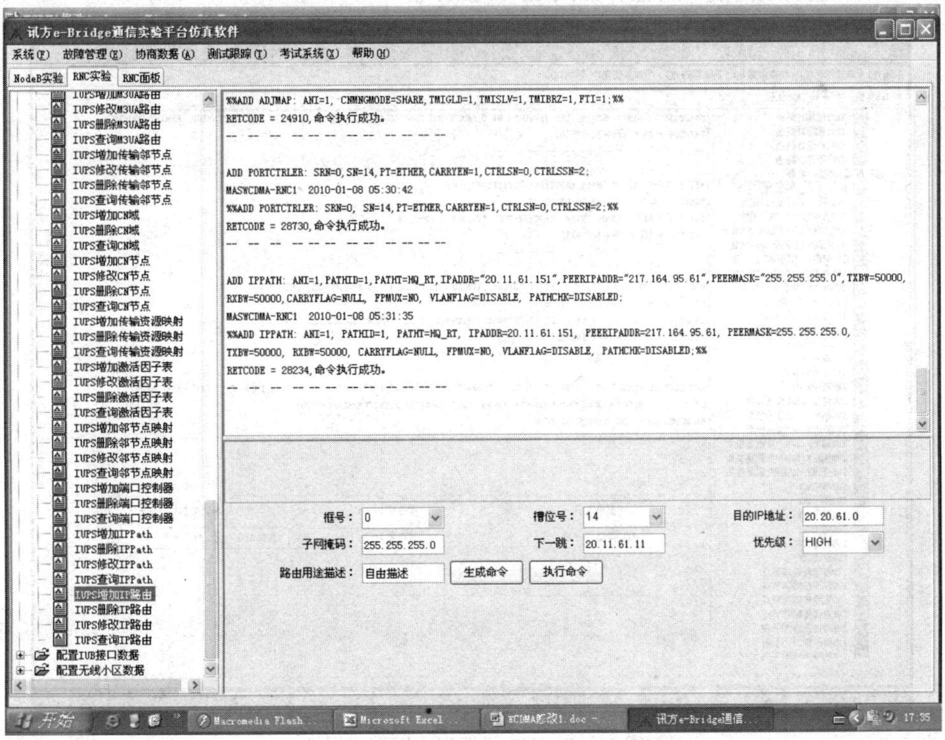

图 11-82　IUPS 控制面路由

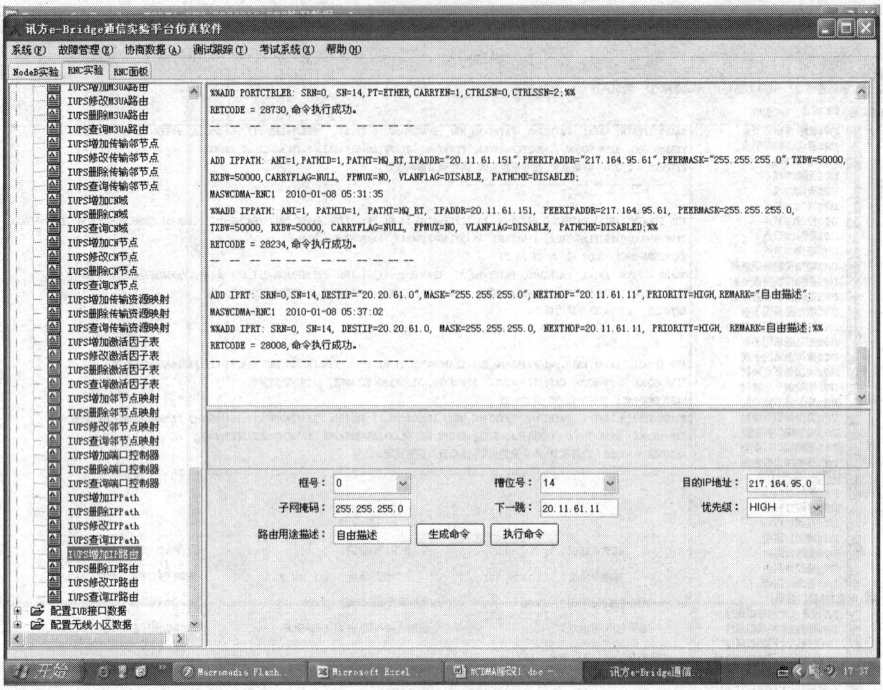

图 11-83　IUPS 用户面路由

6．设置 IUB 数据

（1）IUB 设置以太网端口属性，如图 11-84 所示。

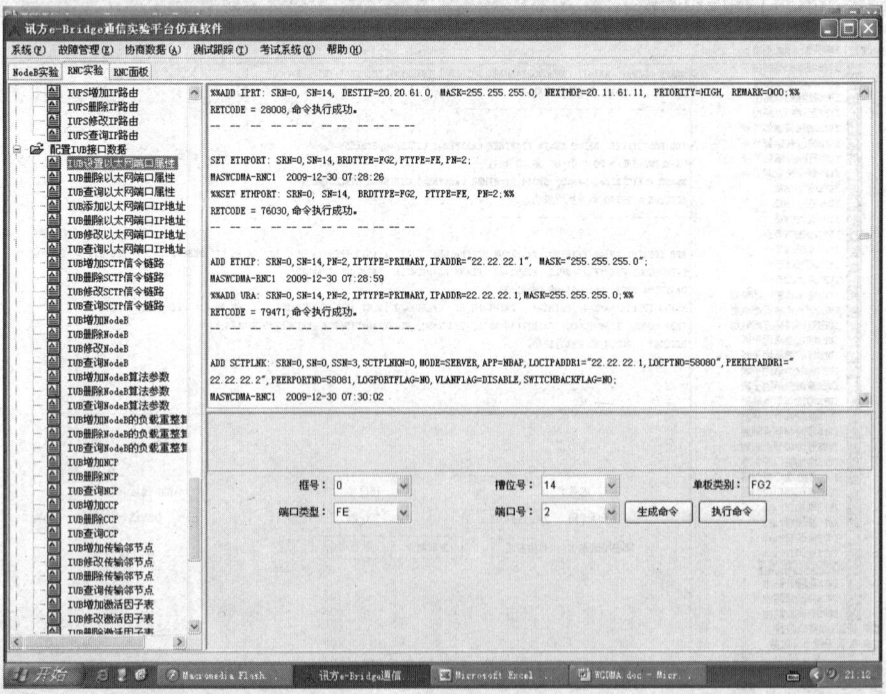

图 11-84　IUB 设置以太网端口属性

框号：0；槽位号：14；单板类别：FG2；端口类型：FE；端口号：2。

（2）IUB 添加以太网端口 IP 地址，如图 11-85 所示。

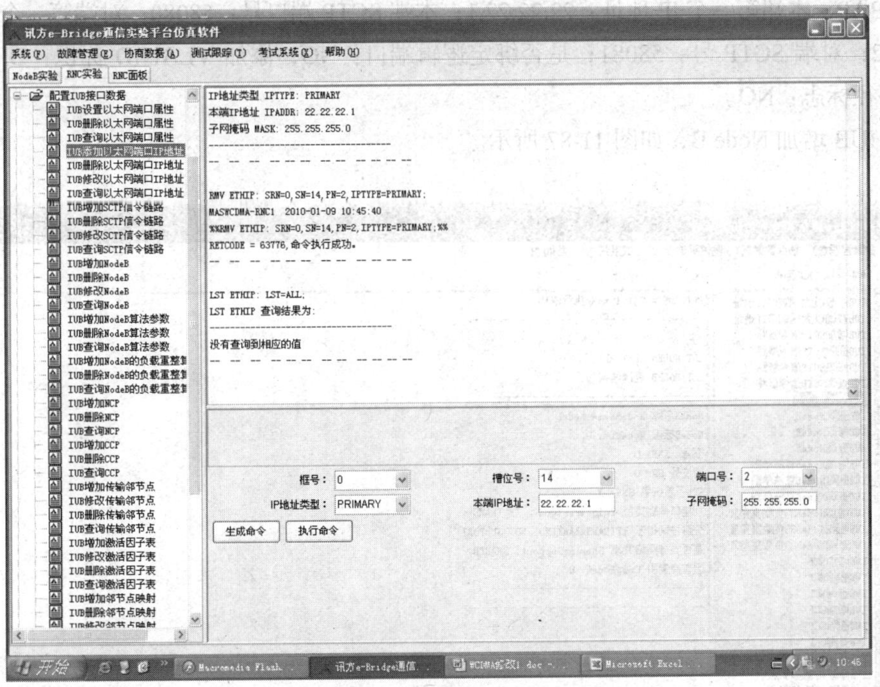

图 11-85　IUB 添加以太网端口 IP 地址

框号：0；槽位号：14；端口号：2；IP 地址类型：PRIMARY；本端 IP 地址：22.22.22.1；子网掩码：255.255.255.0。

（3）IUB 增加 SCTP 信令链路，如图 11-86 所示。

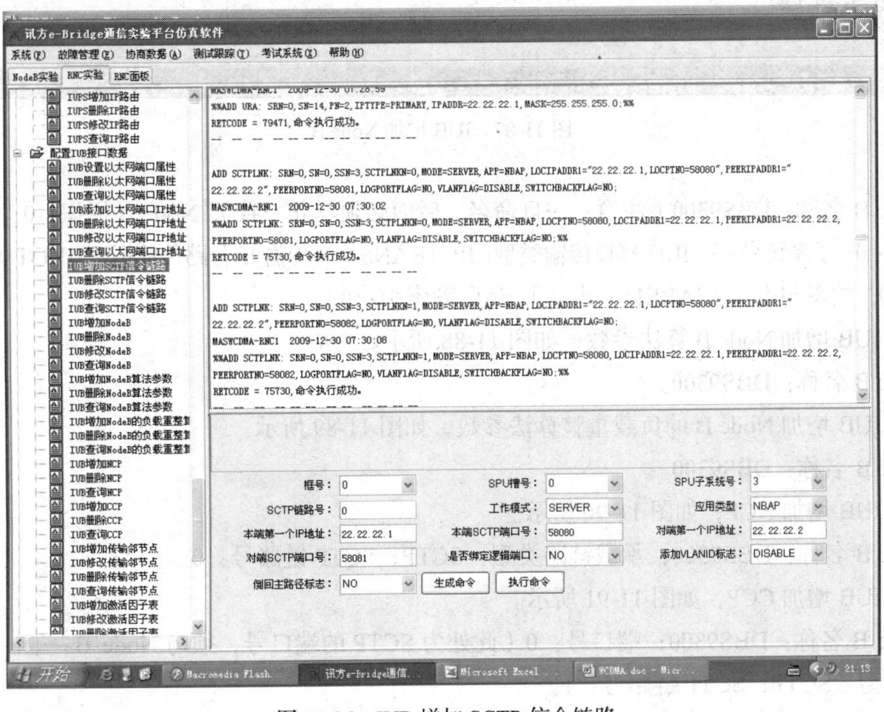

图 11-86　IUB 增加 SCTP 信令链路

框号：0；SPU 槽号：0；SPU 子系统号：3；SCTP 链路号：0；工作模式：SERVER；应用类型：NBAP；本端第一个 IP 地址：22.22.22.1；本端 SCTP 端口号：58080；对端第一个 IP 地址：22.22.22.2；对端 SCTP 号：58081；是否绑定逻辑端口：NO；添加 VLANID 标识：DISABLE；倒回主路径标志：NO。

（4）IUB 增加 Node B，如图 11-87 所示。

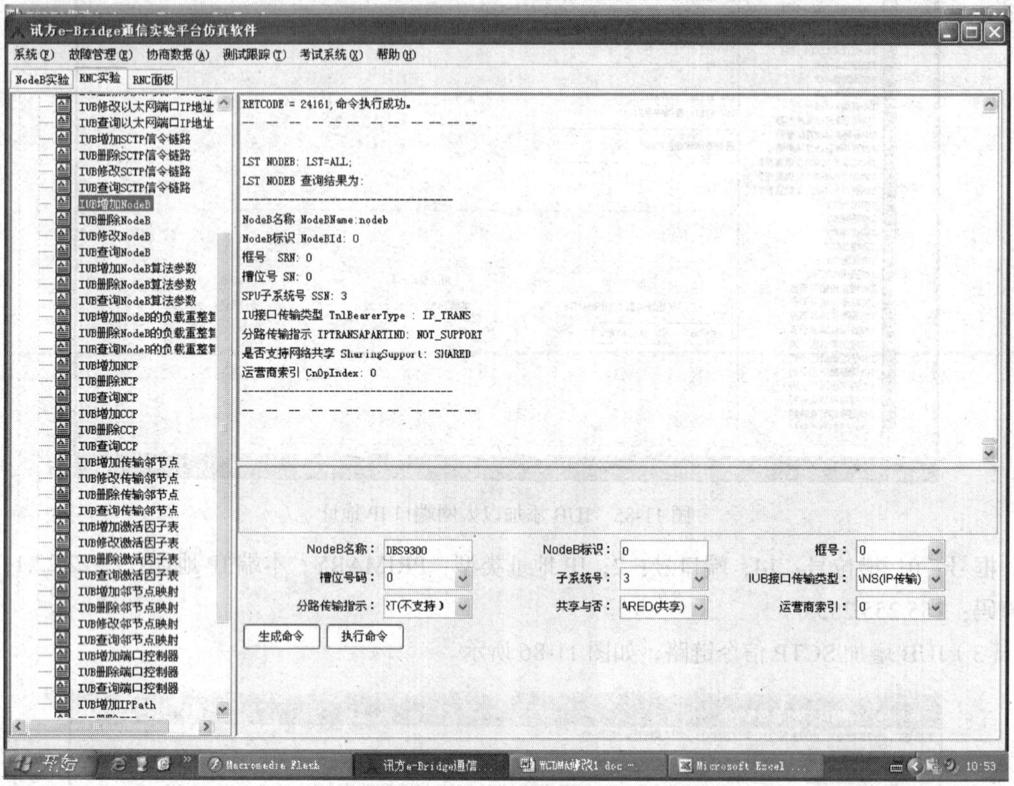

图 11-87　IUB 增加 Node B

Node B 名称：DBS9300（注意：一旦命名，后面必须与此一致）；Node B 标识：0；框号：0；槽位号码：0；子系统号：3；IUB 接口传输类型：IP_TRANS（IP 传输）；分路传输标识：NOT_SUPPORT（不支持）；共享与否：SHARED（共享）；运营商索引：0。

（5）IUB 增加 Node B 算法参数，如图 11-88 所示。

Node B 名称：DBS9300。

（6）IUB 增加 Node B 的负载重整算法参数，如图 11-89 所示。

Node B 名称：DBS9300。

（7）IUB 增加 NCP，如图 11-90 所示。

Node B 名称：DBS9300；承载链路类型：SCTP；SCTP 链路号：0。

（8）IUB 增加 CCP，如图 11-91 所示。

Node B 名称：DBS9300；端口号：0（此处为 SCTP 的端口号，须与 Node B 一侧一致）；承载链路类型：SCTP；SCTP 链路号：1。

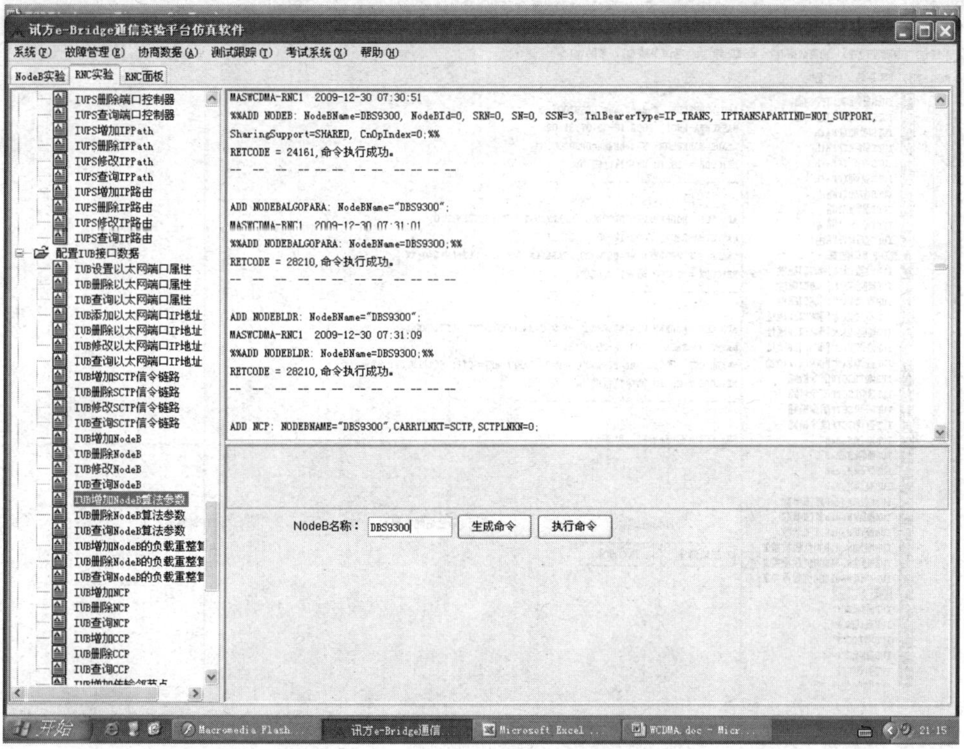

图 11-88　IUB 增加 Node B 算法参数

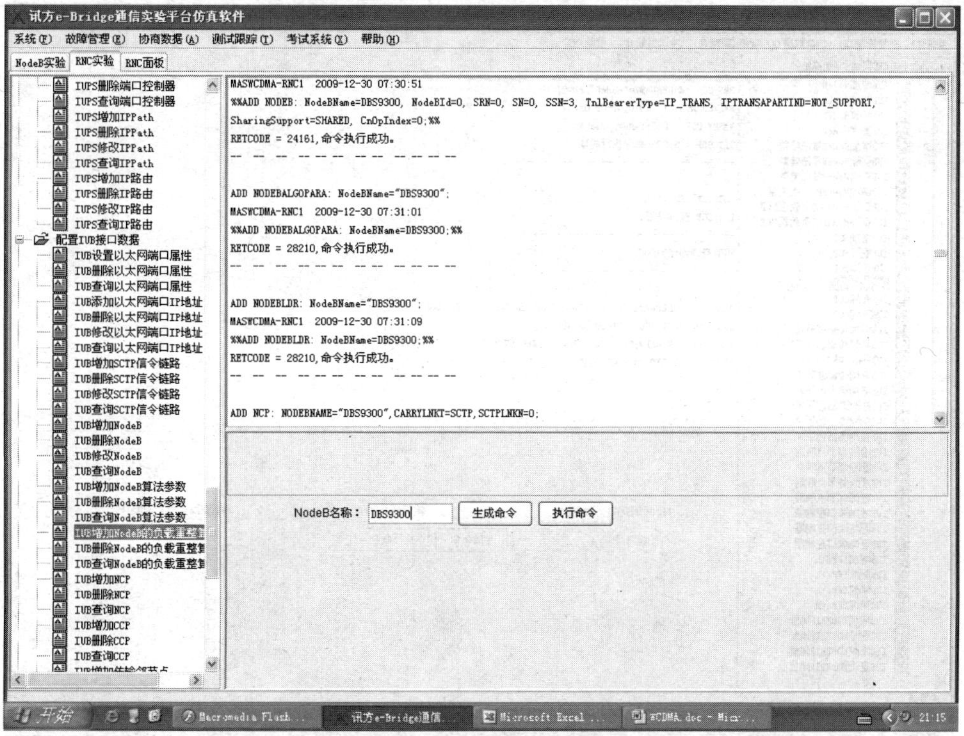

图 11-89　IUB 增加 Node B 的负载重整算法参数

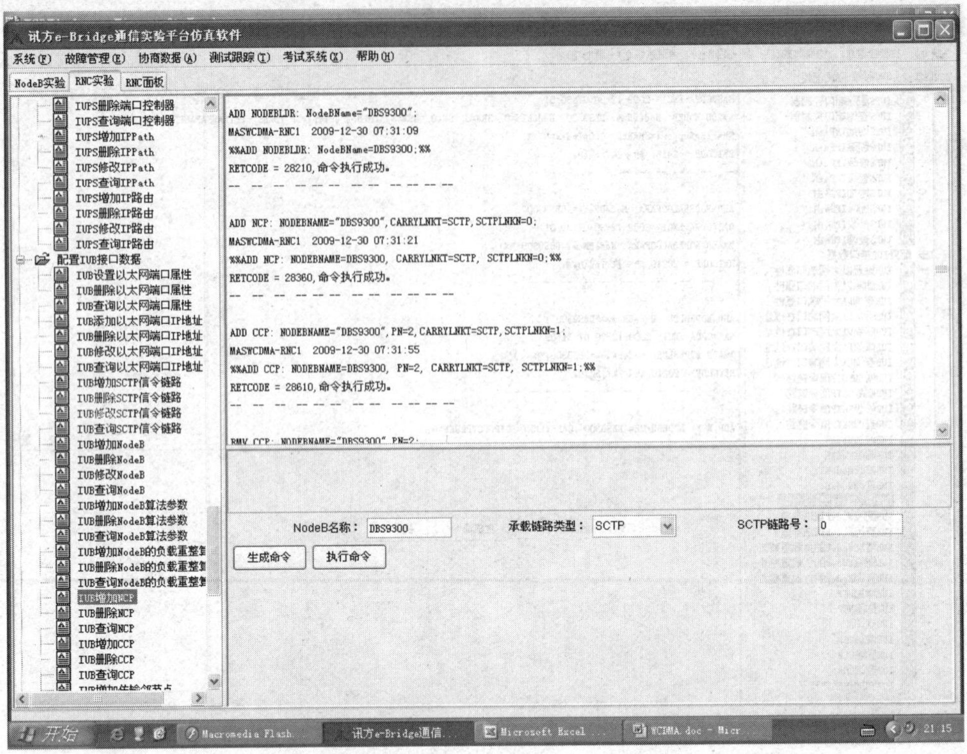

图 11-90　IUB 增加 NCP

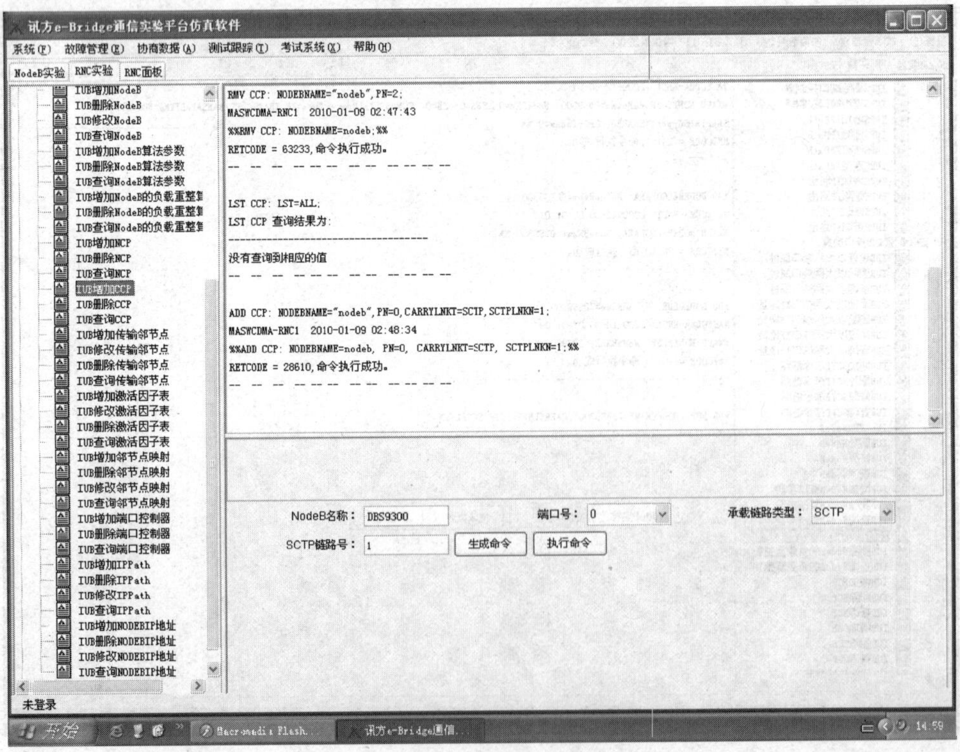

图 11-91　IUB 增加 CCP

（9）IUB 增加传输邻节点，如图 11-92 所示。

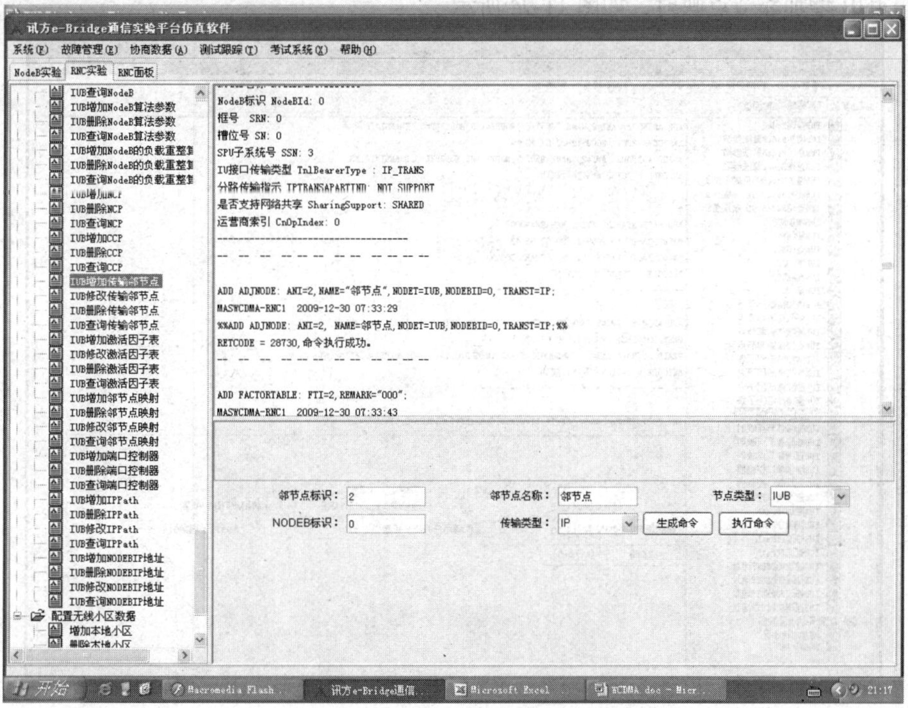

图 11-92　IUB 增加传输邻节点

邻节点标识：2；邻节点名称：自拟；节点类型：IUB；NODEB 标识：0；传输类型：IP。

（10）IUB 增加激活因子表，如图 11-93 所示。

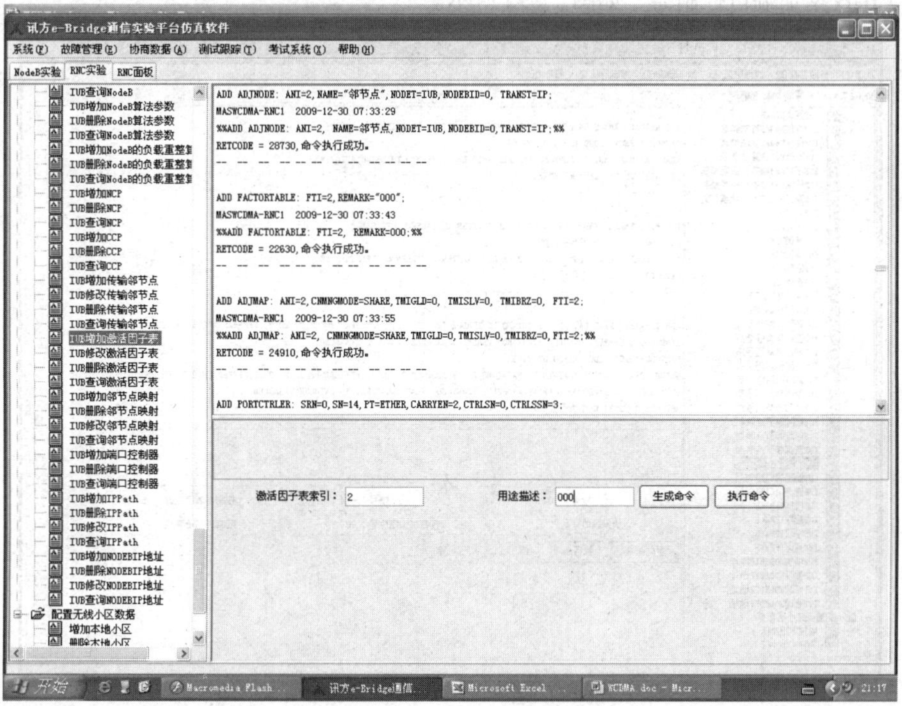

图 11-93　IUB 增加激活因子表

激活因子表索引：2；用途描述：自拟。

（11）IUB 增加邻节点映射，如图 11-94 所示。

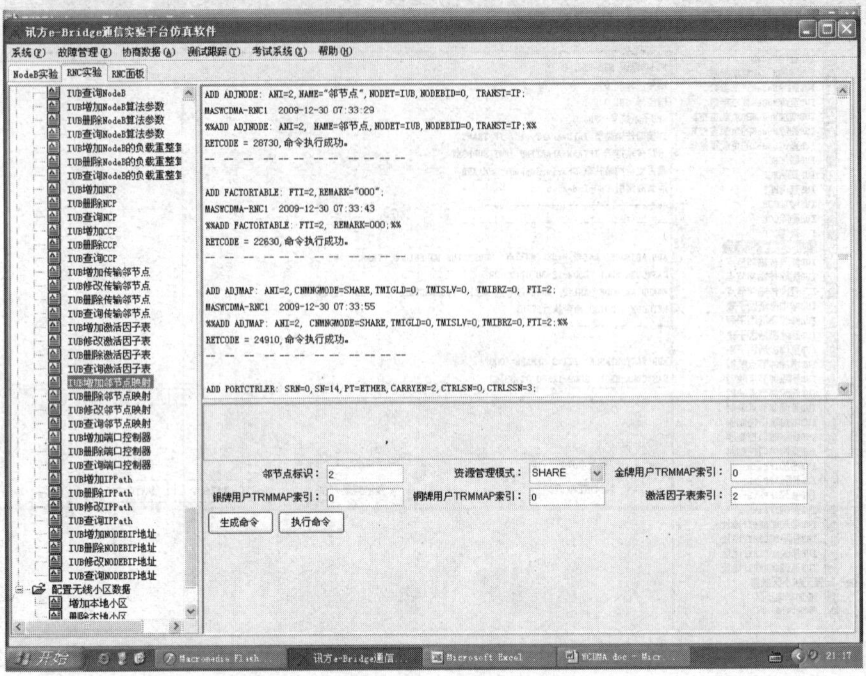

图 11-94　IUB 增加邻节点映射

邻节点标识：2；资源管理模式：SHARE；金牌用户 TRMMAP 索引：0；银牌用户 TRMMAP 索引：0；铜牌用户 TRMMAP 索引：0；激活因子表索引：2；

（12）IUB 增加端口控制器，如图 11-95 所示。

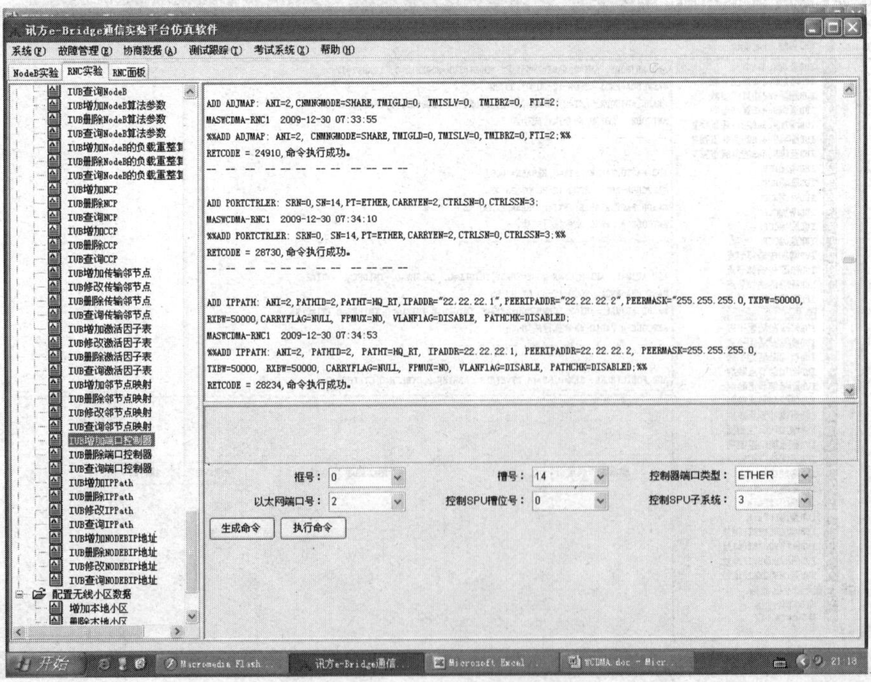

图 11-95　IUB 增加端口控制器

框号：0；槽号：14；控制器端口类型：ETHER；以太网端口号：2；控制 SPU 槽位号：0；控制 SPU 子系统：3。

（13）IUB 增加 IPPath，如图 11-96 所示。

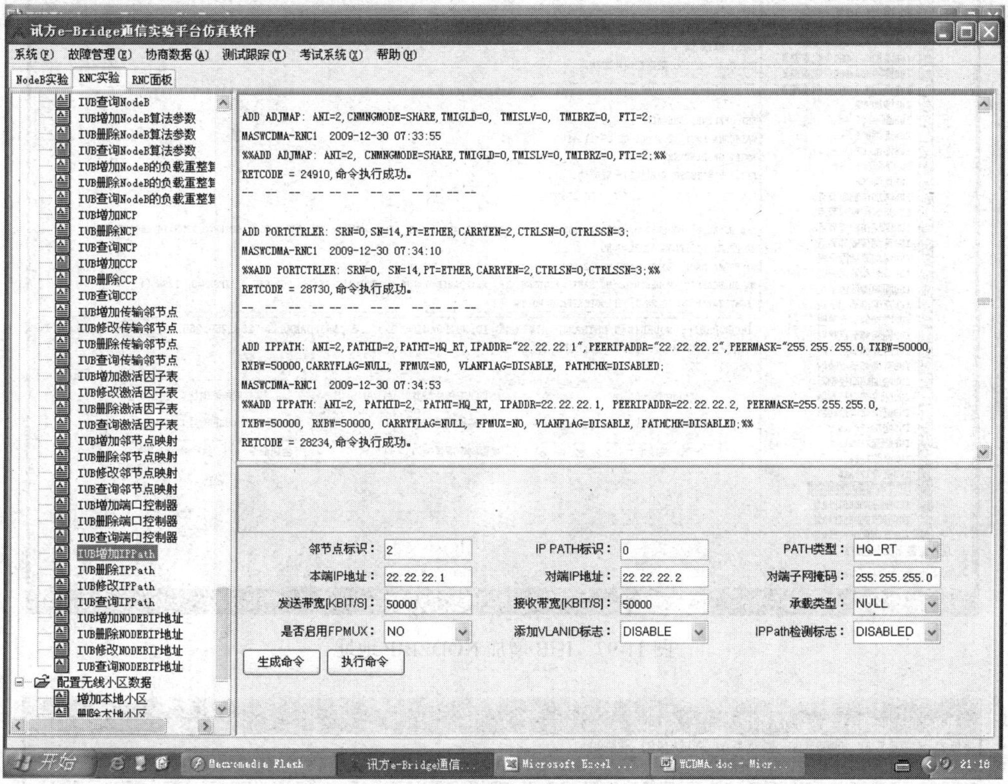

图 11-96 IUB 增加 IPPath

邻节点标识：2；IPPATH 标识：0；PATH 类型：HQ_RT； 本端 IP 地址：22.22.22.1；对端 IP 地址：22.22.22.2；对端子网掩码：255.255.255.0；发送带宽：50000；接收带宽：50000；承载类型：NULL；是否启用 FPMUX：NO；添加 VLANID：DISABLE；IP Path 检测标志：DISABLED。

（14）IUB 增加 NODEBIP 地址，如图 11-97 所示。

NodeB 标识：0；NODEB 传输类型：IPTRANS_IP；IP 传输地址：3.3.8.3；IP 传输地址掩码：255.255.255.0；IP 传输承载的框号：0；IP 传输承载的槽号：14；IP 下一跳地址：22.22.22.1；是否绑定逻辑端口：NO。

7．配置无线小区数据

（1）增加本地小区，如图 11-98 所示。

NodeB 名称：DBS9300（自拟）；本地小区标识：0。

（2）增加一个业务优先级映射，如图 11-99 所示。

网络层次标识：1。

（3）快速小区建立，如图 11-100 所示。

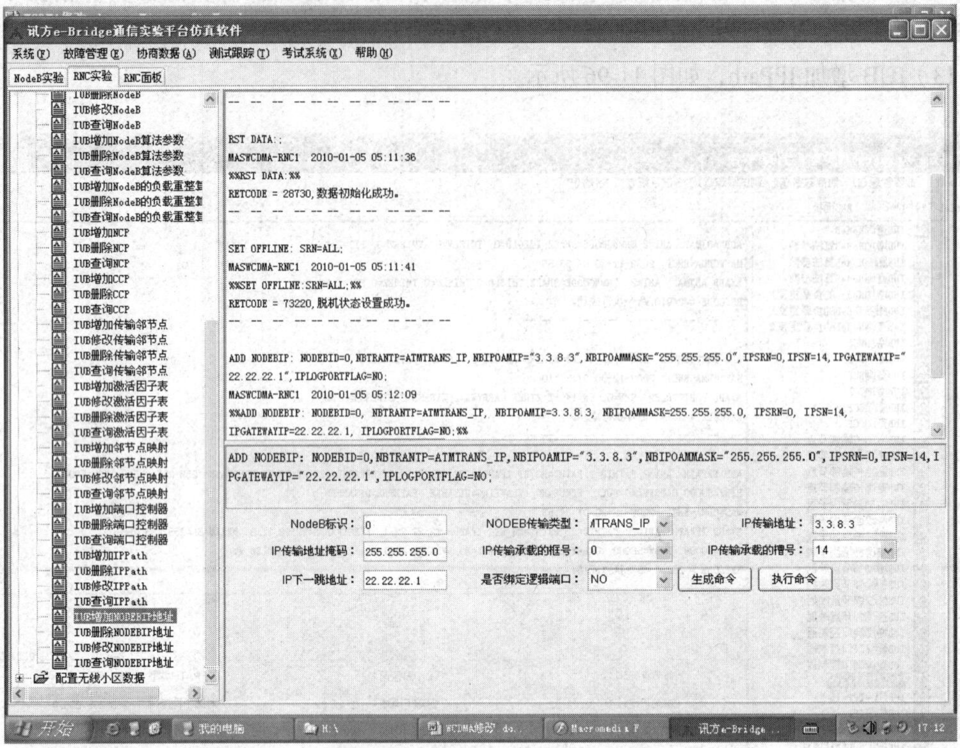

图 11-97　IUB 增加 NODEBIP 地址

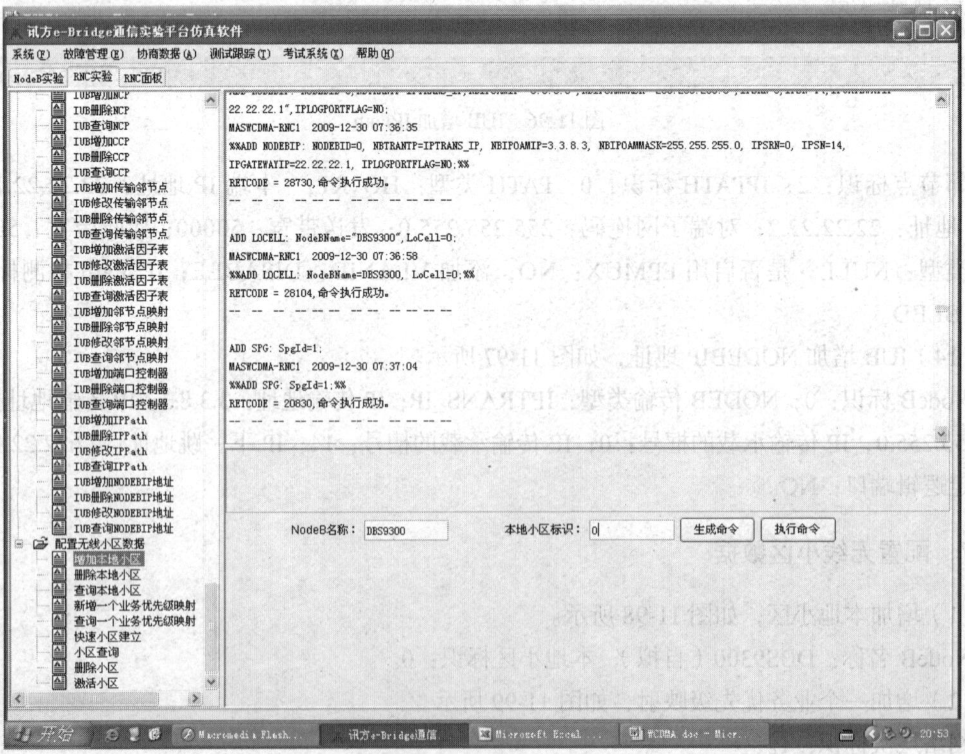

图 11-98　增加本地小区

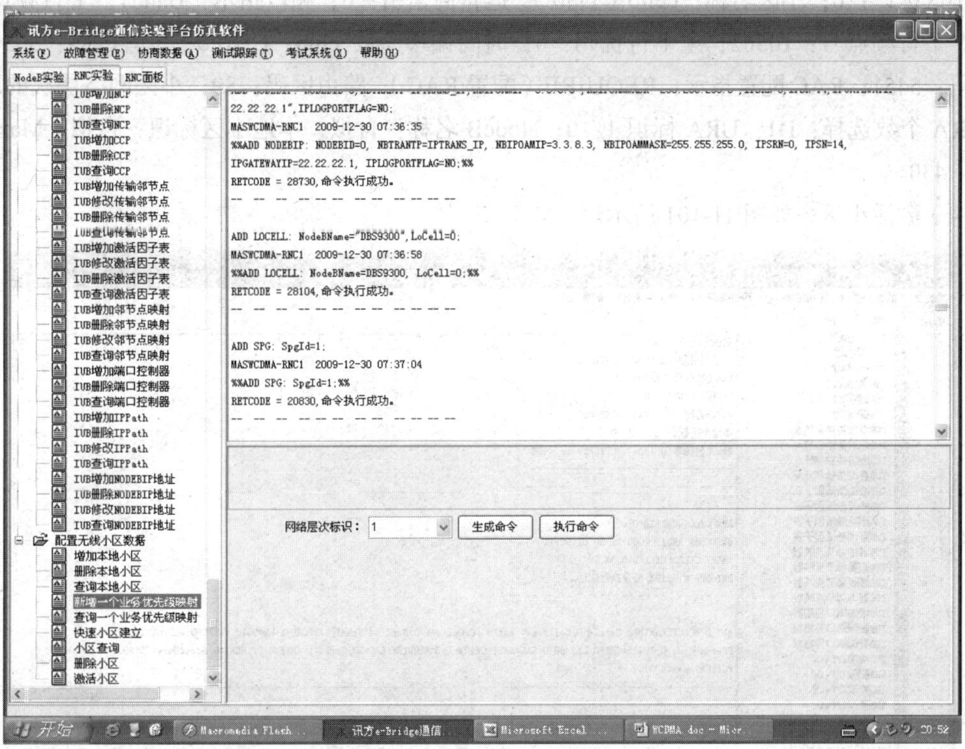

图 11-99　增加一个业务优先级映射

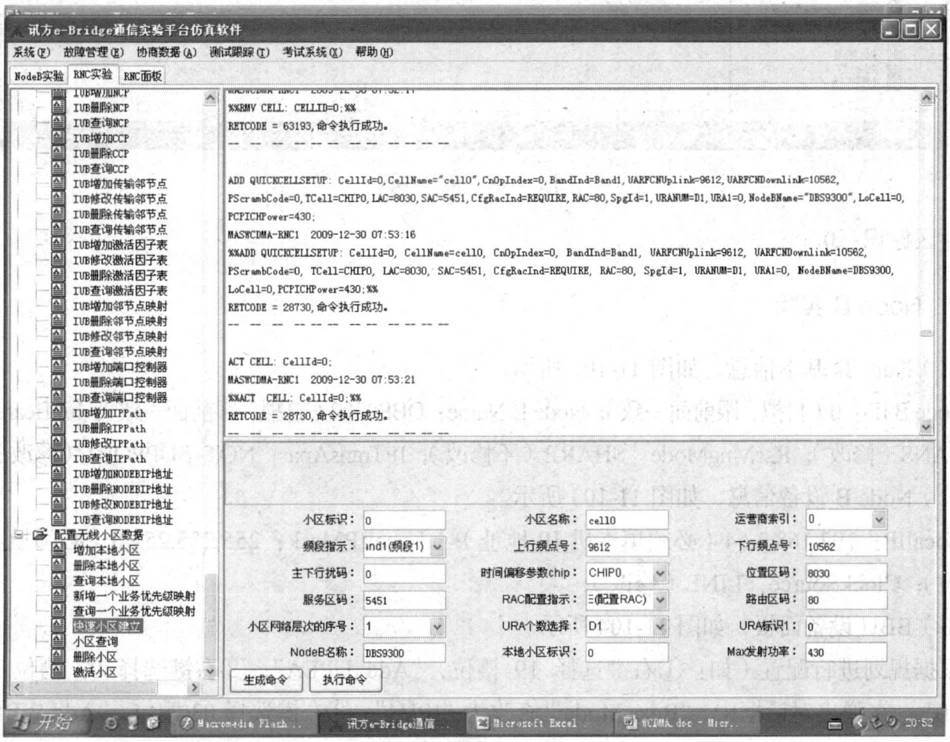

图 11-100　快速小区建立

小区标识：0；小区名称：cell0（自拟）；运营商索引：0；频段指示：Band1；上行频点号：9612；下行频点号：10562；主下行扰码：0；时间偏移参数 chip：CHIP0；位置区码：8030；服务区码：5451；RAC 配置指示：REQUIRE（配置 RAC）；路由区码：80；小区网络层次的序号：1；URA 个数选择：D1；URA 标识 1：0；NodeB 名称：自拟；本地小区标识：自拟；Max 发射功率：430。

（4）激活小区，如图 11-101 所示。

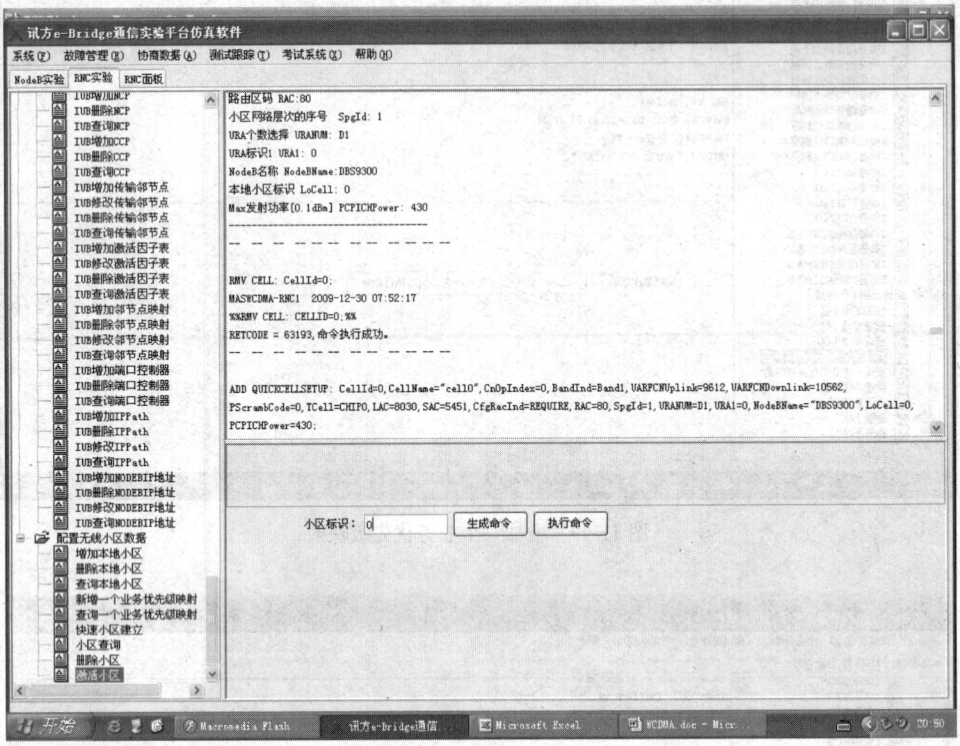

图 11-101　激活小区

小区标识：0。

8．Node B 实验

（1）Node B 基本信息，如图 11-102 所示。

Node B ID：0（自拟，跟前面一致）；Node B Name：DBS9300（自拟，跟前面一致）；IubBearerType：IP_TRANS（修改）；RscMngMode：SHARE（不修改）；IPTransApar：NOT_SUPPORT（修改）。

（2）Node B 设备信息，如图 11-103 所示。

LocalIP：192.168.3.54（必须填本机 IP 地址）；LocalIPMask：255.255.255.0（必须填本机子网掩码）；ClockSource：LINE（修改）。

（3）BBU 设备面板，如图 11-104 所示。

根据规划进行配置（如：①右键选择 19 槽位，“Add UPEA”；②右键选择 07 槽位，“Add WMPT”，在弹出对话框中，“Bear Mode”修改为“IPV4”；③右键选择 03 槽位，“Add WBPAA”；④右键选择左侧 WBBPa，“Add RRU Chain”；⑤右键选择 RRU Chain“Add MRRU”（注意：有几个小区增加几个 MRRU））。

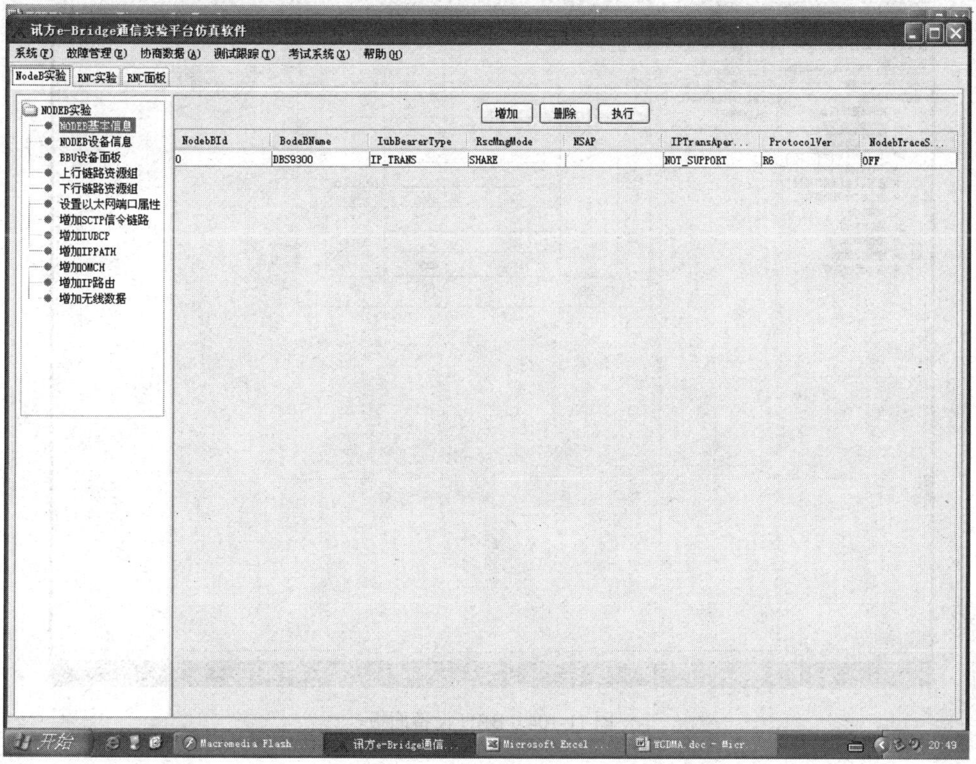

图 11-102　Node B 基本信息

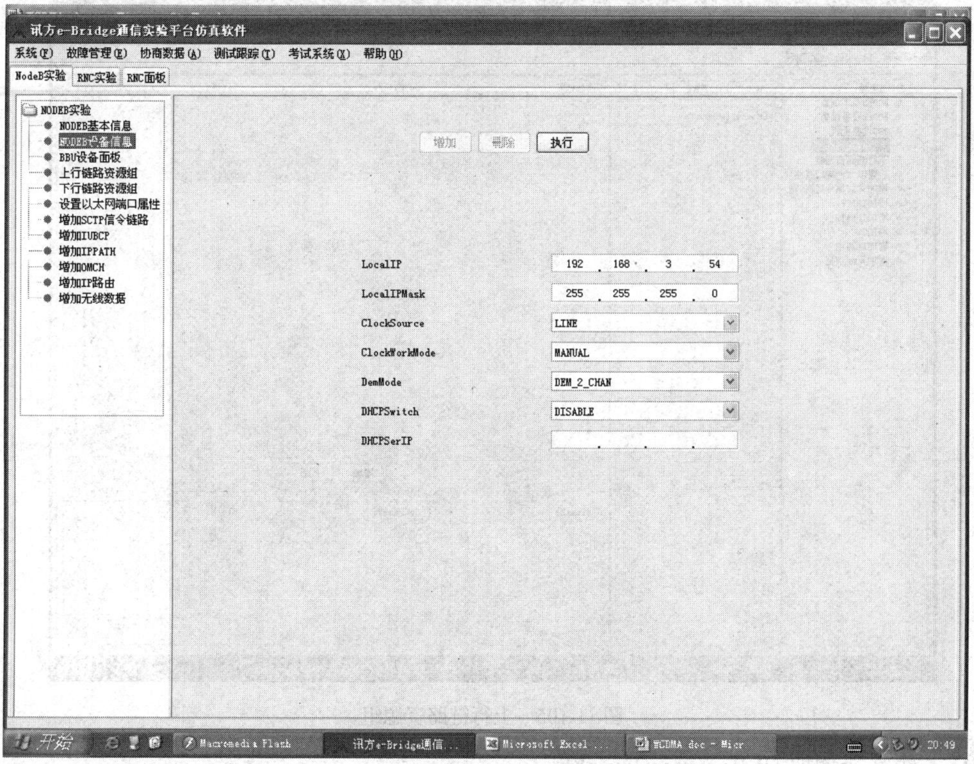

图 11-103　Node B 设备信息

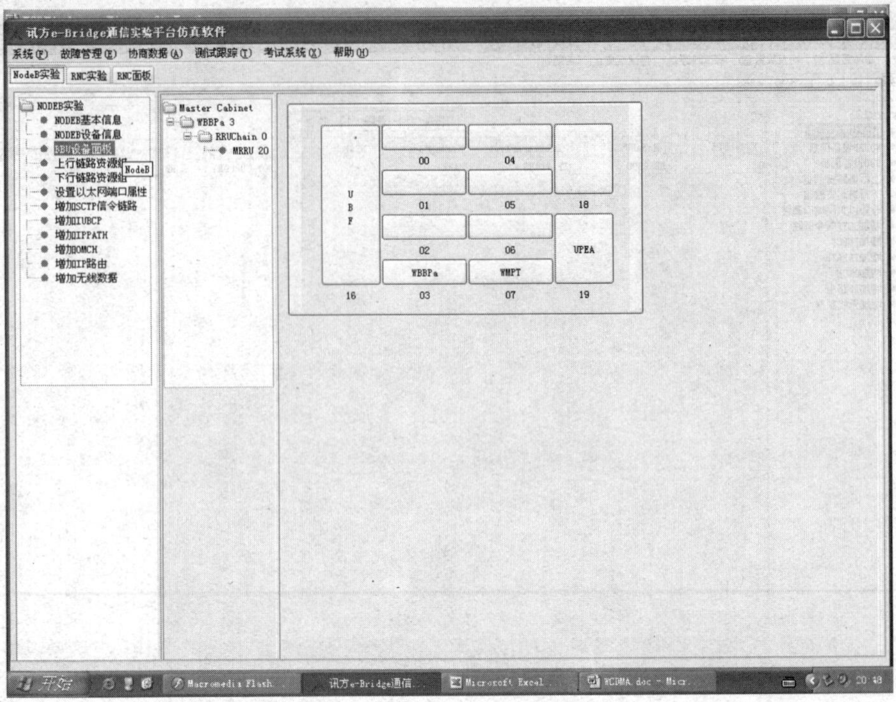

图 11-104　BBU 设备面板

（4）上行链路资源组，如图 11-105 所示。

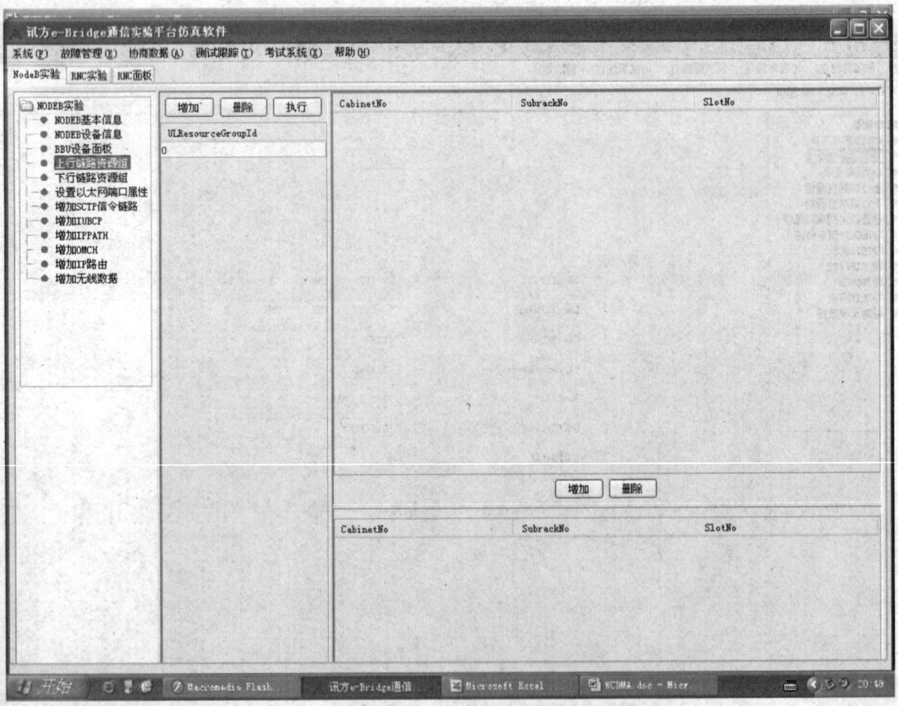

图 11-105　上行链路资源组

① 左边选择增加 ULResourceGroupId。

② 选择左边及下边资源，单击“增加”，上面则显示增加的资源。

（5）下行链路资源组，如图 11-106 所示。

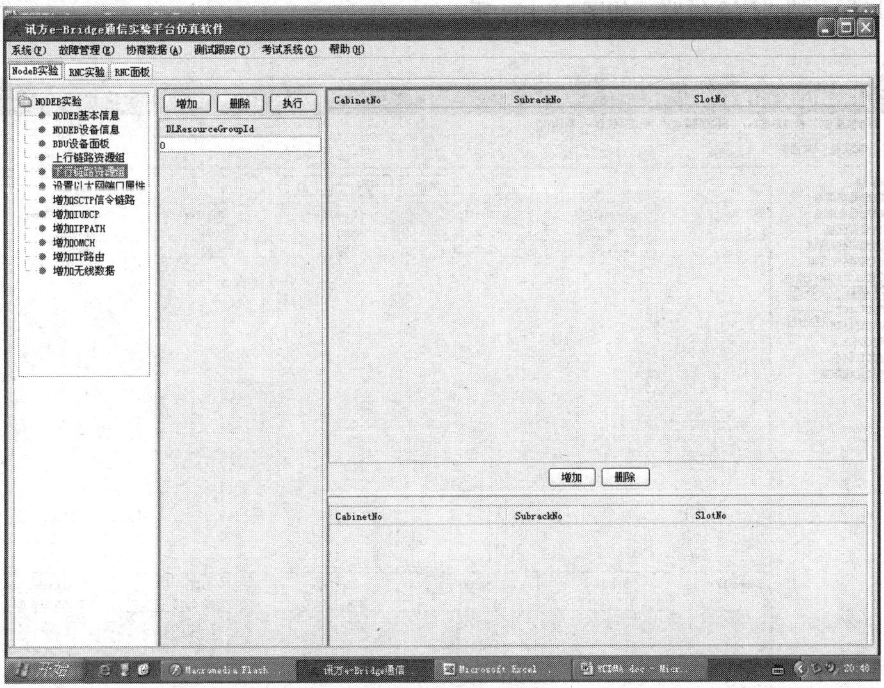

图 11-106　下行链路资源组

① 左边选择增加 DLResourceGroupId。

② 选择左边及下边资源，单击“增加”，上面则显示增加的资源。

（6）设置以太网端口属性，如图 11-107 所示。

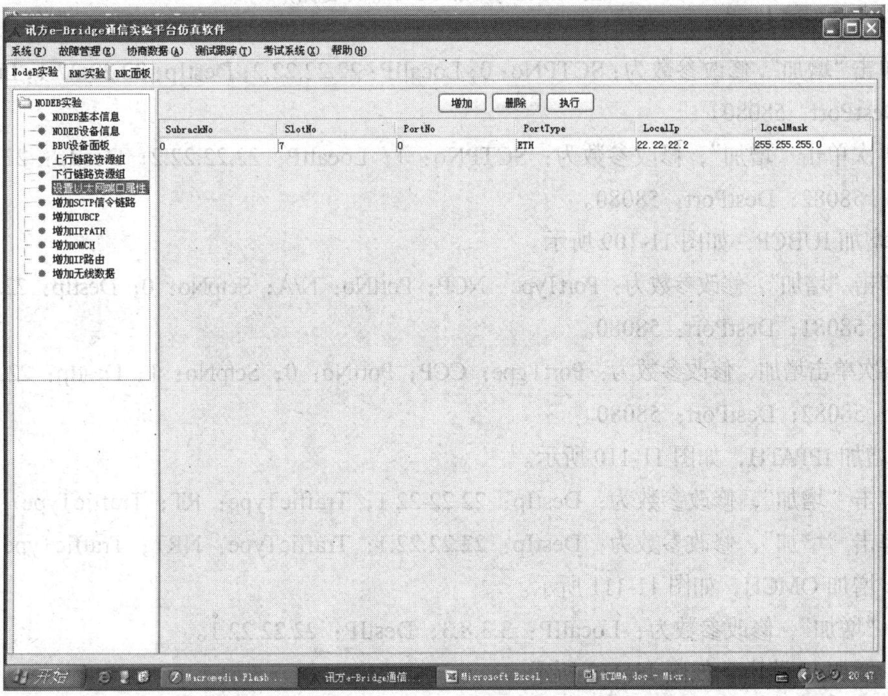

图 11-107　设置以太网端口属性

LocalIp：22.22.22.2；LocalMask：255.255.255.0。

（7）增加 SCTP 信令链路，如图 11-108 所示。

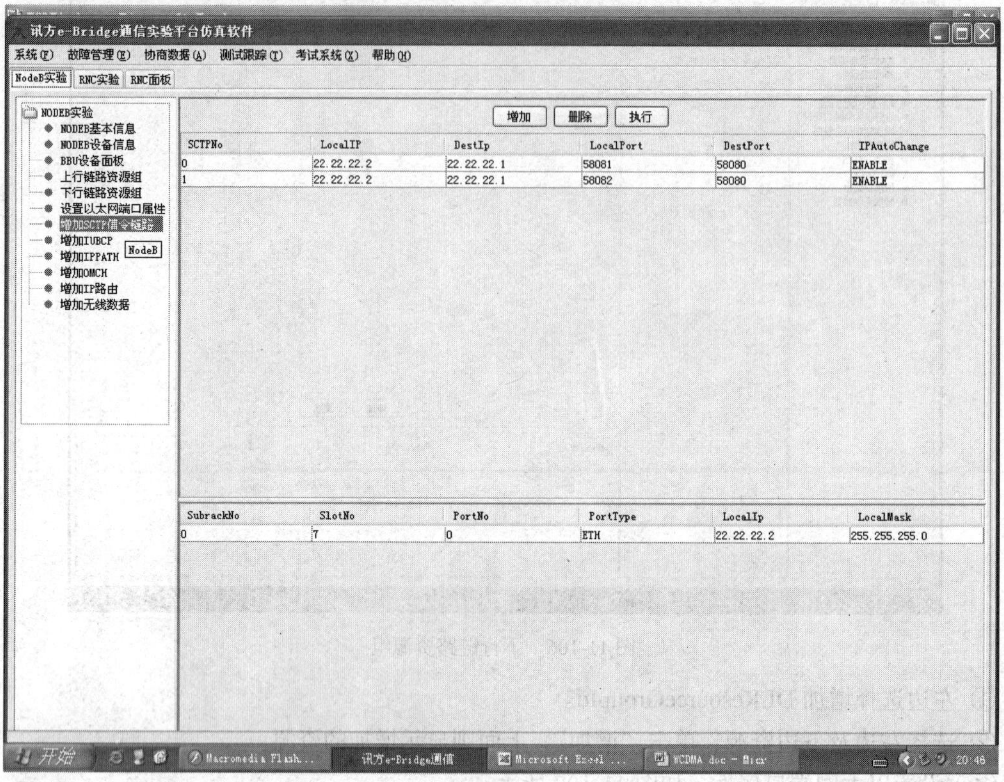

图 11-108　增加 SCTP 信令链路

① 单击“增加”，修改参数为：SCTPNo：0；LocalIP：22.22.22.2；DestIp：22.22.22.1；LocalPort：58081；DestPort：58080。

② 再次单击“增加”，修改参数为：SCTPNo：1；LocalIP：22.22.22.2；DestIp：22.22.22.1；LocalPort：58082；DestPort：58080。

（8）增加 IUBCP，如图 11-109 所示。

① 单击“增加”，修改参数为：PortType：NCP；PortNo：N/A；SctpNo：0；DestIp：22.22.22.1；LocalPort：58081；DestPort：58080。

② 再次单击增加，修改参数为：PortTgpe：CCP；PortNo：0；SctpNo：1；DestIp：22.22.22.1；LocalPort：58082；DestPort：58080。

（9）增加 IPPATH，如图 11-110 所示。

① 单击“增加”，修改参数为：DestIp：22.22.22.1；TrafficType：RT；TrafficType：46。

② 单击“增加”，修改参数为：DestIp：22.22.22.1；TrafficType：NRT；TrafficType：18。

（10）增加 OMCH，如图 11-111 所示。

单击“增加”，修改参数为：LocalIP：3.3.8.3；DestIP：22.22.22.1。

（11）增加 IP 路由，如图 11-112 所示。

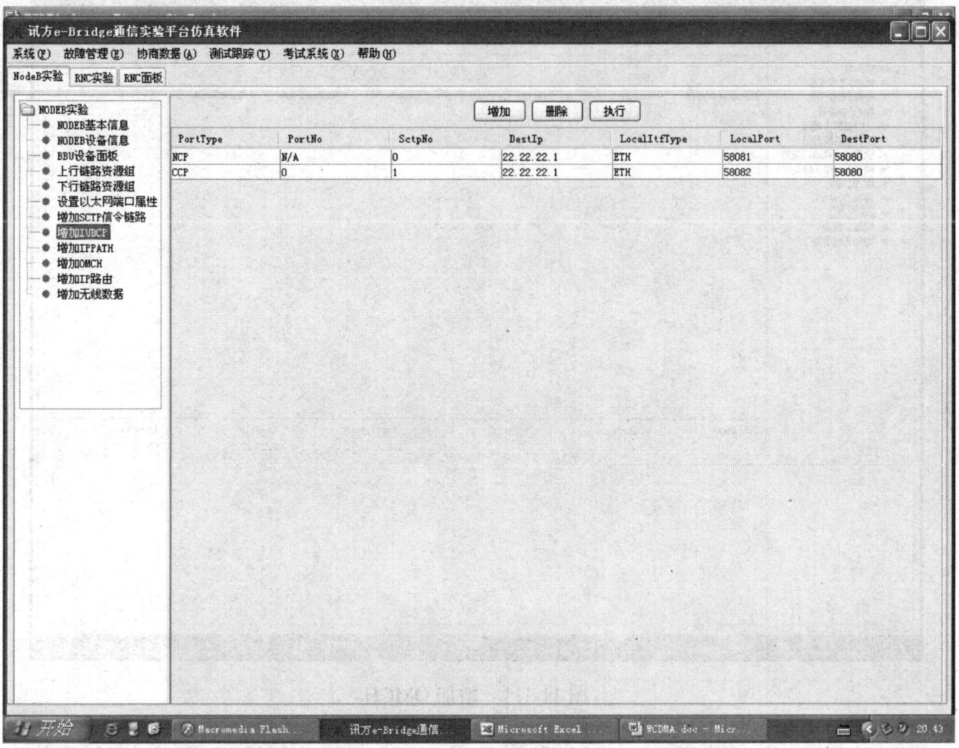

图 11-109　增加 IUBCP

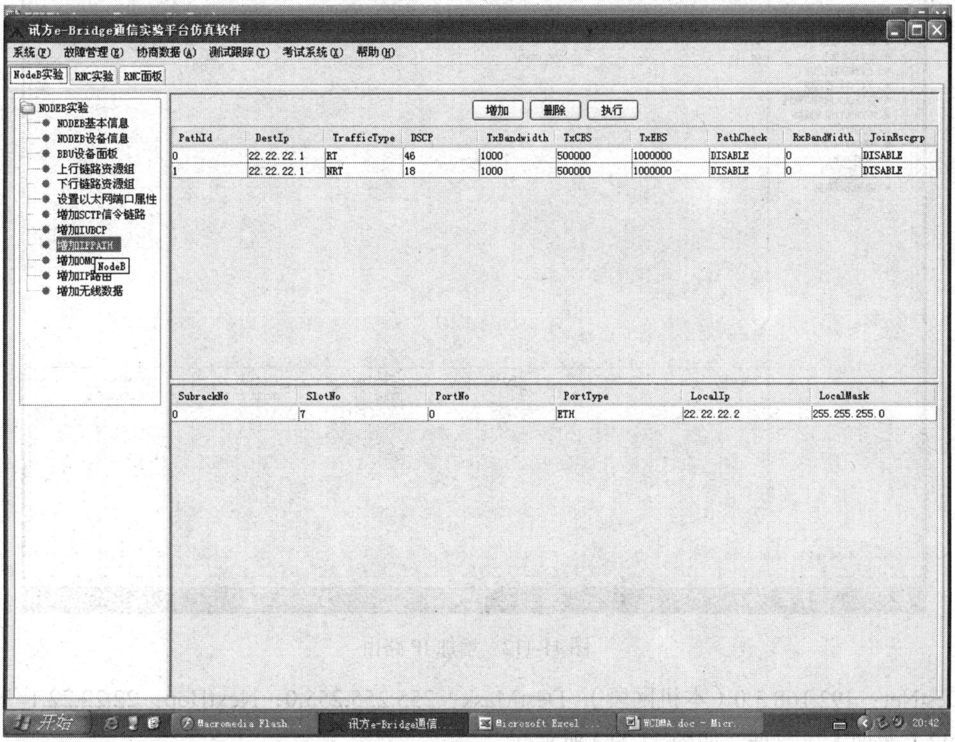

图 11-110　增加 IPPATH

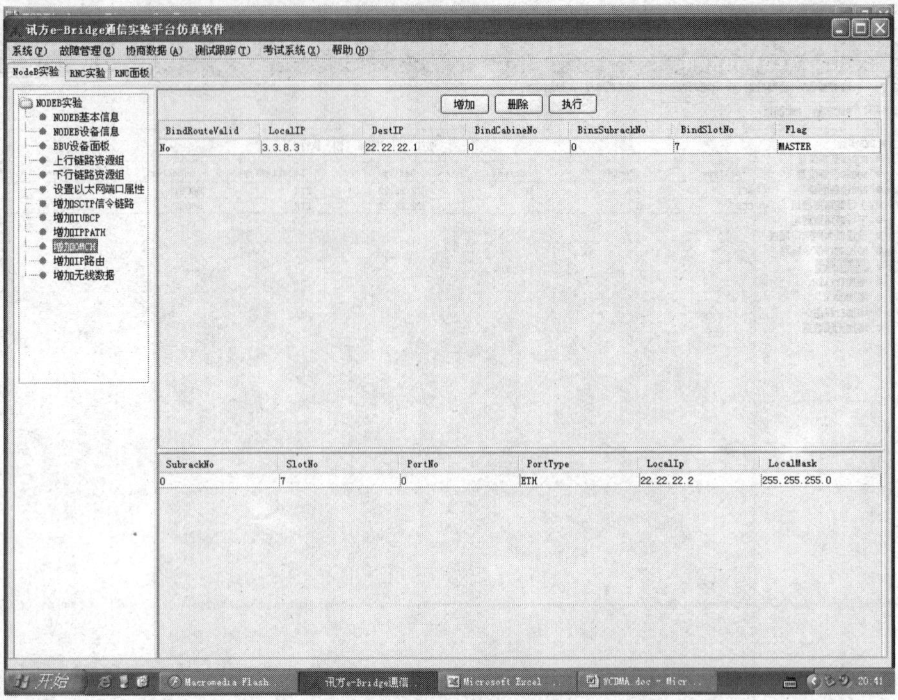

图 11-111　增加 OMCH

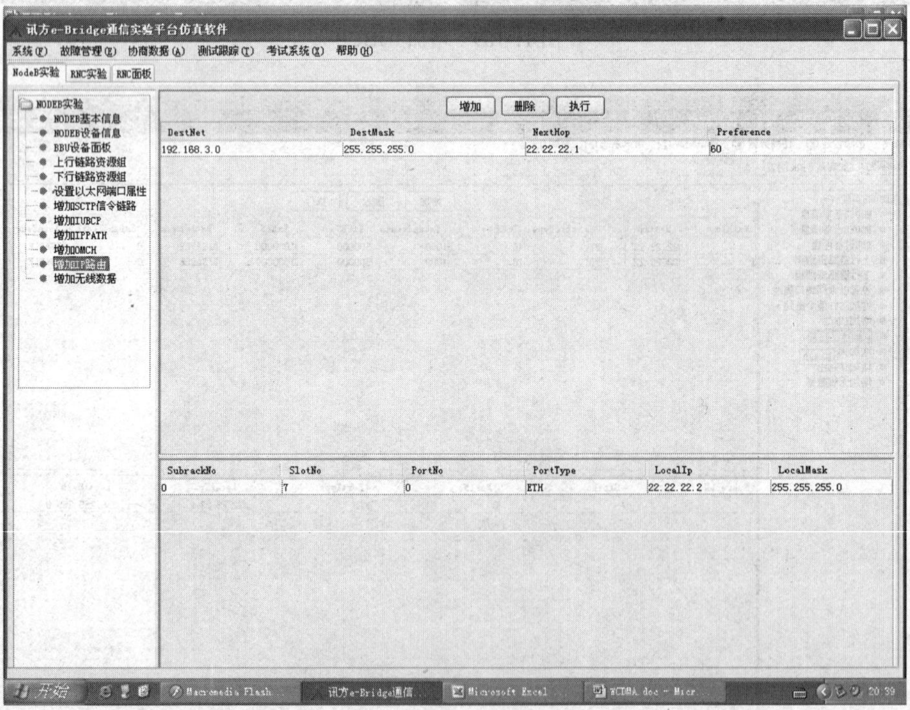

图 11-112　增加 IP 路由

DestNet：192.168.3.0（本机网段）；DestMask：255.255.255.0；NextHop：22.22.22.1。

（12）增加无线数据，如图 11-113 所示。

增加站点；增加扇区；增加射频资源：上下行频点号；增加 Node B。

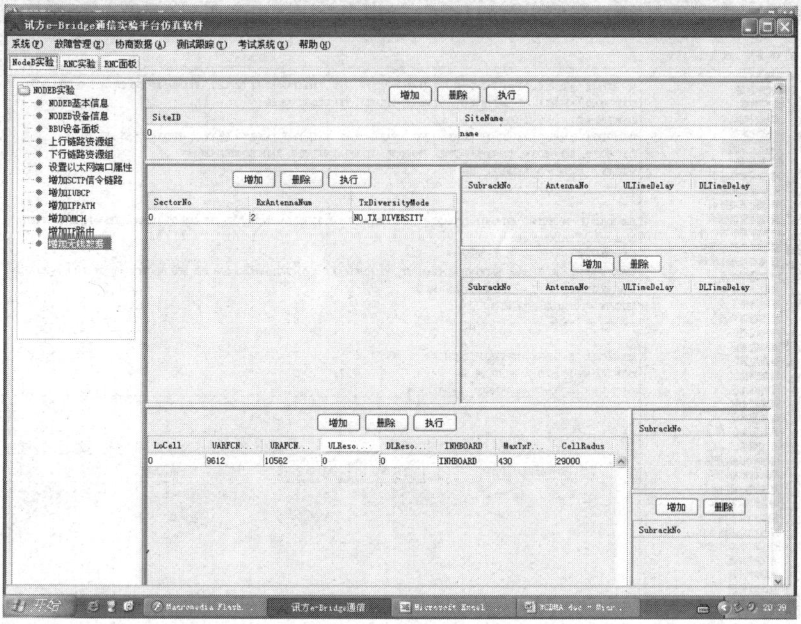

图 11-113　增加无线数据

9．数据调测

（1）格式化数据。双击配置管理数据下的“格式化数据”，在出现的界面中选择“执行命令”，对数据进行格式化，如图 11-114 所示。

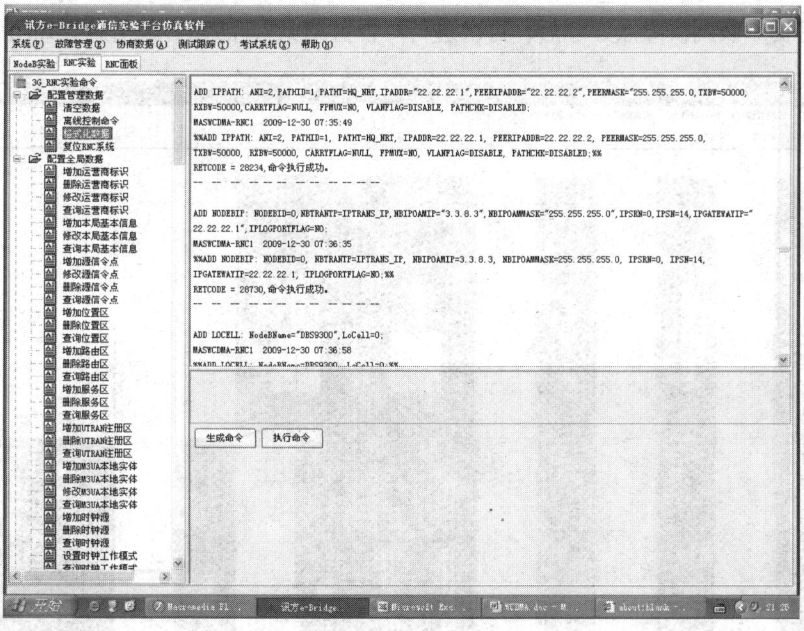

图 11-114　格式化数据

（2）复位 RNC 系统。双击配置管理数据下的“复位 RNC 系统”，在出现的界面中输入 RNC 标识（151），单击“执行命令”，对系统进行复位，如图 11-115 所示。

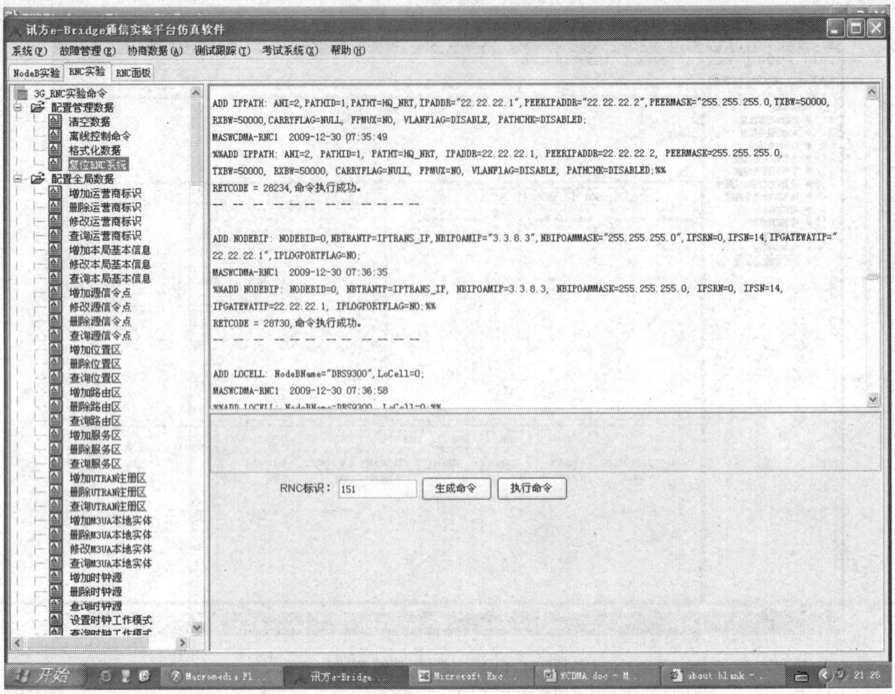

图 11-115 复位 RNC 系统

（3）告警处理。点击 RNC 面板，可以查看设备单板是否存在告警（不正常会显示红色），如图 11-116 所示。

点击[故障管理→告警浏览]，可以查看具体的告警信息，如图 11-117 所示。

根据告警提示找到故障点处理后，再次进行“告警浏览”，已无告警信息，如图 11-118 所示。

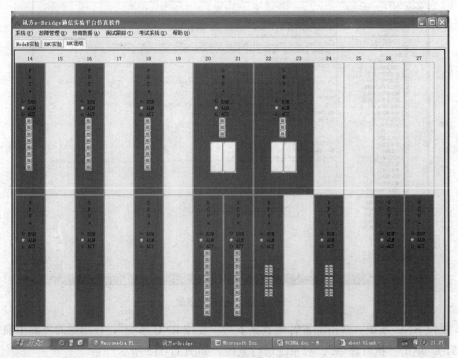

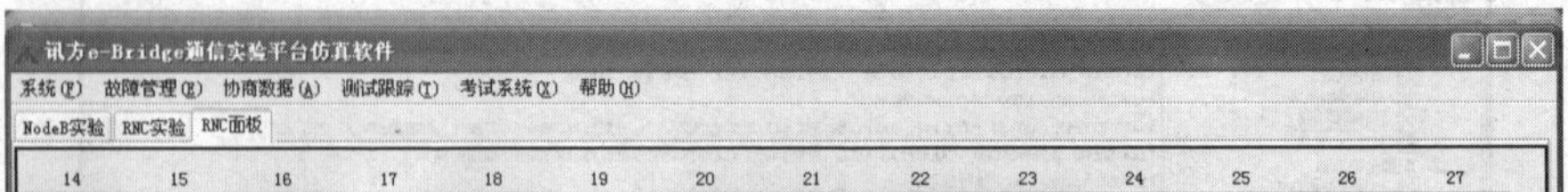

图 11-116 查询告警（一）

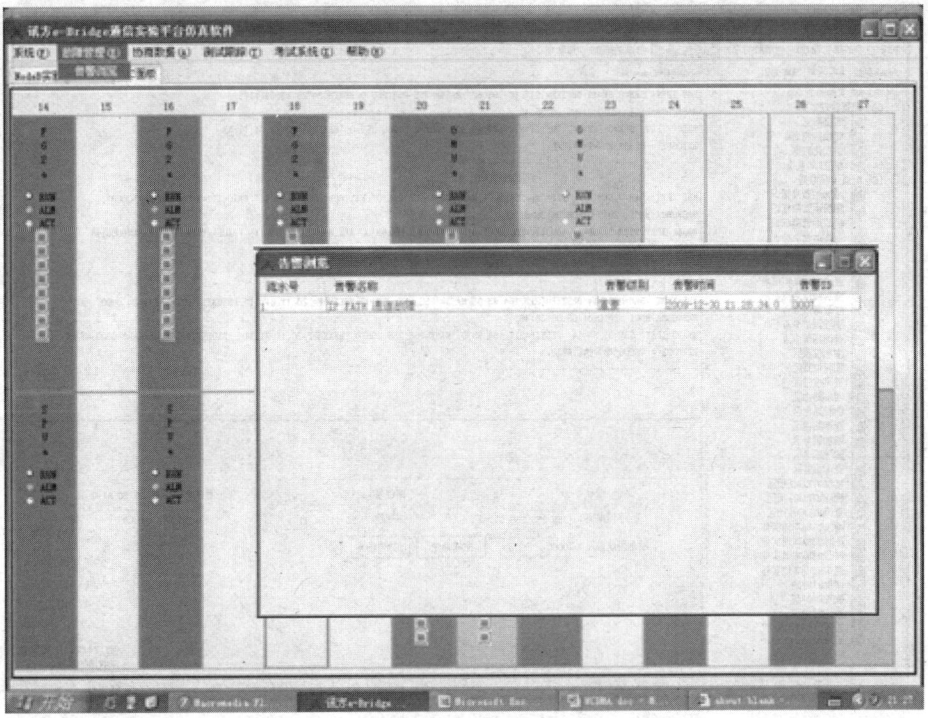

图 11-117　查询告警（二）

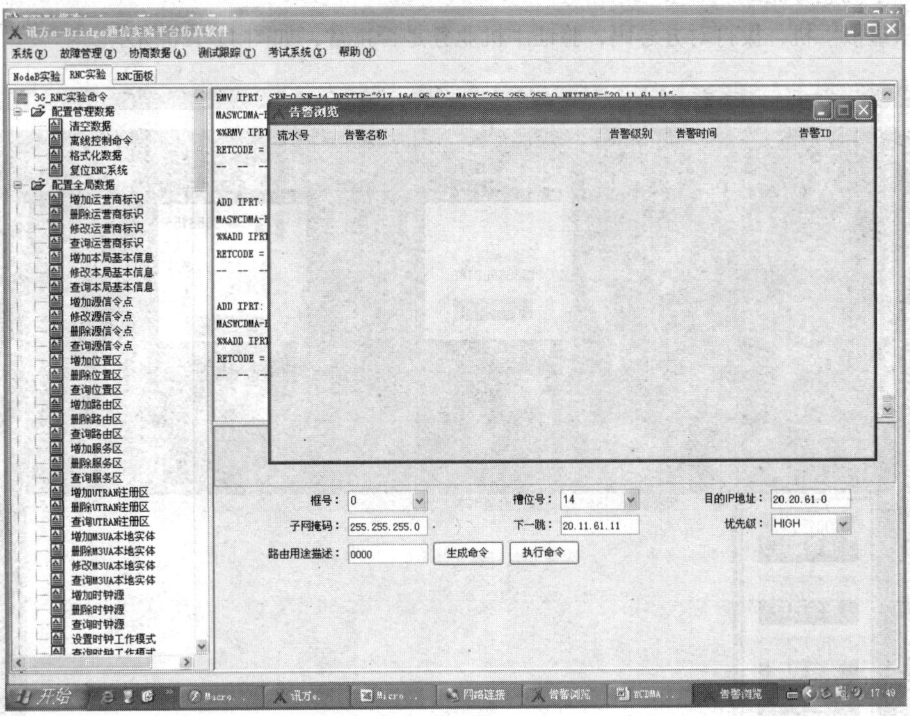

图 11-118　查询告警（三）

（4）信令跟踪

点击仿真软件根菜单［测试跟踪→测试及信令跟踪］，可以进行信令跟踪，如图 11-119 所示。

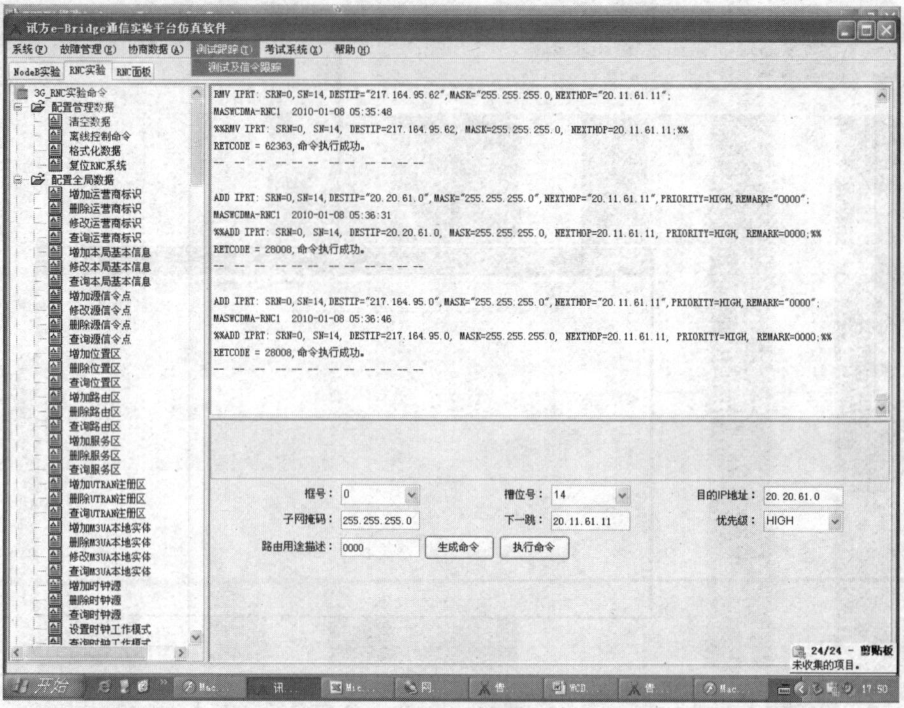

图 11-119　信令跟踪

（5）手机业务测试

点击虚拟手机，拨打对方号码，验证手机业务是否正常，如图 11-120 所示。

图 11-120　手机业务测试

项目十二

WCDMA 故障排除

【项目描述】利用 WCDMA 系统的 OMC 后台网管软件进行动态数据管理、告警管理、信令跟踪等操作，有效地进行硬件、软件故障分析和定位，完成硬件、软件故障排除，填写相应的故障处理单，并在仿真软件上排除故障，使手机能正常完成各种业务演示。

任务 12.1 WCDMA 故障排查及分析

1. 常见故障分析

常见故障分析，如表 12-1 所示。

表 12-1 常见故障分析

序号	故障描述	级别	编号
1	单板故障	紧急	1001
2	手机无法注册到网络	重要	1002
3	手机搜索不到网络	重要	1003
4	M3UA 目的实体不可达	紧急	1004
5	M3UA 目的实体不可访问	紧急	1005
6	目的信令点不可达	紧急	1006
7	时钟失锁	紧急	1008
8	时区设置与当前所处的位置不匹配	一般	1009
9	目的信令点不可达	紧急	2003
10	M3UA 目的实体不可达	紧急	2004
11	M3UA 链路集故障	紧急	2005
12	M3UA 链路故障	重要	2006
13	IP PATH 通道故障	重要	2007
14	SCTP 链路闪断	一般	2009
15	SCTP 链路故障	重要	2010

续表

序　号	故 障 描 述	级　别	编　号
16	链路选择策略错误	一般	2013
17	带宽资源无法进行有效分配	重要	2015
18	资源映射出现未知错误	重要	2016
19	资源映射分配不合理	重要	2016
20	业务通道故障	重要	2018
21	业务通道资源限制	重要	2019
22	业务承载类型错误	重要	2020
23	业务通道速率不匹配	重要	2021
24	传输邻节点故障	重要	2024
25	目的信令点不可达	紧急	3003
26	M3UA 目的实体不可达	紧急	3004
27	M3UA 链路集故障	紧急	3005
28	M3UA 链路故障	重要	3006
29	IP PATH 通道故障	紧急	3007
30	SCTP 链路闪断	一般	3009
31	SCTP 链路故障	重要	3010
32	链路选择策略错误	一般	3013
33	带宽资源无法进行有效分配	重要	3015
34	资源映射出现未知错误	重要	3016
35	业务通道故障	重要	3018
36	业务通道资源限制	重要	3019
37	业务承载类型错误	重要	3020
38	业务通道速率不匹配	重要	3021
39	传输邻节点故障	重要	3023
40	邻节点故障	重要	3023
41	IP PATH 通道故障	紧急	4007
42	小区建立失败	重要	4007
43	SCTP 链路故障	重要	4010
44	NCP/CCP 故障	重要	4013
45	小区建立失败	重要	4014
46	小区不可用	重要	4016
47	业务通道故障	重要	4018
48	业务通道资源限制	重要	4019
49	业务承载类型错误	重要	4020
50	反向操作维护通道建立失败	重要	4020
51	业务通道速率不匹配	重要	4021

续表

序　号	故 障 描 述	级　别	编　号
52	传输邻节点故障	重要	4023
53	邻节点故障	重要	4023
54	CCP 故障	重要	4025
55	公共信道建立失败	重要	4026
56	Node B 审计无响应	重要	4027
57	小区建立失败	重要	5002
58	网络无优先接入	重要	5003
59	SCTP 链路故障，维护通道建立失败，小区建立失败，Node B 不可用	重要	6005
60	Node B 故障	重要	6015
61	小区建立失败、手机无法搜索到网络	重要	6016
62	频点不一致，小区建立失败	重要	6017
63	Iub 接口故障，SCTP 链路故障、小区建立失败	重要	6020
64	Node B 时钟失锁，LMT 与 Node B 通信失败	重要	6021
65	防盗、烟雾等告警端口无法正常配置	重要	6023
66	无上行链路资源	重要	6024
67	无下行链路资源	重要	6025
68	SCTP 逻辑通道故障	重要	6026
69	NCP 逻辑通道故障，CCP 逻辑通道故障	重要	6027
70	IP 通道建立失败，业务不能正常运行	重要	6032
71	LMT 远端维护 Node B 通道建立失败	重要	6034
72	小区建立失败	重要	6035

2．全局数据及 Iu-CS 域故障排查及分析

全局数据及 Iu-CS 域故障排查及分析，如表 12-2 所示。

表 12–2　　全局数据及 Iu–CS 域故障排查及分析

序　号	故 障 描 述	级　别	代　号	备　注
1	单板故障	紧急	1001	没有在机架中配置单板
2	手机无法注册到网络	重要	1002	全局数据运营商标识中：（1）主运营商标识错误；（2）移动台国家码错误；（3）移动台网络码错误
3	手机搜索不到网络	重要	1003	全局数据位置区中：（1）位置区码错误；（2）服务区码错误
4	M3UA 目的实体不可达	紧急	1004	全局数据源信令点中：（1）网络标识错误；（2）源信令点编码位数错误；（3）源信令点编码错误
5	M3UA 目的实体不可访问	紧急	1005	

续表

序　号	故障描述	级　别	代　号	备　注
6	目的信令点不可行	紧急	1006	
7	时钟失锁	紧急	1008	全局数据：时区设置和夏令时信息中，时区和夏令时错误
8	时区设置与当前所处的位置不匹配	一般	1009	
9	目的信令点不可达	紧急	2003	IUCS 局向>以太网端口属性：（1）框号错误；（2）槽号错误；（3）端口号错误
10	M3UA 目的实体不可达	紧急	2004	
11	M3UA 链路集故障	紧急	2005	
12	M3UA 链路故障	重要	2006	IUCS 局向>以太网端口属性：（1）框号错误；（2）槽号错误；（3）端口号错误
13	IP PATH 通道故障	重要	2007	
14	SCTP 链路闪断	一般	2009	IUCS 局向：以太网端口属性>端口类型错误
15	SCTP 链路故障	重要	2010	IUCS 局向>以太网端口属性：（1）框号错误；（2）槽号错误；（3）端口号错误
16	链路选择策略错误	一般	2013	IUCS 局向>M3UA 链路集>信令链路掩码错误
18	资源映射出现未知错误	重要	2016	IUCS 局向>传输邻节点中邻节点标识错误
19	资源映射分配不合理	重要	2016	
20	业务通道故障	重要	2018	IUCS 局向>以太网端口属性：（1）框号错误；（2）槽号错误；（3）端口号错误 IUCS 局向→IP→PATH→（1）IP 地址错误；（2）承载类型错误（NULL）
21	业务通道资源限制	重要	2019	IUCS 局向→IP PATH→（1）IP 地址错误；（2）承载类型错误（NULL）
22	业务承载类型错误	重要	2020	IUCS 局向→IP PATH→（1）IP 地址错误；（2）承载类型错误（NULL）
23	业务通道速率不匹配	重要	2021	

3．Iu-PS 域和 Iub 域的故障

Iu-PS 域和 Iub 域的故障可以依照 IUCS 域的故障查找和分析，代号为 3 开头的在 Iu-PS 域内查找，代号为 4 开头的在 Iub 域内查找。

4．Node B 故障，如表 12-3 所示。

表 12-3　　Node B 故障

序号	故障描述	代号	备　注
1	传输类型错误，接口无法建立，小区建立失败	6001	Node B 侧→Node B 基本信息→①iubbearertype 错误（IP）
2	传输通道设置错误，Node B 故障，Iub 接口建立失败	6018	Node B 侧→Node B 基本信息→①Iptransapartind 错误（NOTSUPPORT）
3	LMT 与 Node B 通信失败	6002	Node B→设备信息→①Local IP、Local IP mask 填写错误

续表

序号	故障描述	代号	备注
4	时钟失锁	6020	Node B 侧→Node B 设备信息→①Localsource 错误（Line）
5	SCTP 链路故障，维护通道建立失败，小区建立失败，Node B 不可用	6005	Node B 侧→设置以太网端口属性→①Local IP、Local IP mask 填写错误
6	SCTP 链路故障	6006	Node B 侧→SCTP 链路→①LocalIP，DestIP 错误
7	SCTP 逻辑通道故障	6026	Node B 侧→SCTP 链路→①端口号错误
8	NCP 逻辑通道故障或 CCP 逻辑通道故障	6030	Node B 侧→增加 IUBCP→①目的 IP 地址、SctpNO、Localport， destport 填写错误
9	传输邻节点故障	4014	Node B 侧→增加 IUBCP→PortNo 错误，应与 RNC 侧保持一致
10	CCP 故障	4015	
11	CCP 逻辑通道故障	6029	
12	服务级别设置错误，业务的接入优先级设置错误	6008	Node B 侧→IP PATH→TrafficType 选择错误，Dscp 错误
13	反向维护通道建立失败	6011	Node B 侧→增加 IP 路由→目的网段填写错误或下一跳地址填写错误。
14	小区建立失败	5002	Node B→无线数据配置中→小区标识和频点与 RNC 侧不一致
15	频点不一致，小区建立失败	6013	

任务 12.2 WCDMA 典型故障案例分析

1. 案例一

（1）故障现象

① 传输邻节点不可达　　3011

② 带宽资源无法进行有效分配　　3015

③ 资源映射出现未知错误　　3016

（2）故障分析

可能的原因有硬件类故障（如连线松动、连线错误等）或加载类故障。

故障 ID 为 3 开头的最可能是 IUPS 域参数有误，引起其错误的可能原因有以下 2 个。

① Iu-PS 增加 M3UA 目的实体类型错误。

② Iu-PS 增加目的信令点错误。

（3）故障处理

① 排除硬件类故障或加载类故障。

② 查看 Iu-PS 域 M3UA 目的实体类型，依据协商数据发现参数无误。

③ 查看 Iu-PS 域发现目的信令点参数未配置，依据协商数据，配置目的信令点参数：其中索引为 1，编码类型为 H'B68，目的信令点类型为 Iu-PS，承载类型为 M3UA。

2．案例二

（1）故障现象

① 目的信令点不可达 3003

② M3UA 目的实体不可达 3004

③ M3UA 链路集故障 3005

④ M3UA 链路故障 3006

⑤ IP PATH 通道故障 3007

⑥ SCTP 链路故障 3010

（2）故障分析

可能的原因有硬件类故障（如连线松动、连线错误等）或加载类故障。

故障 ID 为 3 开头的最可能是 Iu-PS 域参数有误，引起其错误的可能原因有以下几点。

① Iu-PS/IP 路由/目的 IP 地址有误。

② Iu-PS/IP 路由/下一跳 IP 地址有误。

③ Iu-PS/以太网端口 IP 地址/ IP 地址类型有误。

④ Iu-PS/以太网端口 IP 地址/本端 IP 地址有误。

（3）故障处理

① 排除硬件类故障或加载类故障。

② 依据协商数据，查看 Iu-PS/IP 路由/目的 IP 地址，发现其无误。

③ 依据协商数据，查看 Iu-PS/IP 路由/下一跳 IP 地址，发现其无误。

④ 依据协商数据，查看 Iu-PS/以太网端口 IP 地址/ IP 地址类型，发现其无误。

⑤ 依据协商数据，查看 Iu-PS/以太网端口 IP 地址/本端 IP 地址，发现其有误，由 204.58.210.32 改为 204.58.210.23。

3．案例三

（1）故障现象

反向操作维护通道建立失败 4020

（2）故障分析

可能的原因有硬件类故障（如连线松动、连线错误等）或加载类故障。

故障 ID 为 4 开头的最可能是 Iub 参数有误，引起其错误的可能原因有以下几个。

① RNC 侧/Iub 局向/Iub 增加 Node B/Node B 标识与 Node B 侧不一致。

② RNC 侧/Iub 局向/Iub 增加 Node B IP 地址/IP 下一跳地址有误。

（3）故障处理

① 排除硬件类故障或加载类故障。

② 对照 Node B 侧数据，发现 RNC 侧 Node B 标识与 Node B 侧一致。

③ 依据协商数据，发现 RNC 侧/Iub 局向/IUB 增加 Node B IP 地址/IP 下一跳地址有误，由 182.134.59.28 改为 182.134.59.26。

4．案例四

（1）故障现象

① 小区建立失败　　　　4007

② 小区建立失败　　　　5002

（2）故障分析

可能的原因有以下几个

① 硬件类故障（如连线松动、连线错误等）或加载类故障。

② RNC 侧小区频点与 Node B 侧配置不一致。

③ RNC 侧本地小区标识与 Node B 侧不一致。

④ RNC 侧/Iub 接口数据/Iub 增加 Node B/Node B 名称有误。

（3）故障处理

① 排除硬件类故障或加载类故障。

② 经查看，发现 RNC 侧与 Node B 侧的配置数据中小区频点一致。

③ 经查看，发现 RNC 侧与 Node B 侧的配置数据中本地小区标识一致。

④ 经查看，发现 RNC 侧/Iub 接口数据/IUB 增加 Node B/Node B 名称有误，由 m 改为 n。

5．案例五

（1）故障现象

传输通道设置错误，Node B 故障，Iub 接口建立失败　　　　6018

（2）故障分析

可能的原因有硬件类故障（如连线松动、连线错误等）或加载类故障。

故障 ID 为 6 开头的最可能是 Node B 参数有误，引起其错误的可能原因有以下几个。

① Node B 侧/Node B 基本信息/Node B 名称有误。

② Node B 侧/Node B 基本信息/Iub 承载类型有误。

③ Node B 侧/Node B 基本信息/IPTransApar 有误。

（3）故障处理

① 排除硬件类故障或加载类故障。

② 对照 RNC 侧数据，发现 Node B 侧/Node B 基本信息/Node B 名称无误。

③ 对照 RNC 侧数据，发现 Node B 侧/Node B 基本信息/Iub 承载类型无误。

④ 经查看，发现 Node B 侧/Node B 基本信息/IPTransApar 有误，由 Support 改为 NOT-Support。

6．案例六

（1）故障现象

① 传输邻节点故障　　　　4014

② CCP 故障　　　　4025

③ CCP 逻辑通道故障　　　　6029

（2）故障分析

可能的原因有以下几点。

① 硬件类故障（如连线松动、连线错误）。

② 加载类故障。

③ RNC 侧 Iub 中 CCP 端口号错误。

（3）故障处理

① 排除硬件类故障（如连线松动、连线错误）。

② 排除加载类故障。

③ RNC 侧 Iub 中 CCP 端口号错误，由 4 改为 0。

7. 案例七

（1）故障现象

① M3UA 目的实体不可访问　　　　1005

② 目的信令点不可达　　　　　　1006

（2）故障分析

可能的原因有以下几个。

① 硬件类故障或加载类故障（如连线松动、连线错误）。

② 故障 ID 以 1 开头可能为全局参数错误，导致的原因可能为：RNC 侧全局数据中源信令点编码错误。

（3）故障处理

① 排除硬件类故障。

② 排除加载类故障。

③ 查看协商数据，发现 RNC 侧全局数据/源信令点编码错误，由 H'A98 改为 H'A89，1005、1006 故障现象消失。

参考文献

[1] 中兴通讯股份有限公司. TD-SCDMA 无线系统原理与实现. 北京：人民邮电出版社，2007.

[2] 韦泽训，董莉，等. GSM&WCDMA 基站管理与维护. 北京：人民邮电出版社，2011.

[3] 胡国安，等. 基站建设. 成都：西南交通大学出版社，2010.

[4] 张同须，等. TD-SCDMA 网络规划与工程. 北京：机械工业出版社，2008.

[5] 高鹏，赵培，等. 3G 技术问答. 北京：人民邮电出版社，2009.

[6] 辽宁移动. 移动通信设备安装工艺图解. 北京：人民邮电出版社，2000.

[7] 魏红，等. 移动基站设备与维护. 北京：人民邮电出版社，2009.

[8] 李世鹤. TD-SCDMA 第三代移动通信系统标准. 北京：电子工业出版社，2002.

[9] 李立华，等. TD-SCDMA 无线网络技术. 北京：人民邮电出版社，2007.

[10] 啜钢. TD-SCDMA 无线网络规划优化及无线资源管理. 北京：人民邮电出版社，2007.

[11] 张传福，等. TD-SCDMA 通信网络规划与设计. 北京：人民邮电出版社，2009.

[12] 孙宇彤，等. WCDMA 无线网络设计：原理、工具与实践. 北京：电子工业出版社，2007.

[13] 窦中兆，雷湘，等. WCDMA 系统原理与无线网络优化. 北京：清华大学出版社，2009.

[14] 广州杰赛通信规划设计院. WCDMA 规划设计手册，北京：人民邮电出版社，2010.

[15] 冯建和，等. CDMA2000 网络技术与应用. 北京：人民邮电出版社，2010.

[16] 龚雄涛，李筱林，苏红富，等. CDMA2000 网络规划与优化案例教程. 西安：西安电子科技大学出版社，2011.